餐飲服務

Food and Beverage Service

陳堯帝◎著

餐旅叢書序

　　近年來，隨著世界經濟的發展，觀光餐飲業已成為世界最大的產業。為順應世界潮流及配合國內旅遊事業之發展，各類型具有國際水準的觀光大飯店、餐廳、咖啡廳、休閒俱樂部，如雨後春筍般建立，此一情勢必能帶動餐飲業及旅遊事業的蓬勃發展。餐旅業是目前最熱門的服務業之一，面對世界性餐飲業之劇烈競爭，餐旅服務業是以服務為導向的專業，有賴大量人力之投入，服務品質之提升實是刻不容緩之重要課題。而服務品質之提升端賴透過教育途徑以培養專業人才始能克竟其功，是故餐飲教育必須在教材、師資、設備方面，加以重視與實踐。

　　餐旅服務業是一門範圍甚廣的學科，在其廣泛的研究領域中，包括顧客和餐旅管理及從業人員，兩者之間相互搭配，相輔相成，互蒙其利。然而，從業人員之訓練與培育非一蹴可幾，著眼需要，長期計畫予以培養，方能適應今後餐旅行業的發展；由於科技一日千里，電腦、通信、家電（三C）改變人類生活型態，加上實施隔週週休二日，休閒產業蓬勃發展，餐旅行業必然會更迅速成長，因而往後餐旅各行業對於人才的需求自然更殷切，導致從業人員之教育與訓練更加重要。

　　餐旅業蓬勃發展，國內餐旅領域中英文書籍進口很多，中文

書籍較少，並且涉及的領域明顯不足，未能滿足學術界、從業人員及消費者的需求，基於此一體認，擬編撰一套完整餐旅叢書，以與大家分享。經與揚智文化總經理葉忠賢先生構思，此套叢書應著眼餐旅事業目前的需要，作為餐旅業界往前的指標，並應能確實反應餐旅業界的真正需要，同時能使理論與實務結合，滿足餐旅類科系學生學習需要，因此本叢書將有以下幾項特點：

1. 餐旅叢書範圍著重於國際觀光旅館及休閒產業，舉凡旅館、餐廳、咖啡廳、休閒俱樂部之經營管理、行銷、硬體規劃設計、資訊管理系統、行業語文、標準作業程序等各種與餐旅事業相關內容，都在編撰之列。
2. 餐旅叢書採取理論和實務並重，內容以行業目前現況為準則，觀點多元化，只要是屬於餐旅行業的範疇，都將兼容並蓄。
3. 餐旅叢書之撰寫性質不一，部分屬於編撰者，部分屬於創作者，也有屬於授權翻譯者。
4. 餐旅叢書深入淺出，適合技職體系各級學校餐旅科系作為教科書，更適合餐旅從業人員及一般社會大眾當作參考書籍。
5. 餐旅叢書為落實編撰內容的充實性與客觀性，編者帶領學生赴歐海外實習參觀旅行之際，蒐集歐洲各國旅館大學教學資料，訪問著名旅館、餐廳、酒廠等，給予作者撰寫之參考。
6. 餐旅叢書各書的作者，均獲得國內外觀光餐飲碩士學位以上，並在國際觀光旅館實際參與經營工作，學經歷豐富。

身為餐旅叢書的編者，謹在此感謝本叢書中各書的作者，若

非各位作者的奉獻與合作，本叢書當難以順利付梓，最後要感謝揚智文化事業股份有限公司總經理、總編輯及工作人員支持與工作之辛勞，才能使本叢書順利的呈現在讀者面前。

陳堯帝　謹識

自　序

　　餐飲服務中所謂有效率的服務，說的並不一定是迅速，而是指每一項餐飲服務得恰是時候，溫度適中，且附上正確的餐具。尤其是在高級的餐廳裡，如何讓客人愉快又從容地享受美食，每道菜送來都正是他想要的時間，是講求「高品質服務」時要格外注意的。

　　基本的餐飲服務包含了銷售技能，不僅是賣食物和飲料等項目，而且是銷售全部的經驗給顧客，包括餐廳的氣氛、食物、酒及特別的事物，使顧客樂意再度光臨。假如一個顧客離開這餐廳時是一個滿意的顧客，熱心想返回，這是全體服務人員的職責。

　　創造一個確實的經驗給顧客：在餐廳走動的一瞬間，建立一個印象。在餐廳服務的全體職員中的任何一員必須建立一個好印象，並代表餐廳銷售他們的禮貌和好的服務態度，特別是當服務的全體職員所給予的第一個和最後一個印象都代表這餐廳。

　　使顧客覺得受歡迎：希望顧客一天愉快，我們希望下次再見面來歡迎他們。顧客喜歡被認定，假如知道顧客姓名，就使用顧客的姓名，使顧客覺得特別親切。

　　微笑：微笑是使顧客覺得受歡迎最快速的方法。

　　行銷：被客人點用的食物和飲料適時的交付、專業的服務方

法及銷售技能，以及使顧客感覺受歡迎，與好的銷售技巧同等地重要。

　　為落實餐飲服務課程內容，在赴歐美考察之際，蒐集完整之資料，編著了《餐飲服務》一書，適合大專及高中職餐飲管理科系、觀光事業科系、家政科系、食品營養科系學生更深入的了解服務的重要性。

　　本書編撰以簡明扼要為原則，內容豐富，資料新穎，對提高餐飲服務理念，必能駕輕就熟，本書具有下列特色：

1. 本書附餐飲服務技術光碟，隨時學習及補救教學。
2. 本書內容共分十三章，大約三十萬餘言，四百餘頁。
3. 本書為便利學生學習，文詞力求簡明易懂。
4. 本書第二章「餐飲服務心理學」、第十二章「航空餐飲服務」及第十三章「桌邊烹調服務」，目前其他餐飲教科書中尚未列入，為本書最大特色之一。

　　本書得以完成，感謝餐飲管理科徐佩玲、魏凱莉、崔百寧、覺雅繡、龔家玉、陳家正、蔡佳州等同學的協助拍攝光碟，雖經縝密編著，疏漏之處，在所難免，更感謝師長的鼓勵及餐飲業先進之指正，總感覺此書資料不盡完善，尚祈各位先進賢達不吝賜予指教，多加匡正是幸。

陳堯帝　謹識
於台北

目　錄

第 **1** 章

導　論

第一節　餐飲服務的定義及範圍

台北文化界流傳著一句意味神奇的話：「金色的年代，處處是咖啡館，灰色的年代，處處是銀行。」那麼，社交的年代呢？處處是餐廳。在這個多數人都喜歡擴大自己人脈關係的年代，「吃」是拉近人與人之間距離最好的方法，而菜餚則是最短的橋樑。

於是，用餐的地方以等比級數的速度增加，而當選擇愈來愈多時，「挑剔」就成了必要的品味，填飽肚子之後，開始尋找美味，滿足了味覺，又要求高品質的服務，因此，餐廳，尤其是用來社交的餐廳，不再只是用餐的空間，而是提供全方位享受之處，美食、美味、美感、美學概念在高品質的服務的餐廳裡得到驗證。

時尚，是餐廳的靈魂，這裡所謂的時尚包括空間、菜餚和氣氛，進入餐廳可以看見流行的符號，亦即將視覺、味覺、聽覺、嗅覺、觸覺這五種知覺悉數呈現在餐廳裡。眼、耳、鼻、舌、身，餐廳的「內在美」是全面的，它讓你把感官享受放在一個時尚、美麗的空間完成。

空間鋪設好了，接著是菜餚，顧客第一次上門多半是被裝潢所吸引，再度光臨就取決於菜餚好不好吃，前往一流的餐廳用餐，不僅僅是對味蕾的一頓犒賞，同時也應該是視覺的饗宴，除了菜餚本身以外，餐具甚至菜單，都是藝術。菜餚張羅完了，接著是氣氛，也就是感覺，現代人是一群「找感覺」的品味族群，最後高品質的服務為能否留住顧客的關鍵因素。

餐飲服務包含了銷售技能，不僅是銷售菜餚和飲料等項目，

餐廳不再只是用餐的空間，而是提供全方面享受之處。（凱悅大飯店提供）

而且是銷售全部的經驗給顧客。這地方的氣氛、食物、葡萄酒及特別的餐飲，使顧客樂意再來，假如一個顧客離開這餐廳時是一個滿意的顧客，熱心想第二次再度光臨，這代表全體職員的服務是成功的。

餐飲服務是一種親切熱忱的態度，時時為客人著想，使客人有種賓至如歸的感覺，它是餐廳的生命，更是餐廳主要的產品，因此我們必須了解服務的真諦，了解服務對餐廳的重要性，藉以建立正確餐飲服務概念。

一、服務的定義

當客人在某家餐廳進餐後，若想到再度光臨，這就表示他曾受到熱忱的接待與歡迎，此現象就是所謂的「服務」了。大多數人前往餐廳用餐，其動機與目的很多，有些為商務，有些為宴請

親友，有些是為應酬的關係，儘管每人動機不一，但均有一共同意願，乃希望在安逸舒適的氣氛下，享受一餐美食佳餚，這種情形也就是服務。

所謂「服務」（service），它是一種態度，是一種想把事情做得更好之慾望，時時站在客人立場，設身處地為客人著想，及時去了解與提供客人之所需。易言之，服務係以最親切熱忱的態度，去接待歡迎客人，經常為客人設身處地著想，並適時提供一切必要之事物，使客人享受到一種賓至如歸之安適氣氛，此乃為服務之真諦，所以說服務乃餐廳之生命，為一種無形無價的商品。[1]

二、餐飲服務的範圍

論及餐飲服務（food and beverage service），總認為是「一種供應食物和飲料的動作和方式」，其實這只是其最狹義的定義，如果我們能從顧客在用餐時的經驗感受和專家學者對服務的觀察，來討論餐飲服務的真諦與範圍，我們會發現真正的餐飲服務當不僅止於此。

著名的行銷學家P. Kotler曾將服務定義為：「服務是一項活動或一項利益，由一方向另一方提供本質無形的物權轉變。服務的產生，可與某一實體產品有關，也可能無關。」[2]

由此可知，廣義的餐飲服務，應非僅限於提供餐飲的純熟技巧，縱觀用餐場所的內外，各項設施皆應包括在服務的範圍內。而這些構成進餐情境的因素還包括：

1.服務的技能和態度。

餐廳的各項設施皆屬於服務的範圍,包括服務設備的齊全和擺設。

2. 餐廳主要顧客的類型和水準。

3. 餐廳的地理位置與交通網路。

4. 內部的裝潢與空間的佈置。

5. 服務設備(桌巾、餐巾、器皿等)的齊全和擺設。

6. 景觀的陪襯。

高品質餐飲服務所要達成的目標,就是要維護並儘量加強上述六個因素;如此,有形的餐飲產品和無形服務條件才能有效的配合,並建立「以合理的價位,提供高品質的享受;以親切的態度,提供高水準的服務」的經營理念。

第二節　餐飲服務業的特性

　　餐飲服務業與一般事業不同，不論從生產的角度來看，或是從銷售方面來說，餐飲服務業均有其獨特性，甚至連員工的主要收入也與其他行業不同。

一、餐飲業生產方面的特性

（一）個別化生產

　　大部分餐廳所銷售之餐食，係由顧客依菜單點叫，再據以烹製為成品，此方式與一般商店現成的規格化、標準化產品不同。

廚房的備餐過程。

（二）生產過程時間短

餐廳自接受客人點菜進而烹調出菜，通常時間甚短，約數分鐘至一小時左右。

（三）銷售量預估不易

餐廳進餐人數及所需餐食須等客人上門才算，因此事前之預測甚為困難，不能與一般商品一樣預定製作多少成品，即可準備多少人力與材料，在成本計算上較難。

（四）菜餚產品容易變質不易儲存

烹調好的菜餚過了數小時將會變質、變味，甚至無法再使用，所以成品不能有庫存，生產過剩就是損失。

二、餐飲業銷售方面的特性

1. 銷售量受餐廳場所大小之限制。一旦餐廳客滿，銷售量便難以再提高。
2. 銷售量受時間的限制。一般人一日三餐，且用餐時間大致一樣，在進餐時間餐廳裡擠滿了人，平常則十分清淡。
3. 餐廳設備要高雅華麗，一般人在餐廳進食除講究菜餚、服務外，更希望享受一下舒適之氣氛，因此餐廳之裝潢、佈置、音響、燈光均得十分考究才可。
4. 餐廳毛利高，餐廳若經營得當，盈餘相當可觀。

考究的裝潢佈置可以增加用餐的氣氛。

三、餐飲業員工待遇方面的特性

　　餐飲服務人員之收入，有些是支領固定薪俸，有些是靠底薪與小費，此外有些服務是沒有底薪，完全靠小費作為主要收入，此現象以國外居多。不過不管以上述哪種方式作為收入來源，其待遇之高低，往往與本身工作能力及服務態度成正比。

四、餐飲業工作性質方面的特性

　　服務是餐廳的生命，餐飲服務之品質將影響到餐廳營運之成敗。餐飲業是一種社會性的服務事業，餐廳的服務，必須全體員工通力合作密切配合，才能圓滿達成任務，絕非單獨或個別就能負起服務的責任。如廚師將餐食苦心烹調好，還須賴服務員送到餐桌給客人才能完成服務，所以說服務是連貫的，任何部門稍有

脫節，均易遭客人不滿與抱怨，再加上顧客類型複雜，即使一點小環節的疏忽，也會影響餐廳的聲譽，因此餐飲工作人員必須發揮極高的團隊精神與容忍力，不可意氣用事，如此才能提供最完美的服務。

第三節　餐飲服務品質的控制

　　餐飲服務中所謂有效率的服務說的並不一定是迅速，而是指每道菜上得恰是時候，溫度適中，且附上正確的餐具。尤其是在高級的餐廳裡，如何讓客人愉快又從容地享受美食，每道菜送來都正是他想要的時間，便是講求「高品質服務」時要格外注意的。

　　速食業的巨人麥當勞公司曾指出，他們的經營哲學是「Q.C.S.V.」，亦即「品質、衛生、服務、價值」；其中「品質」名列第一，與麥當勞一貫強調的基本原則不謀而合。所謂其「基本原則」是指「任何時刻、任何分店、任何服務人員提供給顧客的食品與服務，品質都是相同的」。[3]

　　由上節的敘述，應可對餐飲業服務的範圍和技巧有全盤的了解，但如何維持一定的服務品質，不妨從顧客的觀點出發，並兼顧實際操作上的可能性，訂定一個符合客人需求的高品質服務標準。

一、服務品質的定義

　　服務業不同於一般產業的原因，在於服務本身具有相當突出

的特性，而其中最大的特點是「不易見、不易儲存、不可分割、多變性」：

1. 不易見：服務的「產品」不易見。
2. 不易儲存：服務是無法儲存的。
3. 不可分割：提供服務的人或設備必須和消費者在一起，有其不可分割的特性，由於服務往往是先出售再消費，而且往往是生產和消費同時進行，短時間無法大量生產，產能因此受到限制。
4. 多變性：不同的服務人員對顧客提供服務，由於有個別差異，所以服務品質難趨一致，而即使服務是由同一人提供，也可能難有一致水準；這種變化性會導致服務品質不穩定。

這種現象正好與Kotler對服務所下的定義不謀而合：「服務的特色包括：(1)無形性；(2)易消滅性；(3)不可分割性；(4)異質

服務人員的個別差異可能導致服務品質不穩定。

性。因此服務品質顯然與產品品質不同，而服務業的品質之管理也應不同於製造業的品質管理。」[4]

一般產業認定的品質須包括四個要件：

1. 設計的品質（市場調查、基本構想與規格的優劣）。
2. 作業規格的符合（包括技術、人力與管理規格的符合）。
3. 可靠程度（持久使用，易於維修與零件後勤支援的不斷）。
4. 售後服務的效率。

而根據服務業的特性，日本學者杉本辰夫歸納出其應具備之服務品質，共計五項：

1. 內部控管：使用者看不到的品質，例如食品的衛生等。
2. 硬體控管：使用者看得見的品質，如商品的品質、服務場所的室內裝潢、佈置與照明亮度等。
3. 軟體品質：使用者看得見的軟體品質，如結帳正確與否、廣告是否誇大不實等。
4. 即時反應：服務時間與迅速性。
5. 心理品質：服務人員應對的態度等。

這五類品質若能確保一定的標準，符合顧客的需求，就能直接影響餐飲業的營運狀況了。[5]

二、顧客對服務品質的需求

顧客的讚美和抱怨是餐飲業服務品質的指標，所以經營者經常藉此來發掘自己的缺失與不足，做為改善或強化促銷的依據。

一九七八年時美國國家餐廳協會（National Restaurant Association）和旅館協會（American Hotel & Motel Association）曾針對全美四百多家餐飲業的主管人員，共同進行一項有關顧客訴願的類型和頻率的調查。調查結果顯示顧客最常抱怨的服務項目依序為：[6]

1. 顧客停車的方便性。
2. 餐廳內部的動線。
3. 餐飲服務的水準。
4. 餐飲的價格和附加服務的提供。
5. 餐廳環境的氣氛。
6. 餐廳員工的服務態度。
7. 食物的品質和製備的方法。
8. 餐廳外部的景觀。
9. 餐廳供餐的速度。
10. 餐飲服務的次數。

而顧客最常稱讚的服務項目依頻率的多寡依序為：

1. 餐飲服務的水準。
2. 食物的品質和製備的方法。
3. 餐廳員工積極幫忙的態度。
4. 餐廳環境的衛生。
5. 餐廳環境的整齊。
6. 菜餚的份量。
7. 餐廳員工的外在修飾。
8. 餐飲服務的次數。
9. 抱怨的處理。

10. 餐飲的價格和附加服務的提供。

　　將上述兩組所列相互對照，不難發現一般顧客對於餐飲服務
要求的重點，以及對服務品質重視的態度。舉例來說，停車空間
位居訴願項目的榜首，餐飲業便應慎選餐廳設立的地點，考慮停
車的方便性與附近的交通狀況。這項調查結果同樣也適用於講求
速度與便利的速食餐廳，例如，注意用餐位置的安排，讓顧客感
到餐廳是隱密的或寬廣的、使用能使噪音轉向或吸收噪音的設
施、提供客人清潔的用餐餐具，以及在尖峰忙碌時對大量顧客提
供快速的服務等等問題，均可為業者塑造一個更為積極專業的形
象。

三、服務品質的訂定

　　了解了服務品質的重要性，熟悉了顧客的需求，接下來的步
驟就是建立一套屬於自己風格的服務品質。著名的美國運通公司
（American Express）就是將卓越的服務視為最佳的競爭武器，而
連鎖旅館業的強人Marriott更明白地以「服務就是我們的事業」
為其廣告詞。這種將服務發展成一種有競爭性的長處，最主要的
方法就是去發覺並滿足一種尚未滿意的需求，或者是去找出並減
少顧客們不情願付費的「差服務」。當然，新服務的發展與舊服
務的改善有其一定的步驟，Thomas Peters認為這些步驟與新產品
的推廣沒有兩樣，也是從「了解顧客」為出發點。

　　Lewis Minor曾建議推展一具優勢競爭力的服務須有一定的原
則。首要的原則自然是顧客的研究，這可以用簡單的觀察顧客的
動態和習性，或是用複雜的科學統計方法來分析顧客的年收入、

消費型態、生活風格、飲食特性，甚至對新觀念的接受程度；如此，才能針對目標市場來選擇真正受歡迎的「服務」。例如，以往餐飲業最喜歡使用贈送小紀念品的方式吸引顧客，在現今的社會可能趕不上「代客停車」來得吸引人。原則二是服務的型態必須與眾不同，展現出獨特的吸引力來區隔餐飲市場。譬如說當餐廳都強調佳餚可口、氣氛高雅時，如果能推出老年人營養特餐專案，便能吸引銀髮族的顧客了。原則三是所有的服務需依諾言完全實現。廣告或業務人員常會忽視餐廳操作的能力或設備的缺失而任意承諾顧客，這種後遺症除了可能失去顧客的信心外，也容易觸法。最後的原則是任何「服務」的發展需配合著預算和評估整體投資的效益，免得後援不繼，欲振乏力。[7]

第四節　餐飲服務品質控制的程序

一、品質控制的程序

餐飲服務的程序應符合下列原則：

1. 有條不紊之服務流程。
2. 有效率且迅速：有效率的服務是迅速的，適時地對客人提供服務。
3. 滿足要求：程序應以用有效率的服務來提供客人之所需為目的，而非要求操作上之簡便。
4. 未卜先知：服務常走在客人需要的前面。服務與產品應在

客人要求之前提供。

5. 人際溝通：清楚與簡潔的溝通是服務人員與服務人員之間，及服務人員與顧客之間必具之條件。

6. 顧客回應：顧客的回應能迅速知道產品與服務之品質是否合乎客人之所需及期望，從而加以改進及提升。

7. 管理監督：將以上六項一起運用並加以有效地管理和監督，則服務系統必能流暢地運作。

二、高品質的服務態度

1. 主動協調：提供客人所需的建議是對客人表達細心和關心的方法之一，因此服務人員對他們所提供之產品及服務要完全了解。

2. 積極推銷：高品質服務人員知道生意仰賴銷售，且他們的工作就是推銷，他們避免推銷客人不想要的服務或產品，但他們會使客人知道哪些是對他們有用的產品及服務。

3. 樂在溝通：顧客的困難及抱怨，應機智地、流暢地、冷靜地處理。「謝謝您告訴我這些」這句話能令客人相信他們的問題、抱怨或關心是受歡迎的，且將被有效地處理。

4. 謙讓誠懇：誠懇的態度能流露出與別人溝通之意願，積極的態度能使顧客上門並願意再度光顧。

5. 身體語言：在談話中身體語言傳達了我們三分之二的訊息。面部表情、眼神的接觸、微笑、手部的小動作及身體移動，皆會傳遞對客人的態度。

6. 聲調音色：聲調比實際的語言能表達更多真實的訊息。高品質的服務在溝通上要求的是開朗、友善及祥和的態度。

7. 培養共識：適時說適當的話是一重要之技巧。避免說些會令客人產生誤會的話，隨時保持機智並注意到什麼該說或什麼不該說，以提高顧客之滿意度。

8. 用心體會：記熟顧客的名字反映出對客人的特別照料和關心，也是對顧客個人的尊重，人們永遠覺得自己的名字是最悅耳的。

9. 殷勤周到：殷勤的服務人員待客如「人」而非「物」，他們知道生意興隆是來自禮貌、友善和尊重的服務。[8]

第五節　餐飲服務人員應具備的條件

一、餐飲服務的專業知識

餐飲業之從業人員要想使自己工作做得更盡善盡美，他必須要能與客人充分溝通，否則即使專業技能再純熟，工作再熱心，仍無法適時了解客人之意願，至於「服務」那更談不上了。

二、餐飲服務的技術能力

為了促進自己的事業，專業服務人員必須不斷地努力，以提升其技巧。技巧的獲得源自於對一門藝術或手藝的精通。增進技巧的方法，唯有靠練習。在人群中穿梭及正確地工作，例如在桌邊切割的能力，皆是熟能生巧的好例子。

一位優秀的服務人員須具備知識、技能等多項條件。

三、餐飲服務的溝通技巧

在恰當的時間說正確的話或做正確的事,而不會得罪其他人,這種能力對與公眾交際的人來說是很重要的。在糾正發生誤會的客人時,專業服務人員總是小心謹慎的;與客人交談,也總是將對話導向無害的、愉悅的方面。

四、餐飲服務的人際關係

對任何人來說,人際關係是一個重要的特色,特別是一個與公眾交際的人。在固定營業時間的工作中,餐廳所有的員工有無數的機會與客人接觸。所以,專業的服務人員在他每日的例行工

作中，必須身體力行。

五、餐飲服務的自我啓發工作精神

一位優秀的餐飲服務員，必須要先具備正確的服務人生觀，才能在其工作中發揮最大的能力與效率。所謂正確服務人生觀不外乎：自信、自尊、忠誠、熱忱、和藹、親切、幽默感、肯虛心接受指導與批評、動作迅速確實、禮節周到，以及富有進取心與責任感。

六、餐飲服務中顧客抱怨的判斷與協調

行動有效率是指事半而功倍，有能力分類客人的點叫單及規劃到廚房與服務區域的路徑，而節省了步驟。由於有組織所節省的時間，可以用來對顧客提供較好的服務。餐飲服務中顧客有所抱怨必須適時去處理，予以正確的判斷與協調

七、儀容端莊，儀表整潔

一位優秀服務員之穿著一定是整潔美觀大方，舉止動作溫文爾雅，步履輕快絕不跑步，此種優雅整潔的個人生活習慣乃從事餐飲工作者所必須具備的，但也不必刻意打扮濃妝艷抹，須以淡妝樸素優雅之外觀予人好感。

註　釋

1. Carol A. Litrides & Bruce H. Axler, *Restaurant Service: Beyond the Basics* (U. S. A.: John Wiley & Sons, Inc., 1994), pp.8-11.

2. Ecole Technigue Hoteliere Tsuji, *Professional Restaurant Service* (U. S. A.: John Wiley & Sons, Inc., 1991), p.56.

3. 高秋英，《餐飲管理─理論與實務》，台北：揚智文化，頁262。

4. Dennis R. Lillicrap & John A. Cousins, *Food & Beverage Service*, 4th Ed. (London: Hodder & Stoughton, 1994), p.233.

5. Ernest R. Cadotte & Normand Turgeon, "Key Factors in Guest Satisfaction," in *The Conrnell H.R.A. Quarterly*, Feb. 1988.

6. Thomas J. Peters, *Thriving on Chaos* (New York: Altred A. Knopf, 1987); Milind M. Lele & Jagdish N. Sheth, *The Customer is Key* (New York: John Wiley & Sons, 1987), pp.105-108.

7. Lewis J. Minor, *Food Service Systems Mgt* (Connecticut: AVI Publishing Company Inc., 1984), p.186.

8. *The Professional Host* (New York: The Foodservice Editors of CBI, 1981, VNR.), pp.78-80.

第 **2** 章

餐飲服務心理學

服務是一個涵義非常模糊的概念，服務是幫助、是照顧、是貢獻，服務是一種形式。服務是由服務人員與顧客構成的一種活動，活動的主體是服務人員，客體是顧客，服務是透過人際關係而實現的，這就是說，沒有服務人員與顧客之間的交往就無所謂服務。服務心理學是把服務當作一種特殊的人際關係來加以研究的，要懂得服務，首先要懂得人際關係。

第一節　服務是透過人際溝通而形成

人際交往有其功能方面和心理方面。而服務是透過人際關係來實現的，因此服務也必然有它的功能方面和心理方面。當一位餐廳服務員向顧客介紹餐廳所經營的菜餚飲料時，他的介紹是不是準確，能不能讓顧客聽明白，這是功能方面的問題。他是否面帶微笑，是否彬彬有禮地向客人作介紹，這就是心理方面的問題。

對於「微笑服務」可以有兩種理解。第一種理解：微笑服務是服務人員面帶微笑去為顧客提供服務。第二種理解：微笑也是服務人員為顧客提供的一種服務。以餐廳服務員來說，按照第二種理解，為顧客介紹餐廳所經營的菜餚飲料是一種服務，對顧客微笑，使顧客感到和藹可親，這也是一種服務。前一種服務是「功能服務」，後一種服務就是「心理服務」。

在當今的市場競爭中，一家餐廳要想贏得優勢，就不僅要生產優質菜餚，而且要提供優質服務，不僅要提供優質的功能服務，而且要提供優質的心理服務。作為一名服務人員，不僅要以優質的功能服務贏得顧客的讚揚，而且要以優質的心理服務贏得

服務是給客人一種美的感覺。

顧客讚揚。

　　提供功能服務是爲顧客提供方便，幫助顧客解決他們自己難以解決的種種實際問題。

　　提供心理服務是在爲顧客解決一些實際問題的同時，還能讓顧客在心理上得到滿足；或者是即使不能爲顧客解決實際問題，也能讓顧客在心理上得到滿足。

　　未來學家托夫勒斷言：「在一個旨在滿足物質需要的社會制度裡，我們正在迅速創造一種能夠滿足心理需要的經濟。」他認爲「經濟心理化」的第一步是在物質產品中添加心理成分，第二步就是擴大服務業的心理成分。

　　所謂擴大服務業的心理成分，就是除了提供功能服務以外，還要更多地提供心理服務，使服務具有更多的人情味。

　　擴大服務業的心理成分對服務人員提出了更高的要求。爲顧客提供富於人情味的服務，要求服務人員本身就是一個富於人情味的人。所謂富於人情味，至少有以下兩個方面的涵義。一方

面，他必須懂得人們的心理需要，在與人交往時能夠察覺別人情緒上的微妙變化，進而做出恰當的反應。另一方面，他必須是一個感情上的富翁，而不能是一個感情上的貧窮者。

說到微笑服務，有人說：「讓我對顧客微笑，誰對我微笑呀？對不起，我笑不起來！」聽到這種說法，使人聯想起與此很相似的一種說法：「讓我借錢給你，誰借錢給我呀？對不起，我沒錢！」那些連一個微笑都拿不出來，或者連一個微笑都捨不得給別人的人，實在是感情上的貧窮者。

關於貧窮與富，心理學家弗洛姆有相當深刻的論述：「在物質領域內，『給予』意味著富有。富有，並不是擁有很多財物的人才富有，而是慷慨解囊的人才富有。從心理學角度講，擔心損失某種東西而焦慮不安的守財奴，不管他擁有多少財產，都是窮困的、貧乏的。誰能自動『給予』，誰便富。」「正是在『給予』行為中，我體會到自己的強大、富有、能力。這種增強了的生命力和潛力的體驗我倍感快樂，因為我存在的價值正在於給予的行為。」

一名服務人員能夠讓顧客感到親切、溫暖、幸福，能夠在他們的心中留下美好的記憶，這就充分說明了他是一個感情上的富翁，他完全有理由為此而感到自豪。

服務的心理方面不是單向的，而是雙向的。服務人員不只在感情上對顧客施加影響，而且在感情上接受顧客對自己的影響。優秀的服務人員都是以自己對顧客的關心、理解和尊重，贏得了顧客自己的關心、理解和尊重。而某些服務態度不好的服務人員，他們在使顧客感情上遭受打擊的同時，也不免使自己在感情上受到傷害。

在人際交往中，歡樂是可以共享的。誰能撥動別人的心弦，

誰就能聽到美妙的樂曲。正如弗洛姆所說的：「他不是為了接受而『給予』，『給予』本身是一種高雅的樂趣。但是，在這一過程中，他不能不帶回在另一人身上復甦的某些東西，而這些東西又反過來影響他。在真正的給予之中，他必須接受回送給他的東西。因此『給予』隱含著使另一個人也成為獻出者。他們共享已經復甦的精神樂趣。在『給予』行為中產生了某些事物，而兩個當事者都因這是他倆創造的生活而感到欣然。」

第二節　拉近與顧客的距離

消除孤獨感、獲得親切感是人所固有的一種需要。人們之所以要同別人打交道，除了解決種種實際問題之外，還有一個重要的目的，就是透過人際交往來滿足這種心理上的需要。

在現實生活中，有些人是好接近的、和藹可親的，有些人則是難以接近的，他們給人以冷冰冰、硬梆梆的感覺。人們總是很自然地願意同那些好接近的人打交道。同那些冷冰冰、硬梆梆的人打交道，不僅不能獲得親密感，反而增加了孤獨感。正因為生活中有各種各樣的人，所以在人際交往這個問題上，人們常常懷著矛盾的心情：既想跟人打交道，又怕跟人打交道。

在服務人員與顧客之間沒有可能、沒有必要，一般地說也不應該形成一種「親密無間」的關係，但是作為一名服務人員，你一定要讓顧客覺得你和藹可親，要讓顧客願意跟你打交道，而不是怕跟你打交道。你能讓顧客覺得你和藹可親，你就是在為顧客提供心理服務。

「路遙知馬力，日久見人心。」這雖是至理名言，但在服務

人員與顧客交往的過程中並不完全適用。一般說來，服務人員與顧客的交往是短暫的，服務人員要學會在短暫的交往中把自己的一片好心充分地表現出來，而不能指望「日久見人心」。

　　要表現出你的好心，首先要對顧客笑臉相迎。要記住顧客總是「出門看天色，進門看臉色」的。顧客會根據你的表情來判斷你是好接近的人，還是個難以接近的人。當你和顏悅色、滿面春風地出現在顧客面前時，不等你開口，你的表情就在你和顧客之間傳遞了一個重要信息，「您是受歡迎的顧客，我樂意為您效勞！」

　　要學會對顧客表示謝意和歉意。「謝謝」和「對不起」應當成服務工作中的「常用詞」。同時也要學會在顧客向自己表示謝意和歉意時作出適當的反應。

　　在顧客有為難之處時，要對顧客表示理解和安慰。例如對顧客說：「別著急，您慢慢挑！」「沒關係，誰都難免有數錯的時

服務必須富有人情味。

候。」

古人說：「敬人者，人恆敬之。」如果你能讓顧客覺得你是一個和藹可親的、富於人情味的人，你將愈來愈能發現，顧客也都是一些和藹可親的、富於人情味的人。

一個人究竟是感到自豪還是感到自卑，這與別人如何對他作出反應很有關係。如果他經常從別人那裡得到肯定性的反應，他就會感到自豪；如果經常得到否定性的反應，就會感到自卑。一般說來人們都很重視自己在別人心目中的形象，也可以說人們是把別人當成鏡子，從別人對自己的反應中來看到自我形象的。

我們知道，並不是每一面鏡子都能準確地反映出人的真實形象。「鏡子裡的自我」與真實的自我往往是不一致的。從每個人都應當實行自我改進這個意義上來說，我們必須實實在在地下功夫來改進真實的自我，而不應當過於看重「鏡像自我」。可是有些人不是這樣，反而把「鏡像自我」看得比真實的自我還重要。他們甚至總想把自己的真相掩蓋起來，總想造成一些假象來使別人對自己產生好印象。這就是那些虛榮心很強的人。虛榮心可以說是變態的自尊心。[1]

第三節　服務的必要因素

衡量服務工作做得好不好，首先要看顧客滿意不滿意。對於「滿意」和「不滿意」這兩個概念，心理學家赫茨伯格有獨特的見解。他在就人們對自身的工作是否感到滿意這個問題進行調查研究之後，得出這樣的結論：「對工作滿意或不滿意這兩種感覺並不是相反的兩面。工作滿意的反面並不是工作不滿意，而是沒

有得到滿意。同樣，工作不滿意的反面並不是工作滿意，而是沒有感到工作不滿意」。他認為，滿意和不滿意涉及兩類不同的因素：M因素和H因素。H因素只是避免不滿意的因素，M因素才是使人感到滿意的因素。我們可以把H因素稱為必要因素，M因素稱為魅力因素。必要因素的意義是「沒有它就不行」，魅力因素的涵義是「有了它才更好」。如果你在選擇職業時抱這樣的想法：至少要讓我得到公平合理的報酬，最好還能滿足我的興趣愛好，發揮我的聰明才智，那麼對於你來說，「公平合理的報酬」只是職業的必要因素，而「滿足興趣愛好，發揮聰明才智」才是職業的魅力因素。

在市場競爭中，一種產品如果缺乏必要因素，肯定賣不出去，具備必要因素而缺乏魅力因素，也不能暢銷。要使產品暢銷，第一要有必要因素，第二要有魅力因素。必要因素是共性因素，人家有，我也有；魅力因素是個性因素，人家沒有，我有。

必要因素和魅力因素這兩個概念可以廣泛地應用於各種競爭之中。每一個想在競爭中獲勝的人，都應當了解什麼是必要因素，並使自己在具備必要因素的基礎上，再儘可能地增加魅力因素。

服務工作要贏得顧客的好評，也應當具備必要因素和魅力因素。

必要因素是避免顧客不滿意的因素，魅力因素是讓顧客感到滿意的因素。如果你的服務缺乏必要因素，別人做得到的你做不到，顧客就會說「沒見過像你這麼不好的！」如果你的服務具有魅力因素，別人做不到的你能做到，顧客就會說「還沒見過像你這樣好的！」

一般說來，什麼是服務的必要因素和魅力因素呢？從顧客心

理上說，標準化是服務的必要因素，針對性是服務的魅力因素。標準化使顧客得到「一視同仁」的服務，顧客就不會產生「吃虧」的感覺。有針對性才能使顧客覺得「這是服務人員專門為我提供的服務」，因而感到特別滿意。

為顧客提供有針對性的服務之所以特別重要，有兩個原因：

1. 服務究竟好不好，是要由每個顧客根據自己的感覺來作出判斷的。對於同樣的服務，不同的顧客往往會作出不同的評價。只有為每一個顧客都提供有針對性的服務，才能贏得每一個顧客的好評。

2. 每個人的內心深處都有「突出自己」的需要。顧客在購買和享受服務時，不僅不願意吃虧，而且希望自己能夠得到優待。能讓顧客覺得「這是專門為我提供的服務」，就能讓顧客產生一種被優待的感覺。

服務要求靈活。

服務工作必須堅持一視同仁的原則，爲了使個別顧客產生受
優待的感覺而讓別的顧客覺得自己吃了虧是不可取的。提供有針
對性的服務並不意味著厚此薄彼。如果我們對每一位顧客都提供
有針對性的服務，那就仍然是一視同仁的。[2]

提供「針對個人」的服務

　　顧客在評價服務質量時，主要是根據「爲我提供的」服務來
作出判斷的。服務人員要贏得顧客的好評，就要儘可能地爲每一
位顧客提供有針對性的，即「針對個人」的服務。

　　要記住，我們正在爲之服務的這位顧客，作爲顧客，他和別
的顧客是一樣的（他們都扮演著「顧客」這種社會角色）；但是
作爲人，他和誰都不一樣，他就是他。他爲了使他感到自己是
「特別受尊重」的，我們就應當把他和別的顧客區別開來。要做
到這一點並不難。當我們用「李先生」或「這位老先生」去稱呼
一位顧客時，我們就已經把他和別的顧客區別開來了。

　　除了「做賊心虛」的人以外，一般說來，人們都是願意「出
名」，願意被別人「掛在心上」的。記住顧客的模樣，記住他們
姓什麼，當他們再次光顧時把他們的姓氏加上去，常常能收到很
好的效果。

　　當然，對顧客僅僅從稱呼上加以區別是不夠的，更重要的是
針對每一位顧客的特殊需要去提供相應的服務。所謂針對顧客的
特殊需要有兩種情況：一種情況是顧客本人提出不同於其他顧客
的要求，我們應當想到這正是我們爲他提供針對性服務的好機
會；另一種情況是雖然顧客本人並沒有提出特殊的要求，但是我
們可以去發現他的特點。只要我們用心體會，總是能夠在顧客身

上找到與我們的服務工作有關的某些特點的。例如,你是一名餐廳服務員,當你發現一位顧客是用左手拿筷子時,你就應當記在心裡。下次他再到餐廳來用餐,你不是把筷子放在碟子的右邊,而是放在碟子的左邊,他當然會明白這是你專門為他提供的服務。

如果我們所從事的服務工作是和顧客接觸的時間比較長的,就應當「時刻準備著」為顧客提供服務。如果我們不把為顧客服務當成一件被迫去做的事,而是把「讓顧客滿意」定為我們的目標,那就應當主動的去尋找為顧客提供服務的機會,在顧客用不著我們為他提供什麼服務的時候也要「伺機而動」。既然「工作著」就要時時刻刻「眼裡看著顧客,心裡想著顧客」。

可以說,看一名服務人員是不是積極主動地為顧客服務,只要看看他們如何對顧客「要求提供服務的信號」作出反應就行了。一般的服務員是在顧客發出「信號」以後,能夠及時地為顧客提供服務;好的服務員往往在顧客還沒有發出「信號」的時候,就已經知道該為顧客提供什麼了,而差的服務員是顧客已經一再地發出「信號」,他還不知道,或者遲遲不來。

一些有經驗的服務人員往往能夠敏感地覺察到顧客有某種「難言之隱」,並作出適當的反應。我們也應當把「對顧客的難言之隱作出適當的反應」列為優質服務的一項要求。要知道,顧客有些話是想說而又不大好說,需要我們去「心領神會」的。例如,有的顧客在宴會上明明還沒有吃飽,但看別人都不吃主食,他也不好意思吃了。這時候在桌前服務的餐廳服務員就應該為他提供「心領神會」的服務了——把盛著小包子、小花卷的盤子移到他面前,對他說:「我們做的小包子、小花卷很好的,您一定要嚐嚐。」

為了讓顧客感到我們的服務不是一般性的，而是專門為他提供的服務，我們還應當講究說話的藝術。有時候，我們所做的某一項服務工作本身不一定有很強的針對性，但是我們可以選擇顯得有針對性的說法來表達它。要善於用一個「您」字，要給顧客留下一個好印象，比如「我們為您準備了……」、「我為您選的是……」等等。

第四節　重視補救性服務

人既要求滿足，又要求合理，但是現實生活中所發生的事情往往使人覺得不滿足和不合理。一個人未能如願以償，或者遇到了在他看來是不合理的事情，這就是挫折。

有兩種常見的挫折反應，一種是攻擊反應，一種是逃避反應，都是很不利的。

服務人員在顧客感到不滿意（也就是遇到挫折）時，應設法消除顧客的不滿意，使顧客不至於作出攻擊反應或逃避反應，並盡可能地使顧客變不滿意為滿意，這就是為顧客提供補救性服務。

為顧客提供補救性服務，肯定是會遇到困難的，但是我們要記住「事在人為」，在任何情況下都不要有無能為力的想法。服務人員應當是做人的工作的行家。所謂做人的工作就是「按照一定的目標對人施加影響」。我們的目標是讓顧客感到滿意，如果他不滿意，我們就要積極地施加影響，讓他由不滿意變為滿意。即使不能提高其滿意的程度，至少要降低其不滿意的程度。

有些服務人員之所以產生無能為力的想法，就因為他們有一

種「理所當然」的想法，似乎顧客的要求得不到滿足是理所當然的事。

服務人員是有分工的，但是顧客並不一定都按照我們的分工來對事情提出要求。無論顧客提出什麼樣的要求，我們都不應「有份外之事」的想法。如果你不可能直接為顧客解決問題，你也應該幫他找一個能夠解決問題的人，或者幫他想一個解決問題的方法，絕不能一「推」了事。

一、要善於採取補救措施

如果顧客提出了我們無法滿足的要求，我們要想到人的同一種需要常常是可以用不同的對象和不同的方式來滿足的。如果由於條件限制，不能用某一對象或某一方式來滿足顧客的需要，那就應當考慮能否用別的對象或方式來滿足顧客的需要。遇到顧客提出無法用特定的對象或方式來滿足的要求時，適當的反應不是簡單地拒絕顧客，而是向顧客提出建議，用替代的對象或方式去滿足顧客的需要。

第一，如果顧客在某一方面沒有得到滿足，那就要儘可能地讓他在其他方面得到補償。補償一定要及時，而且是誰吃了虧就一定要誰得到補償。發現問題，只表示「吸取教訓，以後加以改進」是不行的。補償的形式可以是多種多樣的。例如，對於住宿顧客，如果住的條件差一些，又一時難以改進，那就一定要在吃的方面儘可能安排得好一點。有時候，功能方面的不足可以在感情方面予以補償。

第二，人在遇到不順心的事情時，可能往壞的方面想，也可能往好的方面想。我們當然是要引導顧客往好的方面想。例如一

名導遊，天氣好的時候他說「風和日麗，正是遊山玩水的好時光」，下雨的時候他就說今天要去的這個地方，「雨中遊覽別有情趣」，這就是引導旅遊者往好處想，不要因為下雨而掃興。

第三，顧客遇到不順心的事，我們還應當表示自己非常理解顧客的心情。顧客感到遺憾的事，我們也感到遺憾，顧客著急的時候，我們也很著急，這樣顧客就會覺得我們是「同他站在一起」的。

在顧客的心目中，服務人員「不願意效勞」和「願意效勞，但由於條件所限，實在做不到」是兩回事。對於顧客提出的合理的、正當的要求，我們要想方設法，盡最大努力去做。實在做不到的，也要善於取得顧客的諒解。只要能讓顧客感到我們是願意效勞的，是盡了最大努力的，即使事情沒有辦成，很可能顧客也是會表示滿意的。

二、「顧客至上」並不意味著「服務人員至下」

顧客是人，服務人員也是人，從這個意義上說，顧客是重要的，服務人員也是重要的，顧客的需要應當得到滿足，服務人員的需要也應當得到滿足。那麼為什麼還要提出「顧客至上」的口號，強調顧客比服務人員更重要，強調服務人員的需要應當服從顧客的需要呢？這仍然是因為客我雙方在交往中扮演著不同的角色。

第一，堅持「顧客至上」並不違背「雙贏原則」。「雙贏」是要讓雙方都得到自己想得到的東西，而當雙方扮演著不同的角色時，雙方應該得到和能夠得到的東西是不一樣的。在服務人員為顧客服務的時候，前者是「生產者」，後者是「消費者」，他們

應該得到和能夠得到的東西怎麼能是完全一樣的呢？飯店要求女服務員不能打扮得比顧客更漂亮，這種規定既符合「顧客至上」，也合情合理。

第二，從市場學的角度來說，當生產者爲爭奪消費者而展開激烈的競爭時，實際上就不是消費者有求於生產者，而是生產者有求於消費者。在這種情況下，誰能讓消費者成爲勝利者，讓他們得到他們想得到的優質產品和服務，誰就能因此而得到自己想得到的名聲和效益，使自己成爲競爭中的勝利者。試問生產者提出「消費者至上」的口號究竟是爲了消費者，還是爲了自己呢？只能說是爲了雙方都成爲勝利者。

第三，一位飯店女服務員該不該把自己打扮更漂亮一點呢？完全應該。下班以後她把自己打扮得愈漂亮愈好，但是在上班的時候她必須遵守飯店的規定。當飯店由於生意特別好而提高了經濟效益的時候，當她由於工作得特別好而增加了收入的時候，她

在服務效率上，滿足客人的需要。

就可以在業餘時間把自己打扮得更漂亮了。

第四，顧客應該受到尊重，服務人員也應該受到尊重。但是服務人員在爲顧客服務的時候，應當以自己對顧客的尊重去贏得顧客對自己的尊重，而不是抱著「看你敢不尊重我！」的想法去強迫顧客尊重自己。要知道尊重和「怕」是兩回事，你也許可以透過施加壓力使別人怕你，但是怕你並不等於尊重你。「顧客至上」的口號要求服務人員「從我做起」，以自己對顧客的尊重去贏得顧客對自己的尊重，實際上還是以「雙贏」爲目標。

三、「顧客總是對的」並不意味著「服務人員總是錯的」

企業必須面對顧客，必須生產顧客所需要的產品，提供顧客所需要的服務。如果你不知道企業該怎麼辦，那就去請教你的顧客吧，聽顧客的話是不會錯的！於是有人提出這樣一個口號，「顧客總是對的！」

實際上，制定企業的經營戰略不僅要考慮顧客的需要，而且要考慮企業本身的實力，同時還要考慮到自己的競爭對手。「顧客總是對的」這一口號強調的是企業一定要「以銷定產」，「絕不能做沒有顧客的生意」。

後來，「顧客總是對的」這口號被引用到如何處理服務人員與顧客之間的爭論這個問題上來了。於是這一口號本身又引起了許多爭論。在服務人員與顧客的爭論中，難道錯的都是服務人員，顧客就一點錯也沒有嗎？如果肯定了顧客永遠是對的，那不就是說服務人員永遠是錯的嗎？這些問題的確有必要討論清楚。

有道是「人非聖賢，孰能無過？」誰都不可能一貫正確、永遠正確。顧客既然是人，當然也不例外。從實際情況來看，在服

務人員與顧客的爭論中，有時是服務人員不對，有時是顧客不對，有時是雙方都不對。說顧客永遠是對的，這顯然是不符合事實的。

然而，「顧客總是對的」這一口號還是有它的積極意義的。我們應當把這句話當作一個口號，而不要當作一個判斷去理解。作為一個口號，它的意思是：顧客是我們服務的對象，而不是我們要與之爭論的對象，更不是我們要去「戰勝」的對象！

「顧客總是對的」這句話表面上說的是「對」和「錯」的問題，實際上說的是「輸」和「贏」的問題。有些服務人員在與顧客有了意見分歧時總要爭一爭。爭什麼呢？無非是要說明「我是對的，你是錯的。不是我要向你認錯，而是你要向我認錯。我贏了，你輸了。」應當說這是不明智的，因為身為服務人員根本就不可能「戰勝」顧客。如果顧客被你駁得「理屈詞窮」了，被你訓得「不敢吭聲」了，被迫向你認錯，向你賠禮道歉了，那意味著什麼呢？那究竟是你的勝利呢，還是你的失敗呢？從你當時「出了一口氣」來說，你似乎是勝利了。從維護企業的聲譽來說，那肯定不是勝利，而是失敗。因為顧客是來「花錢買享受」而不是來「花錢買氣受」的。你把他推到失敗者的位置上去，他即使忍氣吞聲地走了，也絕不會善罷甘休的。必須記住，如果顧客失敗了，你也就失敗了。

四、立於不敗之地

服務人員絕不能去「戰勝」和「壓倒」顧客，但也不能被那些無理而又無禮的顧客戰勝和壓倒。要學會自我保護，使自己立於不敗之地。從許多優秀服務人員的經驗中得出的結論是：服務

人員應當把自己的職業操行，把禮貌待客作為自己的「武器」。只要把禮貌待客堅持到底，就能立於不敗之地。

杜爾在《商業心理學與售貨員的職業道德》一書中寫道：「服務員在工作中講禮貌、和藹可親的作風本身就是種特殊的工具，可利用這個工具來爭取顧客之心；同時，也是一種和粗野顧客『決鬥』的防身武器。」「如果顧客言行粗暴並帶挑釁性，不守社會公德，甚至侮辱了服務員怎麼辦？那就一定要還擊，令這人放老實點嗎？在這種情況下很多服務員都持「來而不往非禮也」的態度，向對方行有意或無意的強烈反擊，最後鬧成對罵。但是服務員對帶有情緒的顧客進行對罵絕對不是一種解決問題的方式。服務人員應當如何對待那些粗暴的、有挑釁言行（即「故意找碴兒」）的顧客？面對這樣的顧客，服務人員應當想到：

1. 你是顧客，我是服務人員，從角色關係上說你我是不平等的。如果你罵我一句，我罵你一句，雖然是「一比一」，到頭來吃虧的還是我。這一點我是不會忘記的。

2. 作為服務人員，如果我向你發起攻擊，就如同雙面的利刃，最終還是會傷到自己。這種傻事我是不會做的。

3. 我知道你正在等著我還擊，我一還擊，你就找到了大吵大鬧的藉口，你就得到了「觀眾」的同情。我知道你的用意，我要讓你的如意算盤落空，讓你自討沒趣，因此我絕不還擊。

4. 你粗暴無禮，演不好你的角色，這是你的問題。我堅持用對待顧客的態度來對待你，這就說明我把自己的角色演得很好。我會堅時到底，而不會和你一般見識。只要我能堅持到底，「理」就在我這一邊。

第五節　溝通爲目標的藝術

一、人與人之間的相互作用

　　人的一生是在他和他所處的環境之間的相互作用中度過的。環境不斷地影響人，而人又不斷地用自己的行爲影響他所處的環境。如果把環境對人的各種影響稱爲「刺激」，那麼人的行爲就是對刺激的「反應」。這裡所說的行爲既包括人所採取的行動，也包括人的言語和表情。

　　人際交往是人與人之間的相互作用。在交往中，人們互相給予刺激，又互相作出反應。

　　1.首先不是改變別人。

　　2. 首先是改變我們自己。

　　3. 要相信我們自己有所改變之後，別人也會有相應的改變。

二、誘導「成人自我」的藝術

　　在人際交往中，一個人因不同的「自我」佔優勢，就會有不同的表現。如果他表現得很衝動，跟你胡攪糾纏，你就可以作出判斷，他是「兒童自我」佔優勢。如果他以權威自居，盛氣凌人，你就可以作出判斷：他是「家長自我」佔優勢。只有當他的「成人自我」佔優勢的時候，他才會顯得通情達理。

有些服務人員常常覺得「不講理」的顧客「難以應付」。如果我們懂得一個人有三個「自我」，就不應該籠統地說某某是一個「不講理的人」，因為在一個人的三個「自我」當中，即使有兩個「不講理」的，畢竟還有一個「講理」的。當我們看到一個人顯得不講理的時候，應該這樣想：因為他現在是「兒童自我」或「家長自我」佔了優勢，所以顯得不講理。如果我能讓他的「兒童自我」或「家長自我」讓位於「成人自我」，讓他的「成人自我」佔優勢，他就仍然是一個通情達理的人。

　　要掌握與顧客交往的藝術，就要學會誘導顧客的「成人自我」。作為一名服務人員，你要誘導顧客的「成人自我」，首先要讓你自己的「成人自我」在你的行為決策中起主導作用。如果顧客表現出自以為是的「家長自我」或感情用事的「兒童自我」，你也表現自以為是的「家長自我」或感情用事的「兒童自我」，換句話說，如果顧客不講理，你也不講理，顧客的「成人自我」是不可能被你誘導出來的。

　　「成人自我」是一個面對現實、勤於思考的「自我」，所謂誘導一個人的「成人自我」，就是要讓他動一動腦筋，而不要只是動感情，就是要讓他面對現實，根據實際情況作出行為決策，而不是只根據自己的願望和自己的想像來作出決策，就是要讓他認真地考慮一下別人的意見，而不是翻來覆去地只強調自己的那些看法和主張。誘導「成人自我」的基本方法，一是提出問題，二是說明情況。提出問題是為了促其思考。一個人哪怕他原來非常激動，當他開始認真思考的時候也一定會逐漸平靜下來的。說明情況是為了讓他了解他原來不了解的情況，當一個人了解到他原來不了解的情況時，很可能就不再堅持他原來的看法和主張了。

當你去誘導某一位顧客的「成人自我」時，常常會遇到的困難是他的「兒童自我」或「家長自我」不肯讓位於他的「成人自我」。如果他只是一個勁兒發洩他的不滿，或者總是堅持他那個不符合實際的要求，你說什麼他都不聽，那就是他的「兒童自我」不肯讓位於「成人自我」。有什麼辦法能讓他的「兒童自我」或「家長自我」讓位於他的「成人自我」呢？辦法就是讓他的「兒童自我」或「家長自我」多少得到一點滿足。

三、誘導的藝術

　　作為一名服務人員，要清楚地意識到，自己有一個「行為模式庫」，顧客也有一個「行為模式庫」，「庫」裡都有五種不同的行為模式。在客我交往中，一方面要考慮從自己的「庫」裡選用什麼樣的行為模式去同顧客打交道，另一方面還要考慮，讓顧客從他的「庫」裡「取」出什麼樣的行為才是對我們最有利的，以及如何才能讓他「取」出我們所期待的行為。

　　服務人員對顧客有怎樣的期待呢？服務人員總希望顧客能以成人對成人的行為、慈愛的的家長行為和順應的兒童行為對待自己，而不希望顧客以威嚴的家長行為和任性的兒童行為對待自己。顧客究竟以什麼樣的行為對待服務人員，這不僅取決於顧客本人的修養，也取決於服務人員如何對待顧客。

　　當顧客以成人對成人的行為向服務人員提出要求時，服務人員如能以成人對成人的行為作出相應的反應，雙方的交往就能以「成人對成人」的方式順利地進行下去。可惜的是這種交往有時會由於服務人員作出了相阻的反應而中斷。常見的一種情況是服務人員因為比較忙、比較累而顯得不耐煩。

服務人員如果對顧客的行為不滿意，那就應當首先檢查一下自己的行為是否恰當。要記住，首先不是改變別人，首先是改變我們自己。

不可否認，有時是由於某些不懂禮貌的顧客以威嚴的家長行為或任性的兒童行為對待服務人員，引起了服務人員的反感，才發生衝突的。但是作為一名有修養的服務人員，應該做的事情不是「以眼還眼，以牙還牙」，而是努力去誘導顧客的「成人自我」和成人對成人的行為。從某種意義上說，服務人員是應該「教育教育」那些盛氣凌人的和粗野的顧客的，但是這件事要用以身作則的方式去做，而不是用訓斥的方式去做。如果顧客說，「快點快點！」服務人員應如何作出反應呢？忍氣吞聲是不行的，把他訓斥一頓也是不行的。可以這樣對他說：「您的意思是讓我快一點，好的，我這就給您……」聽到服務人員如此平靜地用禮貌語言同他說話，原來出言不遜的顧客多半會感到慚愧的。如果他還表示不滿意，服務人員可以對他說：「耽誤了您的時間，很對不起！可是您剛才那種說法讓人聽起來很不好接受，您說呢？」

如果服務人員能贏得顧客的信任，顧客往往會表現出順應的兒童行為，高高興興接受服務人員的勸告，服從服務人員的安排。如果服務人員能給顧客留下一個真誠、善良、和藹可親的印象，顧客往往能表現出慈愛的家長行為，原諒服務人員的某些過失。應當相信，只要服務人員善於去誘導，顧客就會表現出服務人員所期待的行為。[3]

四、溝通的藝術

人與人之間要建立良好的關係就必須互相了解，而要互相了

解就必須進行意見交流。但是人與人之間的意見交流往往遇到障礙。是什麼東西造成了意見交流的障礙呢？如何掃除這種障礙呢？心理學家夢杰斯認為「妄加評論是意見交流的障礙」，而「傾聽並理解對方是溝通意見的管道」。

夢杰斯說：「我想提出這樣一個假設，供大家考慮，即人與人之間溝通的最大障礙，在於對另一個人或另一群人的言論亂下結論，妄加評論，輕率表態，即表示贊同或反對，而這種傾向卻往往是人們生來就有的天性。」「在夾雜了強烈的感情和情緒因素後，這種傾向就更加突出。因此，感情愈激動，雙方在交談中就愈難找到共同的語言。」

（一）既是服務員，又是推銷員和訊息員

為了使企業能在競爭中取勝，服務人員就應當「一身三任」，既是服務員，又是推銷員和訊息員。

要當好一個推銷員，必須有「把東西賣出去」的強烈願望，但是僅僅從「賣」的角度來考慮問題的推銷員不可能成為一個成功的、受人歡迎的推銷員。許多成功的、受人歡迎的推銷員的經驗都表明，他們是很善於從「賣」的角度來考慮問題的。他們認為，與其把推銷理解為「賣掉自己所要賣的東西」，不如把它理解為「幫助顧客買到他們所要買的東西」。

要做好推銷工作，你首先要弄清楚你賣的東西對哪些人有用，哪些人有可能成為你的買主。如果你所選擇的推銷對象根本就不需要你所賣的東西，那麼不管你怎樣努力，也注定要失敗。白費口舌，勞而無功，這顯然是失敗。即使你用「壓」和「騙」的方法把東西賣出去了，從長遠利益來看那也是失敗。

做推銷工作固然要下功夫讓顧客了解自己，但更重要的是自

己要下功夫去了解顧客。只有充分地了解顧客才能知道該向什麼樣的顧客推銷什麼樣的東西，才能把時間和精力用到該用的地方去。

當然，即使找到了有可能成為買主的對象，往往也要經過積極地施加影響，才能把東西賣出去。如何施加影響？以下幾點可供你參考。

1. 要儘可能地讓顧客用他們的多種感官來接觸你所要賣的商品。

2. 要激發顧客的想像力，讓他們相信使用這種商品會帶來什麼樣的好處，使人產生什麼樣的感受。不要忘記這些好處和感受可能是多方面、多層次的。

3. 「自賣自誇」並不是一件壞事。「不要吹」不等於「不要誇」。不同的商品有不同的誇法，面對不同的顧客也要有不同的誇法。要誇得恰到好處。

4. 要注意顧客是不是因為有什麼顧慮而下不了決心。不能只是泛泛地誇，要有針對性地去幫助顧客打消他的顧慮。要知道，「動心加放心，才能下決心」。

5. 不能強迫顧客購買，但是要善於向顧客提出建議，啓發顧客購買。如何向顧客提議大有講究。

6. 在與顧客的交談中出現「冷場」時不要覺得不可忍受，不要急於說話，要善於利用個「冷場」去觀察顧客心理上的微妙變化。

7. 對於那些購買了你的商品的顧客，要用適當的方式向他們表示感謝，讚揚他們所作的明智選擇。

8. 對於那些絕不買的顧客也一定要客客氣氣，歡迎他們再

來，並提供他們所需要的幫助。

9. 要根據不同情況，著重對顧客三個「自我」中的某一「自我」施加影響。一般說來，推銷新產品要著重對顧客的「兒童自我」施加影響，推銷名牌產品要著重對客的「家長自我」施加影響，推銷「優」、「特」產品要著重對顧客的「成人自我」施加影響。

（二）情緒可以由自己來選擇

人們在工作中的情緒狀態可以用不同頻色來表示：

1. 紅色表示非常興奮。
2. 橙色表示快樂。
3. 黃色表示明快、愉快。
4. 綠色表示安靜、沉著。
5. 藍色表示憂鬱、悲傷。
6. 紫色表示焦慮、不滿。
7. 黑色表示沮喪、頹廢。

為了實現優質服務，服務人員在工作中的情緒狀態應保持在從「橙色」到「綠色」之間。一般說來，接待顧客時的情緒應以「黃色」（即明快、愉快）為基調，給顧客一種精神飽滿、工作熟練、態度和善的印象。變化的幅度，向上不要超過「橙色」（即快樂），向下不要超過「綠色」（即安靜、沉著）。

掌握「愉快」和「快樂」的差別，在適當的時候把自己的情緒狀態從愉快變為快樂，可以恰到好處地表現出對顧客的熱情。在遇到問題時保持沉著的情緒狀態，則可以避免冒犯顧客和忙中出錯。

「藍色」、「紫色」、「黑色」顯然不是良好的情緒狀態。「紅色」(即非常興奮)容易使人忘乎所以，失去控制，也不能算是工作中的最佳狀態。

　　要在工作中保持良好的情緒狀態，需要掌握一些進行自我調節的方法。但在討論具體的作法以前，我們先要對情緒的自我調節有一個正確的認識。

　　俗話說：人非草木，豈能無情？調節自己的情緒狀態絕不是要做一個沒有感情的、對一切都無動於衷的人。

　　調節自己的情緒狀態也絕不僅僅是「不動聲色」。「聲色」只是表情，而表情只是情緒反應的外部表現。「喜怒不形於色」不等於沒有喜和怒。我們所說的自我調節是要使自己處於良好的情緒狀態，而不僅僅是控制自己的表情。當然，在人際交往中，特別是在客我交往中，對自己的表情也有加以控制的必要，因為自己的表情已經不完全是「私事」，它很可能會產生某種「社會效果」。

　　情緒反應是透過生理狀態的廣泛波動來表現的。可以說，我們的身體是要為情緒反應付出代價的。在許多情況下，付出代價是值得的，因為情緒反應對人有好處，例如憤怒可以使人奮不顧身地去排除障礙，恐懼可以使人不至於輕舉妄動等等。但有的時候，人們的情緒反應是不必要的、無效的，甚至是有害的。我們應當讓自己的情緒反應成為有效的情緒反應。

　　人的情緒反應雖然和環境對人的影響有關，但是直接決定人的情緒反應的，還是一個人自己的想法，是他對環境影響(即刺激)的評價和估量。人們常常說「氣死我了」，而不說「我氣死了」。人們總是把產生不良情緒反應的原因推到別人身上去。實際上，使我們生氣的直接原因並不是別人的所作所為，而是我們

自己的想法。科學的說法應當是「我的想法把我氣死了」，而不是「他把我氣死了」。面對別人的所作所為，我可以選擇生氣，也可以選擇不生氣，這是我自己的事。我國有句諺語「他來氣我我不氣」，因為「我若生氣中他計，氣出病來無人替」。要記住，我們的情緒反應是可以由我們自己來選擇的。

服務人員的「角色意識」對情緒狀態的自我調節有重要意義。角色意識強的人，一旦「進入角色」就把個人的情愁煩惱統統拋開。

一個人要使自己能夠經常地保持良好的情緒狀態，最根本的方式還是要為自己樹立一個有價值的人生目標。一個沒有明確人生目標的人，是一個「六神無主」的人，他比別人更容易感到心煩意亂是不足為怪的。一個不知道自己的人生價值在哪裡的人，常常會對別人的一言一行作出「過敏」的反應，似乎別人的一句話、一個眼神隨時都能改變他的價值。在人生的風風雨雨中，只有那些有明確的目標而又有足夠的自信心的人，才是「內心深處有舒適感」的人。

（三）形象控制法、想像訓練法和延緩反應法

當一個人在意識中浮現出美好的形象時，他的潛意識就會「自動化」地使人進入良好的情緒狀態。我們不必去追究自己的潛意識是如何「工作」的，我們只要讓自己的意識中浮現出美好的形象就行了。具體地回憶過去獲得成功時的情景，我們就能進入能夠幫助我們獲得成功的情緒狀態。這就是進行自我調節的「形象控制法」。我們獲得的成功愈多，積累的美好形象愈多，我們獲得新的成功的希望就愈大。

美好的形象可以來自回憶，也可以來自想像。美國的整形外

科醫生和心理學家馬爾茲指出：「我們的大腦和神經系統無法區分『真正』的體驗和生動地想像出來的體驗。」「如果想像得足夠生動和詳細，那麼，就你的神經系統而言，你的想像訓練就相當於一次實地的體驗。」按照馬爾茲的說法，運用「想像訓練法」就是「想像你在按照你希望的那樣行動、感受、『存在』」。他舉例說：「如果你一向羞怯退縮，想像自己在大庭廣眾下輕鬆而鎮定地活動並且因此而感到舒服，如果你在某種情況下恐懼和焦慮，想像你輕鬆自如地行動，有信心有勇氣並且因此而感到開朗和自信。」

被某些日本人譽為「推銷之神」的原一平曾經介紹過他是如何為拜訪陌生的、難對付的「準顧客」而作準備的。他說：「例如，與A晤面，就得先描繪A的形象。在我的眼前站著我所描繪的A。我要與A談數字、聊天或說笑，有時同聲而笑。如此之後，我與A就如數年知己。接著，進入真正的晤面。就A而言，我是他初次見面的人。我可不同，我與A已經是常常聊談甚歡的熟人，亦即所謂的十年知己。」這就是巧妙地運用了想像訓練法。

有些服務人員一聽到顧客說些「刺耳」的、「損人」的話，就感到難以容忍，就會由於情緒失控而出現與優質服務的要求相違背的言行。這就好像一個人身體很弱，風一吹就要感冒一樣。如何才能使自己的「抵抗力」更強一點呢？可以在充分放鬆的情況下，去想像有個別顧客對自己說挑剔的、指責的，甚至是帶挑釁性的話。先從那些「不太厲害」的話開始，直到確信自己對多厲害的話也禁得住為止。這在心理學上叫做「系統脫敏法」，也可以說是一種特殊的想像訓練法。

應當指出，有些人雖然不知道什麼是「形象控制法」和「想

像訓練法」，實際上卻經常在進行消極作用的形象控制和想像訓練。對於過去的事，他們不回憶獲得成功的情景；對於未來的事，他們不往好的方面想，老是往壞的方面想，想來想去，就好像自己所擔心的事情已經發生了一樣。我們一定要避免這種消極作用的形象控制和想像訓練。

為了學會控制自己的衝動，還要運用「延緩反應法」來訓練自己。人的自我控制是從「延緩」開始的，沒有「延緩」就沒自我控制。所謂「延緩」，一方面是「滿足的延緩」（例如，不是想玩就立刻去玩，而是工作完了以後再去玩）；另一方面是「宣洩的延緩」（例如，正在上班的時候挨了批評，雖然心裡不舒服，但是該怎麼做還是怎麼做，至少要堅持到下班以後再說）。平時有意識地鍛鍊自己的「延緩能力」，在遇到某些特殊情況時，就不至於因為不能克制自己而作出不適當的反應，到後來後悔莫及。

（四）自我暗示法

我們的各種情緒反應究竟是怎樣產生的，我們並不清楚，因為情緒是直接受潛意識支配的。但是我們可以「有意識地」透過我們的潛意識來支配我們的情緒。

我們的潛意識不僅不善於區分真實的東西和想像的東西，而且缺乏批判能力。我們之所以能夠有分析、有批判地對待別人向我們施加的影響，拒絕接受那些錯誤的、有害的東西，是因為我們的意識具有批判能力。不過意識的這種批判能力並不總是起積極作用的，它也可能使人拒絕接受那些正確的、有用的東西。

心理治療的一種方法就是對患者進行「催眠」，使他的批判能力不起作用。在這種情況下，治療者所說的話就會被患者不加

批判地接受。心理學上把這種使人不加批判地接受影響的方法叫做「暗示」。

人們「受暗示」的情況絕不僅僅發生在心理治療中，在日常生活中凡是不加思索地相信別人所說的話，凡是不加批判接受別人的影響，都是「受暗示」。

懂得了自我暗示的道理，就應當注意避免起消極作用的自我暗示。絕不要動不動就對自己說「糟了」、「壞了」、「不行了」這一類的話。如果有了這樣的想法，就應當立即加以改正。

更重要的是自覺地運用「自我暗示法」，使自己處於良好的情緒狀態。例如，當顧客衝著自己發火的時候，就可以在心裡對自己說：「沒關係，我得沉住氣！」

對於社會生活中的各種現象、各種思想，我們要用自己的「成人自我」認真地去觀察和思考，「擇其善者而從之」，不要盲從。故意用不道德的、破壞性的行為來顯示自己的「個性」是愚蠢的，為了「從眾」和「受歡迎」而不敢讓自己心靈中美好的東西表現出來更是可悲的。馬斯洛曾尖銳地提出問題：「受到誰的歡迎呢？或許對於年輕人來說，不受鄰居勢利小人的歡迎，不受地區俱樂部同伙們的歡迎，那樣會更好些。」雖然馬斯洛的話是針對人類基本需求的情況說的，但是對我們也是有啟發的。

在走進未知領域時，我們應當謹慎，應當隨時根據我們得到的訊息來為自己的行為導向。但是不能過於「謹慎」，以至裹足不前。不敢向前走，那就什麼新的訊息也得不到。馬爾茲說得好：「你每天都必須有勇氣承擔犯錯誤的風險、失敗的風險和受屈辱的風險。走錯一步總比在一生中『原地不動』要好一些。你一向前走就可矯正前進的方向；在你保持原狀，站立不動的時候，你的自動導向系統就無法引導你。」

不應該讓不合時宜的老習慣妨礙我們的成長。對付老習慣最好的辦法是形成新的習慣去取代它。不要把注意力放在「改掉」老習慣上，要把注意力放在「形成」新的習慣上。從現在起就按照新的模式去作出反應，並且堅持下去，直到這種反應成為一種習慣。一旦新的習慣形成，舊的習慣自然就不起作用了。

如果你對自己說「將來我一定要做一個有勇氣的人」請你把這句話改成「我現在就要做一個有勇氣的人」！從現在起，你就應當作出成長的選擇。你不一定一輩子都做服務工作，也許你希望將來能換一種更適合你的工作，但是你不能等到你做別的工作的時候才成長。服務工作對我們來說，不僅是一種職業，不僅是一種謀生的手段。這是一種要和各種各樣的人溝通的工作，是一種可以讓我們更深入地了解人，學會以健康的人生態度去為人處世的工作。我們將在自己的工作崗位上不斷成長，發揮我們最寶貴的潛能、愛的潛能和創造的潛能，開出絢麗之花，結出豐碩之果！

第六節　勇於作出成長的選擇

成長需要勇氣。在現實生活中，每個人都會遇到「敢不敢成長」的問題。在這個問題面前，有的人作出了「成長的選擇」，有的人卻作出了「退縮的選擇」，於是有的人不斷地成長，有的人卻停滯了，甚至倒退了。

要成長，就不能安於現狀，而要去開創新局面，去過一種新的生活。而這就意味著要進入「未知領域」，要冒一定的風險。沒有勇氣去探索未知領域的人，只能是畫地為牢，故步自封。有

些人，他們也對現狀不滿，也想過一種更好的生活，可是一想到要去接觸許多陌生的人和陌生的事物，要去做許多從來不曾做過的事情，他們就害怕了，動搖了。他們寧願過那種雖不令人滿意，卻是四平八穩，萬無一失的生活。

　　成長還意味著要改掉自己的一些老習慣，這也是許多人沒有勇氣去成長的一個原因。他們在理智上認為應該改掉不好的習慣，但是在感情上又不願意讓自己受苦。他們老是對自己說：「明天吧，明天一定改！」時間一天天地過去了，他們還是依然故我。

　　使人不敢成長的一個重要原因是許多人害怕出類拔萃。在內心深處，他們很想出類拔萃，可是出拔萃就意味著與眾不同，而他們是很害怕與眾不同的。社會生活有一個不可否認的事實，就是一個人不僅是在做壞事的時候會受到輿論的譴責。不管是不如別人還是高於別人，只要是與眾不同就會有壓力。

　　本來，人人都有成長的需要，都有一股「生命的前衝力」。可惜的是，有不少人在未知的領域面前，在自己的習慣面前，在輿論的壓力面前望而生畏了，他們放棄了成長的選擇而作出了退縮的選擇。

　　一個人要有所創造，有所奉獻，靠的是「有長處」而不是「沒有短處」。因此我們應當首先考慮自己有什麼長處，而不是首先考慮自己有什麼短處。對於那些妨礙自己發揮長處的短處，要設法加以彌補；至於那些並不妨礙自己發揮長處的某些「不如別人之處」，則不一定要去彌補。實際上，任何短處都沒有的人是不存在的。我們在為自己樹立奮鬥的目標的時候，不能離開自己的長處和短處，以及自己所處的環境，盲目地去和別人比。實行自我改進不是要讓自己變成別人。一定要弄清楚在哪些地方要敢

於和別人比，在哪些地方要敢於不和別人比。敢於「比」而又敢
於「不比」的人，才能出類拔萃，取得「無比」的成就。

註　釋

1. David Wheelhouse, CHRE, *Managing Human Resources in Hospitality Industry* (Michigan: EI. AHMA, 1989), p.16.

2. 同註1，p.226.

3. 同註1，p.375.

第 **3** 章

餐飲服務的種類

餐飲服務是提供好的菜餚與服務，讓顧客在餐廳能好好的享受。餐飲服務可以定義為一種食品流程（從食品的購買到供給顧客食用）的狀態，也就是食品生產完成後，供給顧客食用的一個過程。

　　飲料服務的定義則為一種飲料流程的狀態，亦即飲料生產完成後，供給顧客飲用的一個過程。

　　餐飲服務雖與食品飲料生產同為餐膳企業營運的一體之兩面，但業者必須體認一個事實，那就是餐飲服務完全是檯面上的活動，每個客人都看得非常清楚。至於餐飲生產方面有哪一位客人能知道它的流程？正因為如此，使得餐飲服務方法成了餐廳形象好壞的大關鍵。這裡試先提出有關餐飲服務方法的幾項基本要求：

1. 餐飲的供應須能實現業者的營運理念。而業者的營利目標須與顧客的消費目標一致。這意思是說，業者賺了錢，消費者花了錢仍認為值得。

2. 業者要有能力展現其餐飲的吸引力，而且絕不忽視其餐飲產品的營養品質。

3. 注重品質管制。這一點對於自助餐的業者尤為重要，因為他們提供的餐飲雖然品類繁多，但是品質上難免大同小異。

4. 提供快速而有效率的服務。縱使是高級餐廳，顧客會較為悠閒的進餐，但服務總不能太慢。

5. 服務人員的態度必須親切和藹，務必製造出一種氣氛，使顧客有賓至如歸的感受。

6. 確保食品衛生安全的標準。這要注意食物的處理與烹調過

程，尤其是服務人員的個人衛生。

7. 營運成本與營業利潤應在財務方針所規劃的範圍以內。唯
   有這樣，才能保障食品與服務的品質水準。任何型態的餐
   飲營運，均應做到或符合上述的基本要求。

第一節　餐飲服務的種類

不同種類、不同菜單的餐廳，除了基本的桌邊服務技巧外，
會再使用特別技巧。通常餐廳會結合兩種以上的形式，例如：結
合小吃和宴會。以下就回顧一些餐飲服務主要的形式：

1. 美式（盤上）服務。
2. 法式（旁桌式）服務。
3. 手推車服務。
4. 俄式服務。
5. 家庭式服務。
6. 英式服務。
7. 自助餐式服務。
8. 速食服務。
9. 中式服務。

第二節　美式、法式服務

一、美式（盤上）服務

美式服務是一種基本而且使用普遍的服務形式。它要求服務員必須有技巧地端拿盤子而不至於弄亂盤上的菜餚。至於端拿盤子的方法則依盤子的數目而定。

專業的美式服務中，一次不可端拿超過四個盤子。端拿四個盤子是可以辦到的，但由於平衡感的問題，並不被視為是其專業性的服務。

兩種在業界最常使用的專業方式是兩個或三個盤子的持拿技巧。這牽涉到左手持拿兩個或三個盤子，而右手則不持物品。右手可以用來持拿另一個盤子，因此一次可以持拿三或四個盤子。在替客人收拾盤子時，仍必須用到相同的持盤技巧。所有專業服務人員必須在端盤及收拾方面相當熟練。

1. 收拾空盤子。在現代化的美式服務中，盤子端上桌和收拾整理均從客人右側進行，因為這樣做對客人的打擾可以減至最少。

2. 目前，現代端盤服務的實行已經很普遍了，因為用餐空間比從前小，而且客人與客人之間的移動空間也減少了。使用美式服務技巧的服務員可以較無阻礙地從客人右側放置食物，同時在客人頭部後側安全地持拿其他盤子（左撇子

服務員可轉換技巧，而從左側來服務及收拾）。

3. 現代美式服務中上菜及收拾盤子均從客人右側進行的做法已被全世界重要的餐飲學院及用餐場所採用。然而，仍有許多餐廳依舊使用從左側服務的傳統端盤方式。服務人員當然必須遵照「自家規定」的做去。

4. 現代美式服務並不和飲料服務有所牴觸，因為食物和飲料服務並非同時進行。

5. 除非另有通知，應從主人右側第一位客人開始服務，然後以逆時鐘方向，不論性別，依序服務每位客人，一直到主人為止。然而要記住的是，在某些場所中，必須優先服務女士，或者由客人主動要求此項服務。

(一)美式餐桌的佈置

1. 美式餐桌桌面通常鋪層毛毯或橡皮桌墊，藉以防止餐具與桌面碰撞之響聲。

2. 在桌墊上再鋪一條桌巾，桌巾邊緣從桌邊垂下約12吋，剛好在座椅上面。有些餐廳還在桌布上以對角方式另鋪一條小餐桌布（top cloth），當客人餐畢離去更換檯布時，僅更換上面此小桌布即可。

3. 每兩位客人應擺糖盅、鹽瓶、胡椒瓶及煙灰缸各一個，若安排六席次時，則每三人一套即可。

4. 將疊好之餐巾置於餐桌座位之正中央，其末端距桌緣約1公分。

5. 餐巾左側放置餐叉二支，叉齒向上，叉柄距桌緣1公分。

6. 餐刀、奶油刀各一把，及湯匙二支均置於餐巾右側，刀口向左側，依餐刀、奶油刀、湯匙的順序排列，距桌緣約1

公分。

7. 奶油刀有時也可置於麵包碟上端，使之與桌邊平行。

8. 玻璃杯杯口朝下，置於餐刀刀尖右前方。（圖3-1）

　　以上餐桌佈置及美式餐桌餐具的基本擺設，若客人所點的菜單中有前菜時，應另加餐具，所有上述餐具即使客人不用，也得留在桌上，當客人入座時，服務生應立即將玻璃杯杯口朝上並注入冰水。每當客人吃完一道菜，所用過之餐具須一起收走，當供應甜點時，須先將餐桌上多餘餐具一併撤走收拾乾淨，清除桌面殘餘麵包屑或殘渣。

　　優點：(1)服務時便捷有效率，同時間內可服務多位客人；(2)不需分菜動作，工作簡單容易學習，服務人員訓練容易；(3)服務快速，能將菜餚趁熱服務客人。

　　缺點：(1)缺少分菜及桌邊服務客人；(2)並非一種親切的服

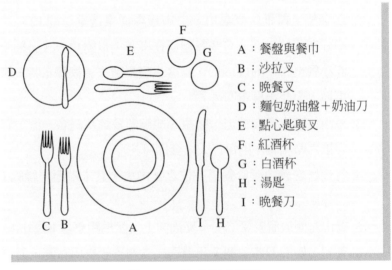

A：餐盤與餐巾
B：沙拉叉
C：晚餐叉
D：麵包奶油盤＋奶油刀
E：點心匙與叉
F：紅酒杯
G：白酒杯
H：湯匙
I：晚餐刀

圖3-1　美式餐桌擺設

務方式。

（二）美式服務的特性

　　美式服務的特性是簡便迅速、省時省力、成本較低、價格合理。在美式服務之餐廳，所有菜餚均已事先在廚房烹飪裝盛妥當，再由服務員從廚房端進餐廳服侍客人。客人除一道主菜外，尚可享有麵包、奶油、沙拉及小菜等等，最後有咖啡等飲料之供應。美式服務之基本原則是所有菜餚從客人左側供食，飲料由客人右側供應。收拾餐具時，則一律由客人右側收拾。至於美式餐飲服務不必像法式那麼刻意考究，因此餐飲服務員只要施予短期之訓練與實習即可勝任，熟練之餐飲服務員一名可同時服侍三、四桌之客人。

（三）美式服務的要領

　　美式服務可以說是所有餐廳服務方式中最簡單方便的一種餐飲服務方式，主菜只有一道，而且都是由廚房裝盛好，再由服務員端至客人面前即可。美式上菜一般均自客人左後方奉上，但飲料則由右後方服侍。謹分述於後：

1. 上菜時，除飲料以右手自客人右後方供應外，其餘均以左手自客人左後方供應。
2. 收拾餐具與桌面盤碟時，一律由客人右側收拾。
3. 當客人進入餐廳，即引導入座，並將水杯杯口朝上擺好。
4. 將冰水倒入杯中，以右手自客人右側方倒冰水。
5. 遞上菜單，並請示客人是否需要飯前酒。
6. 接受點菜，並須逐項複誦一遍，確定無誤再致謝離去。

7. 所有湯道或菜餚，均須以托盤自廚房端出，從客人左後方供食。

8. 若客人有點叫前菜，則前菜叉或匙須事前擺在餐桌，或是隨前菜一併端送出來，將它放在前菜底盤右側。

9. 客人吃完主菜時，應注意客人是否還需要其他服務，並遞上甜點菜單，記下客人所點之甜點及飲料。送上甜點之後，再送上咖啡或紅茶。

10. 準備結帳，將帳單準備妥，並查驗是否有錯誤，若無錯誤，再將帳單面朝下置於客人左側之桌緣。

二、法式服務

在國際觀光大飯店之高級餐廳，其內部裝潢十分富麗堂皇，所使用的餐具均以銀器為主，由受過專業訓練的服務員與服務生在手推車或服務桌現場烹調，再將調理好之食物分盛於熱食盤服侍客人，這種餐廳之服務方式即所謂「法式服務」。目前國內來來大飯店安東廳、亞都大飯店巴黎廳均採法式服務。

(一) 法式餐桌的佈置

法式餐桌佈置一般而言，在正餐中供應二道主菜之情形並不多，通常所謂「一餐」，包括一道湯、前菜、主菜、甜點及飲料，因此在餐桌上所準備之餐具須符合上述需求才可。餐廳之經理可隨意決定杯、盤、刀、叉之式樣與質料，原則上這些餐具只要合乎美觀、高雅、實用即可。至於餐具擺設之方式則不能隨心所欲，因為法式餐飲服務之餐具擺設均有一定的規定，何種餐食須附何種餐具，而這些餐具擺設方式也均有一定位置而不可隨便

亂放。謹分別敘述如下（**圖**3-2）：

1. 前菜盤一個，置於檯面座位之正央，其盤緣距桌邊不超過1吋。

2. 前菜盤上放一條折疊好的餐巾。

3. 叉置於餐盤之左側，叉齒朝上，叉柄末端與餐盤平行成一直線。

4. 餐刀置於前菜盤的右側，刀口朝左，刀柄末端與餐叉平行。

5. 叉與叉，刀與刀間之距離要相等，不宜太大。

6. 奶油碟置於餐叉之左側，碟上置奶油刀一把，與餐叉平行。

圖3-2 法式餐桌擺設

7. 在前菜盤的上端置點心叉及甜點匙，供客人吃點心用。

8. 飲料杯、酒杯置於餐刀上方，杯口在營業時間要朝上，此點與美式擺設不同，若杯子有二個以上時，則以右斜下方式排列之。

9. 若要供應咖啡，應在點心上桌之後，咖啡匙係置於咖啡杯之右側底盤上。

(二) 法式服務的特性

法式服務是把所有菜餚在廚房中先由廚師略加烹調後，再由服務生自廚房取出置於手推車，在餐桌邊於客人面前現場烹調或加熱，再分盛於食盤端給客人，此項服務方式與其他服務方式不同。現場烹調手推車佈置華麗，推車上鋪有桌布，內設有保溫爐、煎板、烤爐、烤架、調味料架、砧板、刀具、餐盤等等器皿。手推車之式樣甚多，不過其高度大約與餐桌同高，以方便操作服務。

法式服務之最大特性是服務員有二名，即正服務員與助理服務員，其服務員須受過相當長時間之專業訓練與實習才可勝任，是項專業性工作，在歐洲法式餐廳服務員，他們必須接受服務生正規教育，訓練期滿再接受餐廳實地實習一、二年，才可成為準服務員（Commis de Range），但是仍無法獨立作業，須再與正服務員一起工作見習二、三年才可升為正式合格服務員（Chef de Range），這種嚴格訓練前後至少四年以上，此乃法式服務特點之一。

法式服務由於擁有專業服務人員，可提供客人最親切高雅之個人服務，使客人有一種備受重視之感覺，此外法式餐廳之餐具不但種類最多，且質料也最好，大部分餐具均為銀器，如餐刀、

餐叉、龍蝦叉、田螺夾、叉、洗手盅等均為其他餐廳所少用之高級銀器。這些高雅餐具與桌面擺設，配合現場優美之烹飪技巧，使得原已十分華麗高雅之餐廳，更顯得十分羅曼蒂克、氣氛宜人。不過法式餐廳價格昂貴，其服務人員須相當訓練與經驗者才可勝任，同時餐廳以手推車及邊桌服務，因此餐廳可擺設座次相對減少，增加營運成本，服務速度較慢，供食時間較長，也是法式服務之缺點。[1]

（三）法式服務的方式

法式服務係由正服務員將客人所點之菜單，交給助理服務員送至廚房，然後由廚房將菜餚裝盛於精緻漂亮的大銀盤中端進餐廳，擺在手推車上再加熱烹調，由正服務員在客人面前現場烹飪、切割及銀盤裝盛。當正服務員將佳餚調製好分盛給客人時，助理服務員即手持客人食盤，其高度略低於銀盤，正服務員可一手操作而不用另一隻手，因此即使助理服務員不在身邊幫忙時，他也可以照常熟練地完成餐飲服務工作。

當正服務員準備盛菜給客人時，應視客人之需要而供應，以免因供食太多而減低客人食慾且造成浪費。當餐盤分盛好時，助理服務員即以右手端盤，從客人右側供應。在法式服務之餐廳，除了麵包、奶油碟、沙拉碟及其他特殊盤碟必須由客人左側供食外，其餘食品均一律從客人右側供應，至於餐後收拾盤碟也是自客人右側收拾，但是若習慣用左手的服務員，可以左手自客人左側供應。

收拾餐盤須等所有客人均吃完後才可收拾餐具，否則會使客感覺到有一種被催促之感。同時餐盤餐具之收拾動作要熟練，儘量勿使餐具發出刺耳之響聲。刀、叉、盤、碟要分開，最重要一

點是避免在客人面前堆疊盤碟。

　　法式服務之另一特點及洗手盅之供應，凡需要客人以手取食之菜餚如龍蝦、水果等等，應同時供應洗手盅。這是個銀質或玻璃製的小湯碗，其下面均附有底盤，洗手盅內通常放置一小片花瓣或檸檬，除美觀外，尚有除腥味之功能。此外，每餐後還要再供應洗手盅，並附上一條餐巾供客人擦拭用。

(四) 法式服務的一般規則

1. 食物在餐廳裡烹飪車上完成。
2. 使用服務叉匙分菜。手拿服務叉匙將食物由鍋內分到客人盤子上。
3. 所有餐飲服務都使用右手從右邊服務。
4. 所有清理工作都使用右手從右邊服務。
5. 沿著桌邊由順時針方向做服務。

三、手推車服務

　　手推車服務講求由服務人員先將食物準備好在桌上，再分配給客人。例如：切割大量的肉分配給客人或把沙拉從大碗中分配給客人。手推車服務與法式或桌邊服務不同點在於服務水準的提供，法式服務講求在盤上烹飪並完成，通常同時會要求技術跟時間。當烹飪完成，服務員會講述它的過程並分配至客人盤中。手推車服務是快速的，它能結合高生產力和效率，凱撒沙拉便是很好的例子。在法式服務中，凱撒沙拉都是在桌邊木製大碗中加大蒜及搗碎的醍魚一起完成的；在手推車服務中，沙拉會先在廚房準備好在大碗中，只要在客人面前加入調味料即可。

第三節　俄式、英式服務

一、俄式服務

在一些餐廳中，許多宴會場面都將食物放在大盤子內，由服務人員分配給客人。俄式服務講求分配技巧，不可將食物撒出、弄亂食物表面或使客人感到不便。

基本俄式服務，以服務叉匙來當夾具，但此項技術不是只針對高級餐廳，也可能使用在速食餐廳去夾派或蛋糕。

俄式服務可用在宴會或使用相同食物的正式場合，服務員可同時將食物分配給客人。它提供快速且有效率的服務。

俄式服務的特別技術及明確自然的服務，便呈現出俄式服務的規則來。分為以下三個範圍討論：(1)俄式服務基本方式；(2)俄式服務所需技術；(3)俄式服務步驟。

（一）俄式服務的基本方式

1. 從大盤中用湯匙及叉子合用來分送食物。
2. 每一個餐桌都有一個盤子來服務。
3. 服務生從左側服務。
4. 由左前臂及手掌去支撐托盤。
5. 服務生環繞餐桌由逆時針方向移動。
6. 不同的調味料，使用不同的服務湯匙。
7. 每一道菜，區別服務用的器皿。[2]

（二）俄式服務所需技術

1. 每一餐桌的盤子，由廚房供應，且經過裝飾，每一道菜因主菜、蔬菜及澱粉類分用的盤子，被送達到每一餐桌，每一個餐桌都有一個服務生服務它。

2. 調味料被放置在鵝狀或船狀的調味盅，且分別放置在餐桌周邊。

3. 服務湯匙及叉子，是使用在分食物送到客人的盤子，每一道餐點或盤子都有不同的用具。

4. 收盤子是由顧客的右手邊來進行，依順時針方向繞著桌子來收拾。

5. 送冷、熱食物需注重送達時的溫度，所以要用容器來幫助其保溫。

6. 上菜時，盤子由廚房快速地送置餐桌。

7. 服務須由主人右手邊的女士先開始，或是餐桌上最年長的女士，服務應由女士先開始然後才是男士，服務生服務餐桌，須繞桌二次，兒童的服務與女士相同。[3]

（三）俄式服務的步驟

1. 使用乾淨的叉子和湯匙，再配合每一個盤子，馬鈴薯和青菜需放在不同的容器裡，兩個湯匙不能一起使用，一個器皿從不單獨使用，而兩個叉子是可能一起使用的。

2. 餐盤放置在前臂的軸心——沿著手臂的長度盤子延伸到肘部的關節，及平衡於手掌左右。

3. 服務由女士優先，男士次之，輕聲地站在所要服務女士的後面，先緩緩的前進服務，再走出來。在兩位客人之間服

務，腳步左腳先入，放餐點於兩位客人中間，再推向主要的客人面前。

4. 收拾之後，很謙卑的退出來，身體和腳保持直線。

5. 收拾客人的餐盤，姿勢要正確，有調味料要小心，避免濺到客人的身體或衣服。

6. 不要在客人的盤子上留空，收盤子時如果握盤握太高的話，那很容易去濺到客人或衣服上，所以服務時，最好保持1吋的高度，這是非常難的，須經常學習。

7. 左手拿托盤，收盤子時，以右手收，放置左手的托盤。

8. 手持托盤時，以手掌朝上托住托盤。

9. 以右手食指控制刀的方向，手掌握住刀柄，刀子應放在湯匙的旁邊，基本的餐具應放在客人易於拿到的位置。

10. 使用鉗子上升或下降，用你的拇指與食指，移動靠中指，拿起或放下。

11. 使用容器的要點，使用大湯匙去服務每個客人，把菜分到每個客人的餐盤上。

12. 使用刀子時，刀鋒朝左面，使用刀背固定食物。

二、英式服務

　　英式是領班服務採俄國式的組合，或者是大盤子，家庭式的，或者是自助式的風格。英國式的服務包含：準備食物在碟子上。領班托著這些碟子，先從主人右邊的女士送起，依著圓桌順著反時針的方向，停在每個客人的左邊。因服務人員預先準備盤子，所以顧客們都可自己來，使用那些預備好的器具。

三、家庭式服務

家庭式服務包含了設置一個大碗，或是一個盤子，允許客人自行服務限制性菜單的特餐，這種方式在南部較盛行，較代表性的菜色內容是湯、沙拉、蔬菜、主菜及甜點，擺滿整個餐桌。有些餐廳提供主菜在金屬板上（美國風格）或者來自一個大盤子或者以家庭方式的小餐車。其他餐廳提供全家福套餐的方式，特別是像主菜用白色澆汁做的南方炸雞，或像其他傳統家庭方式。很多餐廳在許多國家都是以家庭式的風格來服務。服務的一般規則如下：

1. 盤子應事先放置桌上，清潔盤子的服務由顧客的右邊，用右手順時針的繞著桌子。
2. 領班或者是服務員從顧客的左邊，把配樣的食物，依照一定的程序分配好，大體上是1吋放在顧客的邊緣，但是不是觸碰到盤子。
3. 服務的器具被放在碟子或大盤子裡。
4. 顧客自己服務自己，然後調換使用預備好的器具。
5. 領班或服務人員依著反時針的方向繞著桌子（服務對象以女士優先於男士）。[4]

第四節　自助餐式、速食服務

一、自助餐式服務

　　自助餐式服務的最大特色是顧客可以從餐廳的餐食陳列區中挑選自己喜愛的食物，而另一個特色則是餐廳沒有固定的菜單。

　　一個好的宴會服務員必須具備有良好的體力與身體、熟練的技巧與豐富的經驗。自助餐線上的服務人員須具有禮貌與技巧組織能力。

　　自助餐的服務包含準備食物，和使食物具吸引力，把它介紹給顧客。食物放在服務的桌子上——有採直線式的桌子、曲線式、捲曲環繞式的——被選取。顧客進行此自助餐的方式，開始拿取食物，然後要求食物迎合他們的口味。顧客可能會選擇、拿取食物直到他的盤子裝不下才會回座。自助餐的設計方式可採取精緻的設計或者是簡單即可。正中央的擺飾應以醒目或壯觀來取勝，而其他也可雕刻一些簡單的冰雕擺設。（圖3-3）

　　當顧客排成一列在挑選食物時，通常服務人員會站在自助餐的周圍。在碟子與大盤子的服務方面，服務員與客人間的接觸與談話極為頻繁。在自助餐的服務過程中，須時時注意服務是否周到、禮貌。通常在此有少許的對話，像指示或解釋食物的來源。

　　自助餐式服務依照餐廳的供餐方式又可分為瑞典式自助餐服務（buffet service）以及速簡式自助餐服務（cafeteria service）二種。

圖3-3　自助餐式餐桌擺設

（一）瑞典式自助餐服務

　　一般人所稱的歐式自助餐就是採用瑞典式自助餐服務方式。這類型餐廳不是以顧客所取用的餐食數量來計價，而是以用餐人數作為計價的單位。餐廳所供應的餐食內容豐富，大致可分為湯類、沙拉、肉類的熱食主菜、點心、水果及冷熱飲等。而餐廳對餐食陳列區的擺設與佈置也頗為重視，通常會以銀盤或精美的大餐盤來裝盛食物，有時在餐食陳列區中還會用冰雕、果雕或花卉等來加以美化，希望能襯托出餐食的美味及營造出舒適的用餐環境。

■ 瑞典式自助餐服務的工作內容

　　由於是自助式服務，因此除了餐食陳列區中的大型塊肉類食物，由廚師負責切割及供應外，其他都是由顧客自行取用。因此，服務人員的主要工作內容與一般餐廳有所不同。其主要工作

內容如下：

1. 服務人員必須隨時注意餐食陳列區中顧客取用的情形，以
   避免發生餐食短缺的情形。
2. 注意餐食陳列區中餐食的加熱及保溫設備是否正常運作。
3. 隨時收拾顧客桌上使用過的空餐盤，保持桌面的整潔。

■ 瑞典式自助餐服務的優點

1. 在極短的時間內就可以供應顧客餐飲。
2. 所需要的服務人員較少，可節省人事開銷。
3. 顧客可依自己的需求取用適量的餐食。
4. 餐廳可依據材料的季節性及成本，隨時調整供餐內容。
5. 利用餐盤的大小來控制顧客的取用量，間接達到控制成本
   的目的。

■ 瑞典式自助餐服務的缺點

1. 必須儲備較多的食物材料，因此餐廳的食物成本較高。
2. 存貨的控制不易。
3. 餐廳內的地毯、桌椅等比較容易遭到污損。
4. 餐食陳列區中的餐食容易發生剩餘的情況，導致食物的浪
   費及成本的增加。
5. 必須準備大量的餐盤供顧客使用。

（二）速簡式自助餐服務

一般而言，速簡式自助餐廳的佈置是以整潔明亮為主，並不
會特別講究用餐時的氣氛。而這種服務方式主要是讓顧客沿著餐

食陳列區前進，由服務人員供應顧客所挑選的餐食，並在餐食陳列區的出口處結帳後，由顧客自行將餐食端到用餐區用餐。與瑞典式自助餐服務不同的是，速簡式自助餐服務的餐盤是由顧客自行收拾。通常以學校的學生餐廳或機關團體的員工餐廳最常採用這種服務方式。

■ 速簡式自助餐服務的優點

1. 價格低廉，但餐食仍能維持一定的品質。
2. 服務速度快，可節省顧客等候的時間。
3. 每種菜餚都以標準的分量供應，可控制食物成本。
4. 所需要的服務人員較少，可節省人事開銷。
5. 餐廳可以依據材料的季節性及成本考量，隨時調整供餐的內容。
6. 顧客依據自己所看到的餐食成品做選擇，可避免菜單與實際成品間的誤差。
7. 顧客不需要給小費。

■ 速簡式自助餐服務的缺點

1. 必須儲備較多的食物材料，因此餐廳的食物成本較高。
2. 存貨的控制不易。
3. 餐食陳列區中的餐食容易發生剩餘的情況，導致食物的浪費及成本的增加。

二、速食服務

速食的服務限制顧客在一定時間內被服務。顧客或是服務者

挑選、選購項目放在矩形盤子上，然後顧客自己去尋找桌子、椅子坐下來（假如服務員已幫他裝好他選購的項目放置盤子），或者到下一站去選購項目。

桌上服務是速食服務裡的一種，也是利潤最大的事業。它的條件是顧客服務在午餐約花上一小時。它的本質（速食服務）給了顧客一個良好的印象，那就是快速的服務。[5]

有效率的服務及有效率的移動，是速食餐飲的本質，傳統的速食都不會浪費時間，服務人員必須在餐桌與廚房間往來。

第五節　中式餐飲服務

我國幅員遼闊，各地人們的飲食習慣不盡相同。由於幾千年的發展，形成了不同的菜系，像川菜、粵菜等。而中餐的服務方式正是在這些不同菜系的基礎上，綜合了這些菜系的不同特點，形成了自己獨特的服務風格。

服務方式是一個地區、一個民族在長期的餐飲發展過程中逐步形成的飲食侍應習慣，作為約定俗成的、相對固定的形式得到人們的承認。中餐是中國固有的菜式，其就餐的方式也有獨到的地方，特別是現代旅館業中中餐廳的服務方式與傳統的家庭用餐又有很大的區別，更趨於規格化、科學化。本節所要介紹的是可供目前我國旅館餐飲部門借鑑的中餐服務方式。掌握正確的服務方式是提高服務員品質的一個重要條件。

中餐在其長期的發展過程中，逐步形成了自己的服務方式，並使之和中餐菜餚的特點相適應。同時，隨著人們對衛生要求的提高和對就餐方式的多樣化需求，中餐的服務方式經歷了和正在

經歷著一定程度的變革，出現了許多新的方式。

目前，具有使用價值和推廣意義的中餐服務方式有：共餐式、轉盤服務和分餐式。

一、共餐式

目前的共餐式服務已在傳統的共餐式基礎上作了很大的改進，不再是各人用自己的筷子去挾菜，而用附加公匙、公筷、公勺的辦法取菜。（圖3-4）

（一）共餐式的服務形式和程序

1. 擺檯時，根據檯子大小和就餐的客人數擺上一到兩副公共筷、匙。

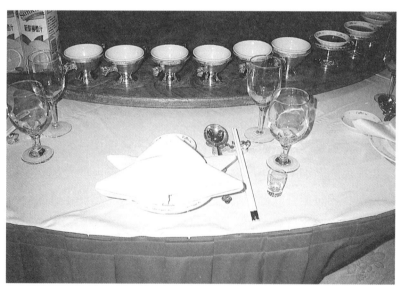

圖3-4　共餐式用餐方式

2. 上菜時服務員站在適當的位置，將托盤中的菜碟擺放到檯子的中央。

3. 報出菜名，向客人介紹特色菜餚。

4. 中餐上菜常常是所有菜點同時上檯，服務員要注意檯面不同菜類的搭配擺放，尤其是葷素和顏色的搭配。

5. 所有的菜上檯時，都要配上適當的公用餐具，方便客人取菜，避免使用同一餐具而串味。

6. 所有的菜都上完後應告知客人，祝客人就餐滿意。

（二）共餐式的優點

1. 共餐式用餐客人比較自由，它可以由桌上的主人為其客人分菜，也可以由客人各取所需，氣氛融洽。

2. 它比較適合於中餐二至四人的小檯子便餐服務。

3. 所需的服務人員較少，一個服務員可以同時為多桌的客人服務，同時對服務人員的技術要求不高。

4. 對中國傳統的家庭式用餐方法和氣氛保持比較完整。

（三）共餐式的缺點

1. 客人得到的服務和個人照顧較少，第一次試用中餐的客人會對一盤裝飾精美的菜餚不知所措。

2. 不善用中餐具的客人會把挾菜看成是一種負擔。

3. 由於所有的菜餚一起上，到後來檯上容易出現杯盤狼藉的現象。

（四）注意事項

1. 服務員如發現客人有不會使用筷子或有困難時，應主動徵求客人意見，決定是否向客人提供刀、叉、勺等西餐具。
2. 在檯面上擺不下菜盤時，應徵求客人意見，收掉剩菜不多的盤子，勿將菜盤疊架起來放。
3. 一些整的魚、雞、鴨等菜類應協助客人分類。

二、轉盤服務

轉盤服務在中餐服務中是一種比較普遍的餐桌服務方式，適用於大圓檯的多人就餐服務，既可用於便餐也適用於宴會服務。

（一）轉盤服務的方法和程序

1. 檯面佈置：
   (1) 先在檯上按鋪檯布的要求鋪好檯布。
   (2) 將轉盤底座轉軸擺放到檯的正中央。
   (3) 將乾淨的轉盤放到轉軸上，試驗其是否轉動自如。
   (4) 根據便餐或宴會的要求擺檯（圖3-5）。
2. 轉盤式便餐服務：
   (1) 檯面擺放二至四副公用筷、匙。
   (2) 服務員從適當的位置上菜，報出菜名，介紹特色菜餚。
   (3) 客人用公用餐具為自己取菜。
   (4) 服務員協助客人分派整魚、雞、鴨等大菜。
   (5) 在多骨、刺和口味截然不同的菜式之間為客人換骨盤，

圖3-5　使用轉盤的中餐擺檯

　　換盤時注意：先撤後上，左上右撤，先女後男，先主後
　　次。

3. 轉盤式分菜服務：

　　(1) 多用於中餐的宴會。

　　(2) 服務員站在適當的位置為客人上菜、分菜。

　　(3) 一個服務員分菜時，按圖3-6所列程序操作。

　　(4) 兩個服務員操作時，按圖3-7所列程序操作。

4. 便餐的轉盤服務菜餚宜分批上，宴會分菜服務宜一道一道
　　地上。

（二）轉盤服務的優點

1. 非常適合於團隊客人用餐和團體用餐，取菜方便。

2. 用於便餐服務中客人自取菜餚，是一種比較節省人力的服
　　務方式。

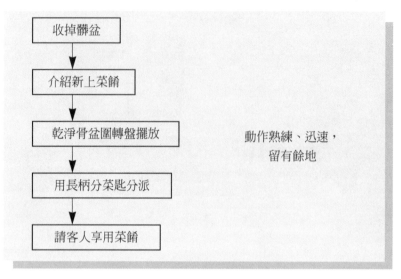

圖3-6　一名服務員的分菜程序

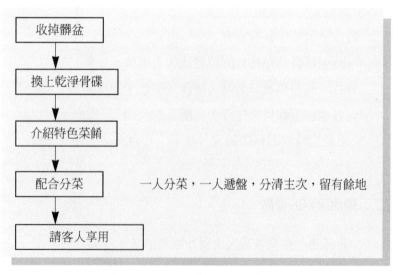

圖3-7　二名服務員的分菜程序

3. 轉盤分菜具有表演性。

（三）轉盤服務的缺點

1. 轉盤服務在檯面分菜時，常常會干擾客人的談話，影響餐桌氣氛。
2. 當客人的面分菜，技術要求比較高，需要較多時間培訓。
3. 容易弄髒轉盤，尤其是在分羹湯和帶汁較多的菜餚時，更是如此。

三、分餐式

分餐式是吸收了西餐服務方式的優點並使之與中餐服務相結合的一種服務方法，故有「中餐西吃」的說法，它比較適用於中餐的宴會服務，常用的分餐式服務有邊桌服務和派菜服務兩種形式。

（一）邊桌服務

邊桌服務是在宴會餐桌旁設一個固定的或可手推的流動的服務餐桌或小圓桌，鋪上乾淨的檯布，可貯放一些乾淨的骨盤和碗碟，進行宴會的分菜服務，其一般程序是：

1. 服務員將菜餚送到餐桌，向客人介紹特色菜餚。
2. 將菜餚放回到服務邊桌上，準備分菜。
3. 兩個服務員配合，一個分菜，一個遞送給客人。
4. 將菜盆中分剩的一份整理好，放回到餐檯上，以便客人需要時添加。

（二）派菜服務

派菜服務與西餐中的俄式服務相近似，只需要一個服務員操作便可，其基本程序是：

1. 服務員給客人換上乾淨的骨盆。
2. 服務員將菜餚送到餐桌，報出菜名，向客人介紹特色菜餚。
3. 將菜餚放到鋪了墊巾的乾淨的小圓托盤中，左手托盤，右手拿分菜匙、叉分菜。
4. 分派的次序和中餐斟酒相同，主賓、主人，然後按順時針方向繞桌進行，為避免托盤和右手匙、叉的交叉，一律從客人的左邊派菜。
5. 每派完一位客人，服務員應退後兩步，再轉身給下一位客人服務。
6. 最後將剩的一份菜整理好，放回到餐桌上，以便客人需要時添加。

（三）分餐式的優點

1. 分餐服務適用於中餐宴會，所體現的個人照顧較多。
2. 由於它在客人不易看到的邊桌上分菜服務，對客人的干擾比較小，不至於太過影響客人的談話。
3. 比較衛生，符合外賓、西方客人的就餐習慣，同時能顯示中餐講究裝盆造型的特點，可反映廚師精湛的手藝。

（四）分餐式的缺點

1. 總的來說，是一種比較費人工的服務。
2. 對服務人員分派技術的要求比較高。

（五）注意事項

1. 要掌握好分菜服務的時間、節奏，分派的整個過程應儘量縮短，不至於造成讓先派到菜的客人等候過久。
2. 無論邊桌服務或托盤派菜，操作要穩，不要發出響聲。
3. 掌握好分派的量，分派均勻。
4. 放回餐桌的多餘的菜，一定要整理好，不要給人以殘羹剩菜的感覺。

概括地說，上述幾種服務方法都是在一定的範圍內有其實用價值，各有優點，要培訓餐廳服務員熟練、正確地用上述方法服務。一個餐廳或一桌宴會，也不必拘泥於某一種服務方式，可以根據就餐的人數和不同的菜餚採用不同的方法或交叉使用，應遵循的宗旨是方便客人第一。如：整的雞、鴨、魚等大菜可採用邊桌服務，而炒的易於叉、勺分派的菜可用托盤派菜的形式。少數人就餐採用共餐式，團體用餐採用轉盤式等，但無論採用哪種服務，都應遵循既定的規格和標準，體現優良的服務質量。

註　釋

1. Bruce H. Axler, *Food and Beverage Service* (U. S. A.: John Wiley and Sons, Inc. , 1990), p.116.

2. Carol A. Litrides & Bruce H. Axler, *Restaurant Service: Beyond the Basics* (U. S. A. : John Wiley & Sons, Inc. , 1994), p.216.

3. Ecole Technigue Hoteliere Tsuji, *Professional Restaurant Service* (U. S. A. : John Wiley & Sons, Inc. , 1991), p.138.

4. Dennis R. Lillicrap & John A. Cousins, *Food & Beverage Service,* 4th Ed. (London: Hodder & Stoughton, 1994), p.166.

5. 同註 1，p.126.

第 **4** 章

餐飲服務的器具

餐飲服務的器具，主要是指顧客與服務人員在用餐區中所使用到的各項設備，包括了固定的硬體設備，例如餐桌與椅子，以及服務的設備與器具，例如準備檯、手推車、餐具等。由於不同餐廳所選用的餐桌椅款式及設計時的要求會有頗大的差異。因此，在選擇餐廳桌椅時大多是以能配合餐廳的風格及等級，並在考慮顧客的需求前提下作為設計或採購時的依據。

第一節　餐廳設備

一、傢具

傢具必須根據餐廳的需要而選擇不同材料、不同設計和漆面的桌椅等，這樣經過精心的佈置安排，就會使氣氛和外表更加適合於各種場合。

木料是餐廳傢具中最常見的材料，有各式各樣品種的木材和裝飾板，它們適合於各特定的場合。木板質地較硬、耐磨、容易去污，是餐廳主要的傢具材料。

儘管木製傢具在餐廳占支配地位，但愈來愈多的金屬傢具，特別是鋁製品和鋁合金、銅製的傢具，正被介紹運用到餐廳中來。鋁製品較輕、質硬、容易清潔，成本也不高。現在還常可發現木面金屬架餐桌，和椅框為較輕的金屬但表面和靠背用塑料和人造纖維的椅子。人造大理石和塑料檯面在咖啡廳和職工餐廳裡也用得較多，清潔方便，表面色彩和設計多變，適合各種場合，有時，僅用席墊便可以代替檯布。

選擇餐廳傢具的要點是：[1]

1. 使用的靈活性。

2. 提供的服務方式。

3. 顧客類型。

4. 造型。

5. 顏色。

6. 耐用性。

7. 容易維修。

8. 方便貯存。

9. 成本和資金因素。

10. 長久的適用性。

11. 損壞率。

（一）椅子

種類繁多，應選擇式樣質地和顏色都適合其相應場合的品種。椅子的參考尺寸：

1. 宴會座椅：寬：46公分×46公分；高：46公分。
2. 扶手椅：寬：46公分×61公分。 **（圖4-1）**

（二）餐桌

通常為圓形、方形和長方形三種，一個餐廳可以同時選用這三種類型的檯子，也可以單用一種，這要根據餐廳的形狀和提供的服務來決定。既有二至四個座位的小檯子，也有八至十個座位的大檯子，方檯還可以拼合來接待小型團體用餐。餐桌的表面通常要放一墊子，然後蓋上檯布，既可避免檯布在光滑的木面上滑

圖4-1　餐椅

動，又可減輕擺餐具時發出的響聲。

餐桌設計的參考數據如下：

1. 76公分邊長的正方形餐桌：二人。
2. 100公分邊長的正方形餐桌：四人。
3. 直徑為100公分的圓檯：四人。
4. 直徑為152公分的圓檯：八人。
5. 長方形檯：137公分×76公分：四人。

其餘需要大檯子時可以拼合。

（三）餐具櫃

各個餐廳的餐具櫃都不盡相同，選用的依據是：

1. 服務方式和提供的菜單。
2. 使用同一餐具櫃的服務員人數。
3. 一個餐具櫃所對應的餐桌數。

4.所要放置的餐具數量。

　　餐具櫃的設計應儘可能小型、靈便，如果需要可以在餐廳內移動，體積太大還會占去更多的接待客人的場地。檯面應使用防熱材料，易於清洗，如果使用電爐，應將其嵌在檯面上，使其與工作檯面相平。在一些餐廳裡，服務員負責其工作檯的餐具準備，服務結束後負責補充餐具。在這個系統中，還要貯存各種布件，餐具櫃材料顏色應該和其他傢具色彩相協調。

　　貯放刀叉的抽屜按一定的順序排列，為方便和講究效益起見，刀叉等餐具的順序要固定擺放。

　　較低的箱櫃用來放置髒的布巾，餐具櫃上一般內裝有活動輪，可用來推著在餐廳內移動。（圖4-2）

　　餐具櫃的佈置首先要看其結構：幾個架、多少刀叉抽屜等，其次要看菜單和服務種類，所以各餐廳的餐具櫃佈置都因需要不同而有所差別，但按同一格式佈置具有更多的優點，服務員會很容易根據習慣在某處取到某種餐具。（圖4-3）

（四）各式服務車

■ 活動服務車

　　用於在客前分菜服務，包括切割、燃焰等，輕便靈巧，可以在餐廳內靈活地推來推去，亦可用來上菜、收盤。大小和其他功能可根據需要設計，但太大則需較寬的餐廳通道，占去更多的空間。（圖4-4）

■ 切割車

　　用於客前切割整個或整塊的食品。用酒精爐或交流電加熱，切板下是熱水箱，一端有一個放置熱盆的地方，第一層架子上不

圖4-2　餐具櫃

圖4-3

餐具櫃的擺設

圖4-4　小型服務桌

要放置任何東西，多餘的餐具、盆子等放在底下一層，在上酒精爐前一定要保證水箱裡裝足了熱水。（圖4-5）

切割車是較笨重的服務工具，一定要即時打掃清潔。可用擦銀粉擦淨，並徹底抹掉沾在車內的殘屑，以防其與食物相接觸。

■ 開胃品車

用於陳列各種冷的開胃菜，每層可放置少許冰塊保冷，每餐結束均要清理清潔車身和各層菜盤。

■ 奶酪車

上層用於陳列各式奶酪，架子裡備有切割工具和備用盤碟餐具，餐畢收起奶酪入冰箱貯存，擦淨車身，舖上乾淨檯布備用。

■ 蛋糕與甜品車

一個經過廚師精心設計佈置的甜品車是應當非常具有吸引力的，無疑會起到促進銷售的作用。陳列甜品蛋糕，最關鍵的是要保持其新鮮、整潔。銀製的甜品車是高級餐廳的炫耀品，應始終保持其奪目光澤。（圖4-6）[2]

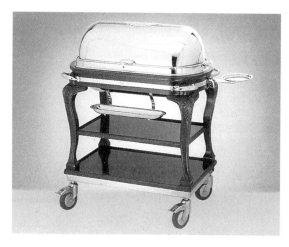

圖4-5　切割車

圖4-6　甜品車

圖4-7　酒車

■ 咖啡和茶水車

通常用於咖啡廳，尤其是供應下午茶時使用，車內備有供應咖啡和各種名菜的餐具、加熱爐等，由準備間佈置完畢後，推入餐廳，現場為客人備製。

■ 酒車

酒車主要用來陳列和銷售開胃酒、各種烈性酒和餐後甜酒，備有相應的酒杯和冰塊等，相當於一個餐廳內的流動小酒吧。（圖4-7）

售酒服務員在客人一吃完甜品和上咖啡時，應迅速將烈酒車推至客人餐桌旁，服務員要非常熟悉酒的知識：原料、香型以及其正確的服務方法。如果客人要求冰化（frappé），則要加碎冰，用較大的杯子和兩根短吸管。若要加奶油，應用匙背慢慢倒入，勿攪動。

■ 桌邊烹調車

桌邊烹調車可用液化氣作為燃料，將爐頭內嵌，使表面成為一平面，燒製和燃焰時會更加安全，表面最好用不銹鋼材料，易於清潔，注意煤氣開關、餐具貯放抽屜和砧板的位置，面上的槽用來放置酒瓶和調味品。（圖4-8）

■ 客房餐車

送餐車是房內用餐服務員運送熱的飯菜所用的工具，有些送餐車還有插頭接通電源來保溫，注意裝車前必須將車內預熱。（圖4-9）

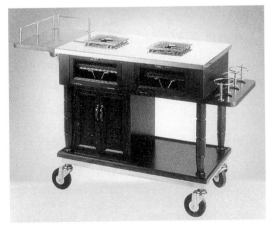

圖 4-8　桌邊烹調車

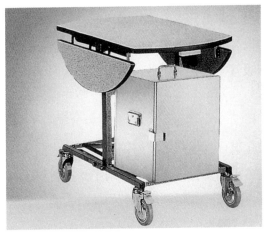

圖 4-9　客房餐車

二、布巾

　　布巾是管理費用當中比較大的一項開支，所以對布件的控制
具有重要意義。一般餐館的做法是採用一定數目庫存，相同數目
換洗的方法。換句話說，一件髒布件換回同樣一件清潔布件。初
期的領用數目由部門負責人根據實際接待需要填寫領用單向洗衣
房庫房領取。領用單的第一聯交棉織品庫房或客房部，第二聯留

在領用的部門。一定數目的超額庫存要包含在領用數中留在餐廳，以供應急時使用。

　　每次營業結束，用過的髒檯布必須收齊交客房部洗衣房換取乾淨的布件。送洗的髒口布要十條一把紮好，以便於清點。另外，還應備有符合各種需要的餐巾、席墊和檯布，它們應具有各種不同的顏色和質量。

　　布件應根據尺寸大小分別堆放在貨架上，將疊轉的一面朝外，以便清點和控制。如果它們不是貯存在櫃櫥當中時，要用布蓋上以免落上灰塵，目前用的布件質地有許多種，從高級純棉織品到合成材料，如尼龍和人造纖維。一般說來，亞麻纖維布比較光滑、硬挺；棉織品比較牢固、用途廣。

　　選用何種質地的布件要根餐廳的等級、顧客的類型、顏色是否與餐廳氣氛協調、式樣是否耐用、易於清洗、成本因素以及菜單和服務種類等。通常使用的布件主要有：

1. 檯布：
   (1) 137公分，用於邊長為76公分的方桌和直徑為100公分的圓桌。
   (2) 183公分×183公分，用於邊長為100公分的方桌。
   (3) 183公分×244公分，用於長方桌。
   (4) 183公分×137公分，用於長方桌。
2. 附加檯布：1公尺×1公尺，用於斜著加蓋在正常檯布上。
3. 餐巾：
   (1) 46公分×50公分方形布巾。
   (2) 36公分×42公分方形紙巾。

4. 自助餐檯布：2公尺×4公尺，這是最小尺寸，有更長的檯子，則有更長的檯布。
5. 餐具櫃和小推車檯布：通常選用用過的檯布代替，有時讓客房管家縫過疊好用來鋪在餐具櫃和小推車上。
6. 服務布巾：讓每個服務員用來端送熱燙的菜餚和保護制服整潔乾淨。

三、瓷器

人們評價菜餚要講究「色、香、味、形、器」，之所以講究器，是因為它是襯托和反映菜餚效果的一個重要物品。瓷器必須和餐桌上其他物品相輝映，也要與餐廳的氣氛相協調。

愈來愈多的人在外用餐，他們喜歡看到的瓷器是那些色彩豐富、賞心悅目、造型設計與自己家中使用的相近的瓷器。一般餐廳只選用一種顏色和式樣的瓷器，但如果旅館有幾個餐廳，從控制的角度來說，每個餐廳用一種與眾不同的瓷器會更好些。顧及瓷器市場的發展，廠家也會樂意這樣去做，它們甚至可以提供一定年限的損壞補充保證。

考慮成本的關係，日常經營中不可能選用高級瓷器。而有些餐廳經營者選用外觀和質量均屬上乘的陶器也很普遍。

選用瓷器時，除上述幾點外，還要考慮：

1. 所有的瓷器餐具均要有完整的釉光層，以保證其使用壽命。
2. 碗、盤的邊上應有一道服務線，既便於廚房掌握裝盤，又便於服務員操作。
3. 檢查瓷器上的圖案是在釉的底下還是在上邊，理想的是燒

在裡面，這需要多一次的上釉和燒製，在釉外的圖紋很快
會剝落和失去光澤，當然圖案燒在釉裡面的瓷器比較貴，
但使用壽命長。

骨瓷（bone china）是一種優質、堅硬昂貴的瓷器，圖案都
是繪在釉裡面，飯店用的骨瓷可以加厚定製。

瓷器應該大約兩打一摞地堆放在架子上，堆得太高不安全。
其高度應便於放入和取出。可能的情況下要用檯布覆蓋，以避免
落上灰塵，盤子的尺寸根據各廠家的設計而不盡相同，常用的瓷
器參考尺寸如下：[3]

1. 吐司盆：直徑15公分（6吋）。

2. 甜點盆：直徑18公分（7吋）。

3. 魚盆：直徑20公分（8吋）。

4. 湯盆：直徑20公分（8吋）。

5. 主菜盆：直徑25公分（10吋）。

6. 穀類／甜品盆：直徑13公分（5吋）。

其他的瓷器還有：茶杯、茶碟、咖啡杯、咖啡碟、早餐碗、
沙拉盆、茶壺、熱水壺、牛奶壺、咖啡壺、淡奶壺、蛋盅、黃油
盆、煙灰缸、湯盅、湯碗等等。 **（圖4-10）**

四、金屬餐具

1. 金屬餐具：

(1) 扁平餐具：在餐飲業中特指各種形式的匙和叉等。

（圖4-11）

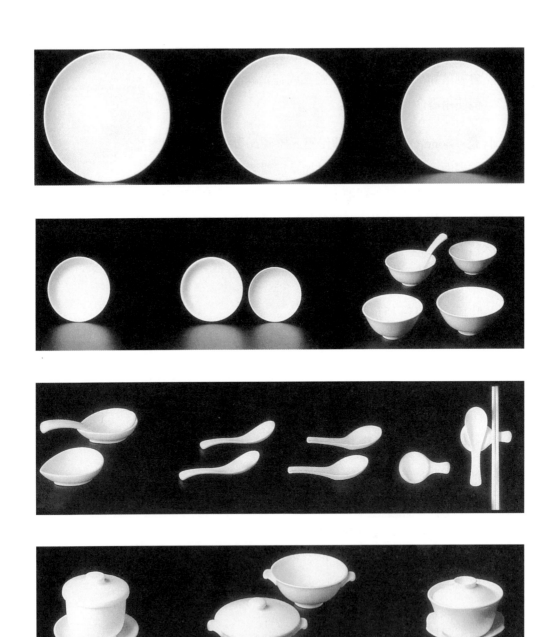

圖 4-10　磁器

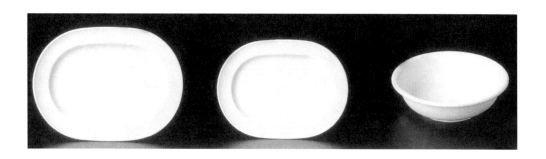

（續）圖4-10　磁器

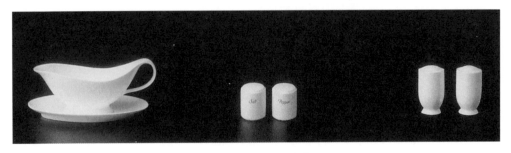

（續）圖4-10　磁器

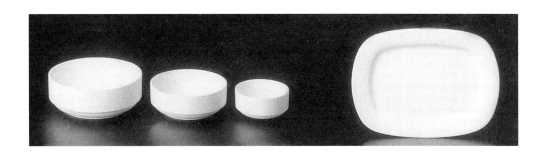

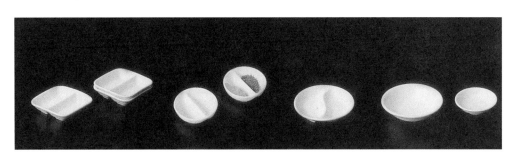

（續）圖4-10　磁器

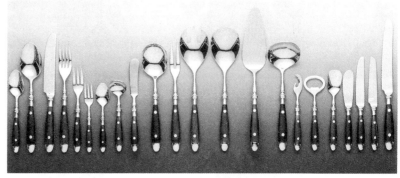

圖4-11　扁平餐具

(2) 切割餐具：主要指餐刀和其他切割刀具。

(3) 凹形器皿：茶匙、湯匙、奶壺、糖缸等。

這些金屬餐具的種類繁多，有多種系列以滿足不同的需
求，現在很多都使用鍍銀餐具和不銹鋼，購買餐具時，還
要考慮：(1)菜單和服務的種類；(2)最大和平均座位利用
率；(3)高峰期的座位周轉率；(4)洗滌設施和周轉率。

值得一提的是不銹鋼餐具比其他金屬餐具更能防滑、防磨
擦，也可以說更衛生；既不易失去光澤，也不會生銹。

小心貯存刀叉等金屬餐具是很重要的，理想的貯放容器是

盒子和抽屜。將每種刀叉分別放在一個特定的盆子或抽屜中，每個盒子或抽屜可墊上粗呢布以防止滑動和互相碰撞而留下滑痕和印記，但要定期換洗，保持衛生。其他金屬器具應編號排在架子上，其高度應方便服務員放置和取用。有些餐廳甚至將這些貴重的銀器和其他金屬器皿裝在碗櫥中上鎖保管。

目前所使用的金屬餐具和金屬器皿不計其數，用來為各種不同的餐別和菜餚提供更加周到方便的服務。常見的金屬餐具是各種餐刀、叉、匙、菜盆和蓋、主菜盆和蓋、盛湯蓋碗、茶壺、熱水壺、糖缸等日常用品，除此以外各種專用金屬餐具還有很多。

2.自助餐鍋。（圖4-12）

五、玻璃杯具

玻璃杯同樣能夠點綴餐桌佈置，增加餐廳的魅力。目前可供餐飲企業選用的玻璃杯系列有很多，絕大多數廠家為旅館餐飲所提供的玻璃杯都按統一的大小和標準容量設計，以方便經營和管理。通常的計量單位是液量盎司和厘升（cl）等。

除了某些特種餐廳或高級場所，一般餐廳是不選用有色玻璃或花杯的。旅館餐廳的杯具通常都是普通光杯，並力求採購適合於多種酒水服務的「通用杯」，既節省貯存場地，又節省成本。用於服務香檳酒的鬱金香型酒杯現已比傳統的淺碟式香檳杯更適用，因為它更能保持汽泡的持久。

好的玻璃杯應該平滑、透明，這樣葡萄酒的鮮明色彩才會很容易看見，同時，酒杯應該帶杯腳，這樣手溫便不會影響酒的味

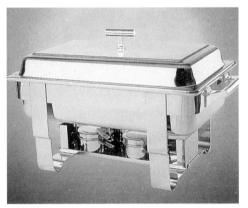
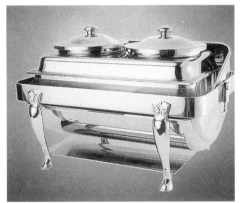

圖4-12　自助餐鍋

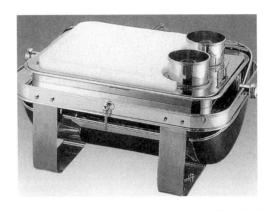

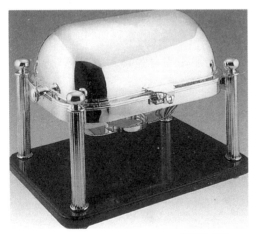

（續）圖4-12　自助餐鍋

道。另外，杯口應稍微向內收口以便保持酒味的芳香。

　　酒杯的貯存通常是在準備間內，成單排倒扣在架上以避免落進灰塵。另外一種方法是用包上塑膠皮的特製金屬架插放杯子。這種特製的框架也是搬運和移動杯子的很方便的方法，還會減少損耗、破損。

　　平底無腳杯不應該一個個擺著放置，否則會導致大量破損，並容易使服務員發生意外。

　　在拿平底無腳酒杯和帶把的啤酒杯準備擺檯時應該倒扣在托盤上運送。圓的銀盤上應放一塊口布，以防有灰塵進入杯中，拿葡萄酒杯、高腳酒杯時，它們可以用手搬運，將其腳部插在手指中，平底靠向掌心，但在服務過程中，無論如何，所有的玻璃杯都必須用銀托盤搬運。擺檯時，酒杯始終應放在一套餐具的右上角。

　　玻璃杯的質地也相當多，如：鹼石灰玻璃又叫普通玻璃，用沙子、純鹼和石灰石爲原料，製成的玻璃比較便宜；派熱克斯玻璃（Pyrex），用含硼氧化物、鉀硅酸鹽、三氧化硅爲原料製成，可以防震、抗高溫；鉛化杯（lead crystal），用沙子、紅鉛、鉀硅酸鹽爲原料製成，聲音清脆，透明度高；鋼化玻璃杯（Pyroceram），用黏土、二氧化硅和稀有金屬製成，可以特別防震、防碎、耐高溫。

　　下面是一些酒杯的名稱和其容量的參考數據：

1. 高腳葡萄酒杯：5/6；3/8（液量盎司）。
2. 德國葡萄酒杯：6/8（液量盎司）。
3. 鬱金香香檳杯：6/8（液量盎司）。
4. 淺碟式香檳杯：6/8（液量盎司）。

5. 各種雞尾酒杯：2/3（液量盎司）。

6. 雪莉酒和波特酒（port）杯：4.7（厘升）。

7. 高球杯：8/10（液量盎司）。（高球 high ball）是一種飲料名，用威士忌或白蘭地加蘇打水，以一片檸檬皮裝飾之。）

8. 高腳啤酒杯：10/12（液量盎司）。

9. 帶柄啤酒杯：10/12（液量盎司）。

10. 白蘭地杯：8/10（液量盎司）。

11. 烈性酒杯：2.4（厘升）。

12. 平底無腳酒杯：28.40（厘升）。

13. 單柄大啤酒杯：25 和 50（厘升）。各種杯具見**圖 4-13**。

第二節　餐廳電腦及其使用

隨著現代科技的發展，許多餐廳都開始使用電子計算機等電子設備。它們提高了服務效率，避免了許多人為的溝通障礙，使得對客人的服務更快、更準、更加方便。作為現代旅遊飯店的管理人員，有必要對正在使用或將來必然要使用的這些設備加以了解，大膽引進，以使飯店管理更趨現代化、國際化。

這裡我們將介紹目前餐廳使用電腦的一些最新訊息，描述餐廳常見電腦的硬體，如服務終端、顯示器、印表機、現金抽屜等。討論餐廳電腦的用途如：接受訂單，輸入酒吧、廚房、處理帳單等，同時分析電腦系統的優點和缺點。

在美國，據調查大約有一半以上的餐廳、餐館把電腦用作其經營的得力助手。剩下的一半中，有三分之一將在今後的兩年內

圖4-13　各種玻璃杯具

（續）圖4-13　各種玻璃杯具

（續）圖4-13　各種玻璃杯具

電腦化。餐廳電腦可指收銀員用的電子收銀機，也可以指連接酒吧、廚房和辦公室的電子系統。通常經幾小時的指導，服務人員就可以學會操作，一個星期就能夠熟練地使用了。

一、服務人員使用的電腦

電腦的硬體特別指電腦系統的有形組成部分，它們用來接受和處理在餐廳輸入的訊息。餐廳電腦的硬體可以分為兩類：用於後台由經理人員操作的電腦和用於餐廳由服務人員操作的電腦。用來控制所有程序的中央處理部分和訊息貯存器是後台電腦的主要部分。這裡我們著重介紹餐廳的硬體部分。

（一）服務終端

服務終端有一個大鍵盤，它們和後台的中央處理機連接，用來輸入諸如日期、一張餐桌上的客人數、食品和飲料數等。經理辦公室的中央處理機則會根據設計好的程序反映出這些訊息的統計、處理結果。服務終端機可以根據需要設置在餐廳內或靠近餐廳的地方，也可置於收銀台以取代傳統的收銀機，也可設在酒吧。

服務終端上的鍵盤可事先設定好，每一個鍵代表一個菜單上的品種，一按上該鍵，則代表該菜上了訂單，其價格、名稱立即由電腦的貯存系統中打出來。特選菜單、附加品種的價格可貯存在主機裡，隨時備查。服務終端可以用來單獨使用，也可以配上顯示器、印表機、現金抽屜等配套使用。

（二）顯示器

顯示器是和服務終端相連的圖像顯示器。服務人員輸入的菜餚和酒水項目在此一行一行地顯示出來。這樣服務人員可以鑑別輸入終端的訊息是否正確。顯示器的另一個功能是將一步一步的操作程序顯示在螢幕上，有助於指導服務人員正確地操作機器。

設於收銀台或酒吧的顯示器還有另外一個作用：就是管理人員希望讓客人看到其所點的品種和價格。在光線暗淡的餐廳或酒吧，顯示器上的亮度可以調節，這樣看起來很顯眼。[4]

（三）印表機

印表機用來打印客人的酒水菜餚訂單、客人帳單、發票和管理用的報告、報表等。菜單上的項目、數量、製作方法、配菜等其他資料也可以清楚地打印出來。打印機可置於酒吧、廚房、收銀台及經理人員的辦公室裡。中央處理機編好的程序將服務人員輸入的訂單傳給廚師長或酒吧服務員，透過印表機上打出的訂單要求出品。客人的帳單或發票收據則由餐廳收銀台上的收銀機打出來。管理上的報告資料貯存在主機中，可隨時根據需要提取，並由經理人員辦公室內的印表機打出。

（四）現金抽屜

現金抽屜是一種分成格子用來放置現金的抽屜，安放在收銀台終端機的下面或旁邊。這個用來收銀或找零的抽屜與終端機配套成為新一代的電子收銀機而取代了舊型的收銀機。

二、電腦訂單程序

在大多數用電腦的餐廳裡，服務員都是拿著傳統的訂單本接受客人訂單。完全開好以後，服務員開動電腦記錄客人的訂單並開好帳單。

每個服務員都有一把專用鑰匙、一個密碼或身分卡，這樣才能開啓餐廳的服務終端機。服務人員按下檯號、就餐人數、帳單號碼，再將帳單放入打印機，根據訂單按相應的鍵。服務人員既可以背下菜單上的編號再按相應的鍵，也可以直接按標明菜餚名稱的鍵，然後檢查顯示器上的反應是否正確。每次輸入都可以一次打出包括數量、配方、配菜、製作方法等指導說明，自動打出客人帳單上的價格，給酒吧、廚房的訂單以及客人帳單上的日期、鐘點。

這種電子收銀器，還很容易用來修改客人的帳單，如客人另外消費的酒水、菜餚等。因為每個帳單都有一個號碼，或條碼，它們可以被電腦辨認出來。只要提取了該密碼，加上新點的菜餚、酒水，客帳上便會自動加上應付的款項，得出新的總數。

有些電腦系統還讓服務人員能夠看見顯示器上的整個處理過程，從輸入訂單一直到打出客人的帳單。

三、餐廳與酒吧、廚房之間的電腦連線

大多數餐廳電腦都在酒吧和廚房設有打印機或顯示器。當服務人員輸入客人訂單的同時其訊息迅速傳到特定的廚房、酒吧的打印機或顯示器。酒吧服務員或廚師長便可立即按訂單出品。

只有一個廚房的餐廳，可以讓電腦鑑別訂單爲冷菜還是熱菜，然後用藍色印油打出進入冷菜廚房的出品單，用紅印油打出進入熱菜廚房的出品單。如屬多個廚房的餐廳，則可分別在冷菜廚房和熱菜廚房都裝上打印機。電腦系統可以用程序自動識別訂單，並傳入相應的廚房印表機。

　　菜餚製成後，廚房打菜工可將菜餚送入餐廳出菜台，以幫助服務人員提高效率，減少廚房閒雜人員的走動，如沒有打菜工，服務人員要及時知道菜已做好，立即出菜。

四、餐廳客帳的電腦處理

　　目前很多餐廳未僱用餐廳出納，但在使用電腦的餐廳裡則可省去這個職位，因爲每個服務員都可透過電腦完成結帳的工作。電腦終端記錄所有帳單項目，加上服務費或稅金，得出客帳的總數。用餐結束後，累計後的帳單拿給客人付錢，收錢後服務員拿到收銀台，如餐廳出納一樣爲其結算、找零。

註　釋

1. Jack D. Ninemeier, *Planning and Control for Food and Beverage Opertions*, 3rd Ed. 1990, p.198.

2. Bruce H. Axler, *Food and Beverage Service* (U. S. A.: John Wiley & Sons, Inc., 1990), p.136.

3. Carol A. Litrides & Bruce H. Axler, *Restaurant Service: Beyond the Basics* (U. S. A.: John Wiley & Sons, Inc., 1994), p.76.

4. 同註 3，p.12.

第  章

餐飲服務的準備

餐飲服務工作是非常繁瑣而具體的，必須掌握它的幾個主要
訣竅，從而做到按部就班，有條不紊，既便於餐廳經理和領班分
配工作，又便於使服務員形成程序概念，迅速有效地操作和服
務。

第一節　餐前準備

在餐廳開門營業前，服務員有許多工作要做。首先是要接受
任務分配，了解自己的服務區域，然後檢查服務工作台和服務區
域，熟悉菜單及當日的特選菜，了解重點賓客和特別注意事項
等。充分的餐前準備工作是良好的服務、有效經營的重要保證，
因此是不可忽視的重要一環。

一、餐飲服務任務分配

通常在餐廳裡要將所有檯子按一定的規律劃分成幾個服務區
域，理想的劃分方法是：一個餐廳能夠劃分成就坐客人的數目相
同，到餐具櫃和廚房的距離相同（如同一個區域有一個服務櫃台
的除外），而座位受歡迎程度又大致相同的若干服務區域，事實
上這在大部分餐廳都是不可能的，服務路線總是有長有短，座位
總有靠近廚房和門口的，各座位能觀賞到的景色也不一樣，這樣
無疑會造成某個區域比較受客人歡迎，工作較忙，而有些區域則
比較清閒，所以無論從客人或服務員的觀點來看，各服務區域並
不會同時都是很理想的。所以餐廳經理常常在輪流的基礎上給服
務員分配不同的值檯區域，以儘量達到公平合理。

爲了方便起見，餐廳經理常常要製作一個餐桌編號，將一組編號的餐桌固定爲一個區域，然後按區域分配給服務員，服務員便將餐桌號碼用在點菜單和客人帳單上，方便上菜和結帳。

　　服務區域的分配方法因餐廳而異，通常是兩個服務員爲一組，一人負責前檯，一人當助手，這樣始終保持前檯服務區內至少有一人值檯，不會出現「眞空」現象。服務員與客人的比例根據服務的要求和餐廳水準的不同也很難有一個固定的比例。一個經驗豐富的服務員能夠照料、接待更多的客人，服務品質也高，新來的服務員和見習服務員一般先應擔任助手或被分配到接待量較輕的區域，以便在爲少量的客人服務時有一個取得經驗的機會。

　　任務分配一般在服務員簽到後，自行從告示欄上了解，餐具經理有時作特別的交待。

　　服務員接到自己的任務分配後，要了解本區域的檯子是否有客人已經預訂，客人是否有特別要求，放留座卡。本區域內是否有重要賓客，嚴格按餐廳經理的吩咐做準備。

　　做後台服務工作的服務員通常相對固定，如餐具室、洗滌間等，按規定的程序在規定的時間內完成準備工作。[1]

　　服務員助手協助服務員工作。

二、餐廳準備工作

　　有些餐廳規定前一班結束工作前要爲下一班鋪好餐檯，有些餐廳則要求接班的服務員負責鋪檯，無論怎樣，準備工作要按下列步驟進行：

（一）準備餐桌

服務員第一個開餐前的責任就是檢查其值檯的區域、檢查場地。有時客人會將幾張檯子併攏在一起，移動桌子原定的位置，所以首先需將餐桌定位，同時檢查桌子的穩固性。

為已預訂席位的客人安排好足夠座位的餐桌。

在擺放餐具前，要用在清潔劑和溫水的溶液裡浸泡過的抹布擦洗餐桌，要檢查座位，掃掉麵包屑，清除有黏性的地方。

（二）準備檯布

首先要選擇合適的尺寸，檯布平時的擺放亦應按照規格大小分開存放。檯布的顏色通常有白色、黃色、粉紅色、紅色和紅白格子的檯布等。以白色最為普遍。一般地說，一個餐廳只選用一種顏色的檯布。檯布又分為圓桌檯布和方桌檯布。檯布的大小根

高級餐廳鋪設整潔的檯布。

據桌子的尺寸定做，方桌檯布以每邊下垂約 40 公分為宜，檯布的邊正好接觸到椅子的座位。

　　為了使檯布的外觀更加平整、飽滿，同時又可減弱餐具和檯子碰撞的響聲，現在的做法是在檯面上加一個橡皮的墊子或者墊布，然後再鋪上檯布。

　　鋪大圓桌的檯布時，人站在桌子的一側將檯布抖開，使檯布的摺縫居中，四角下垂部分相等且正好蓋住桌子的四腳。周圍餐桌有客人在就餐而需翻檯時，不可大幅度地抖動檯布，此時應該兩人合作鋪大圓桌的檯布。

　　小方桌的檯布鋪起來比較容易，只要將檯布放在桌子居中，打開檯布，蓋住桌面就行了，這種方法也可用在客人在場時更換弄髒的檯布。

　　當餐桌上有調味品、燭檯和煙灰缸等而又必須更換檯布時，可先將這些用品移到一端，捲起髒檯布，再將用品移到捲起檯布的一端，便可收掉髒檯布，此時要注意將檯上的麵包屑等捲在檯布裡，以免撒落在座位或地板上。

　　鋪檯布的方法與收檯布步驟相似，也是一半一半地進行。

（三）準備餐具

　　當桌墊和檯布等合適地鋪好後開始擺檯。每一份擺檯是給每一席位擺上一副餐具，由盤子、碟子、餐刀、餐叉、餐巾和玻璃杯等組成，中餐則由骨盆、擱碟、筷子（包在筷套裡）、筷架、調羹和餐巾等組成。餐具的具體擺法是取決於採用何種服務方式和要上什麼樣的飯菜。

　　擺檯時要用乾淨的托盤端出瓷器、玻璃杯、餐具和餐巾等。不要圖省事而用手捧或拿洗滌筐當托盤使用，這是不合規格的。

在擺檯時，拿餐具也要講究一定的規格，瓷器要拿其邊沿，拿玻璃杯的底部和杯腳、刀叉勺的把柄，擺檯時還要對餐具進行檢查，把任何破損的或不乾淨的餐具挑出來，退回洗滌間。使用破損的餐具既影響餐廳的水準，又不安全，更重要的是不衛生。

有的餐廳規定玻璃杯在營業前應當倒扣在檯上，但要注意玻璃杯只能倒扣在乾淨的檯布或墊子上，以保持杯口的衛生，同時在開始營業時，要將所有杯子正立，否則給人以為餐廳仍未準備好的印象。

擺好餐檯後，必須仔細檢查一次，以確保所有的桌上用品都是乾淨的、齊全的，並是按照規格擺放的。檢查蠟燭是否已換上新的，燈具是否處於正常的使用狀態。中餐的轉盤是否運轉正常、是否清潔光亮，公筷、公勺是否妨礙轉盤運轉等等。如果備有旅館火柴應將正面朝上擺在煙灰缸上，帳篷式菜單或當日特選菜單應統一規格擺放，花瓶換水，無枯葉、敗花，並擺放整齊，

大圓桌的擺檯。

做到檯面佈置整齊劃一。

（四）準備餐具櫃

　　一個餐廳至少要有一個餐具櫃，許多餐廳往往是一個服務區域一個餐具櫃。餐廳餐具櫃用於儲藏服務的設備，放在靠近服務區的地方，它可以避免服務員頻繁地來回於廚房和餐廳之間取餐具、調料等用品。收檯時值檯服務員亦可將收回的髒餐具放在托盤裡暫時擱在餐具櫃檯上，由助手負責送到洗滌間。

　　服務員在開始營業前要負責將各種餐具、調料和服務用品領來貯存在本區域的餐具櫃中，不同的餐廳餐具貯存櫃的物品也是不一樣的，通常包括：[2]

1. 新鮮咖啡／茶壺及加熱器。
2. 冰壺和冰塊夾。
3. 乾淨的煙灰缸和火柴。

擺好餐檯後，應確認所有細節均已依規定完成。

4. 疊好的乾淨餐巾、各種檯布等。

5. 各種刀、叉、匙等餐具。

6. 點菜本和圓珠筆。

7. 鹽瓶、胡椒盅、沙拉油和其他調料。

8. 各種飲料、檸檬茶等。

9. 黃油、糖、奶油、檸檬切片等。

10. 兒童的桌墊、菜譜、圍兜和餐具。

11. 特種菜的餐具和用品，如檸檬壓汁器、吸管等。

12. 清潔的菜單。

13. 飲料杯、杯墊等。

14. 帳夾和服務托盤。

15. 各種瓷器、銀器和玻璃杯具等。

中餐廳的服務餐具櫃中的物品有所不同，除了擺檯用的各種中餐具外，應備有中餐的調料，如醬油、醋、胡椒和鹽；中餐的服務用品，如小毛巾、分菜匙，還備有茶和茶具。

餐廳裡的餐具櫃就在客人的眼皮底下，容易被客人看得一清二楚，所以服務員必須養成保持餐具櫃整齊清潔的習慣。要隨時清理，服務員助手則應負責不停地將髒的餐具用托盤收回洗滌間，餐具櫃內部的擺放亦應分類，整齊地存放，以避免翻找餐具造成的噪音，在餐具櫃操作必須保持輕聲，以免影響客人。

三、熟悉菜單

（一）菜單的變化

　　男、女服務員在正式接待客人前必須熟悉當天的菜單，它可以幫助你增進與客人之間的關係，並為餐廳樹立良好的形象。即使是固定菜單也會定期地變化，而且餐廳還提供當日特選和季節菜單，更應不斷地加以了解。菜單的變化一是為了使菜色多樣化，二是由原料或菜色的季節性以及成本所致。

（二）方便推銷

　　餐廳服務員在介紹推銷其菜餚時就好比是商品的售貨員，而菜單上的食品菜餚就是你的產品，你對食品的知識會影響你銷售

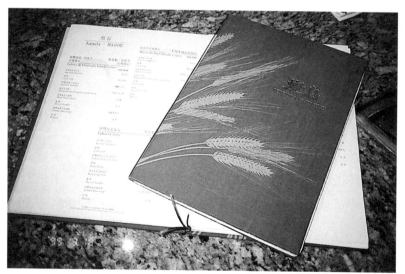

設計良好的菜單有助於樹立餐廳形象。

食品的能力。當一個售貨員不了解其商品，不會向顧客介紹商品時，顧客常常會拒絕購買這個商店的商品，因此，你能否為餐廳打開銷路，取決於你對菜單的知識。

（三）提供建議

對菜單的了解將有助於服務員向客人提供建議，當顧客置身於異國他鄉，對當地菜色所知無幾時，常常樂於從服務員那裡得到幫助，需要你的建議，這時菜單知識將發揮作用。同時，對菜單的了解還會幫助服務員回答客人提出的各種問題，服務員會根據客人的需求提出供節食的客人、關心價格的客人等進行選擇的建議。

（四）菜單的種類

餐廳服務員應當熟悉本服務單位的各種菜單。最為普遍的菜單是早餐菜單、午餐菜單和晚餐菜單。也有將午晚餐菜單合二為一的，午餐菜單和晚餐菜單的區別是午餐菜單中包括三明治和量小的主菜。而晚餐菜單則備有量大的主菜，還包括各種配菜，如各色蔬菜等。中餐的午、晚餐菜單通常是一樣的。

除了這些正規的菜單外，還有兒童菜單、特選菜單（立式）、甜品單和酒單。

通常在菜單上還標有點菜價格和套菜價格，供客人選擇，套菜一般包括湯、麵包、沙拉和主菜。中餐一般也是葷、素搭配，有湯有飯。餐廳經理和領班通常還負責根據客人的要求為客人臨時配套菜。

（五）菜單的內容

根據客人的飲食習慣和就餐次序，西菜菜單通常按下列順序排列：冷熱前菜、沙拉、湯、魚和海鮮、主菜（牛排類）、蔬菜、甜品、飲料。

前菜有冷熱之分，又叫開胃品類，包括蔬菜、果汁、水果和海味等。主要包括牛排、家禽、肉食和特色菜。

中餐的菜單分類排列，一般包括：廚師特選、冷盤、湯、魚類、海鮮、牛肉、豬肉、雞、鴨、野味、蔬菜、點心等。

菜單根據餐廳的水準和管理者的經營思想而有很大的差異，有些以提供特製精美菜餚見長，有些以廉價家庭菜色為主，有些以種類繁多、選擇廣泛稱雄，有些則以品種限量來削減成本，凡此種種，不一而足。

當天的特色菜可以附加在菜譜上，也可以用立式餐單放在檯面上，有時還在餐廳的門口用廣告形式陳列。一種特色菜可能是原料過剩的品種，也可能是時令菜或是特聘廚師的拿手菜。如果它是剩餘菜或時令菜時，通常是比較便宜的，但最好不要提及其特色菜是剩餘菜。

一流的服務員還應當熟悉菜單上每一菜色的原料和配料，要虛心向廚師學習，處處留心，日積月累，知道菜餚的口味，利於推銷和問答。[3]

（六）烹調方法

當客人向你詢問某一道菜是怎樣烹製的，了解下列烹調常識是很有幫助的：

服務員了解各種烹調常識，有助於解答客人疑惑。

1. 烘——在烘爐中，用乾燥的、持續不斷的熱度製作。

2. 煮——在100℃的沸水中製作，水泡會不斷上升到水面，並隨之分解，特點是湯菜各半，湯厚汁濃，口味清鮮。

3. 燜——將經過炸、煎、炒或水煮的原料，加入醬油、糖等調味汁，用旺火燒開後再用小火長時間加熱成熟的烹調方法。燜的特點是：製品的形態完整，不碎不裂，汁濃味厚。

4. 炸——在灼熱的食油中炸煎製作，有的用少量食油嫩煎，也有在量大的熱油中深炸。

5. 烤——將經過醃漬或加工成半熟製品後，放入以柴、煤炭或煤氣為燃料的烤爐或紅外線烤爐，利用輻射熱能直接把原料烤熟的方法叫做烤。

6. 燴——將加工成片、絲、條、丁的多種原料一起用旺火製成半湯半菜的菜餚，這種烹調方法叫燴。

7. 滾——採用沸水下拌，一滾即成的一種烹調方法。

8. 爆——將脆性原料放入中等油量的油鍋中，用旺火高油溫快速加熱的一種烹調方法。

9. 蒸——在有壓力或沒有壓力的蒸汽裡製作。

10. 燉——在能淹沒食物的足夠水中慢火燉製。

11. 煨——在水將沸未沸的條件下用文火慢慢地煨煮。

（七）烹製時間

烹調製作時間是指做好菜單上某一道菜，並將其裝盤所需要的時間，菜餚的烹製時間取決於廚房的設備、廚師的工作效率、積壓訂單的多少和菜餚本身烹製方法所需花費的時間。掌握某種菜餚所需的烹製時間，可以幫助服務員在不同的情況下恰當地給客人推薦菜餚，例如，趕時間的客人，你得為他推薦烹製時間短的菜餚等等。對烹製時間的掌握要向廚師請教，平時注意觀察和積累。[4]

常規菜食的烹製時間如下：

1. 雞蛋：10分鐘。

2. 魚（炸或烤）：10-15分鐘。

3. 牛排（1吋厚）：

   (1) 半生熟：10分鐘。

   (2) 適中的：15分鐘。

   (3) 熟透的：20分鐘。

4. 牛肉排：20分鐘。

5. 豬排：15-20分鐘。

6. 野味：30-40分鐘。

7. 炸雞： 10-20分鐘。

8. 蛋奶酥： 35分鐘。

如果使用現代最新設備和烹調方法將大大地縮短菜餚的烹製時間。有些食品可以根據需求預測，事先做好，叫「預製食品」，當客人選定時，在微波爐中加熱，只需幾分鐘甚至幾秒鐘便可上檯。

(八) 菜色的配料

無論是中餐還是西餐，許多菜都有一定的調味品，為色香味而配的汁料以及和主菜相配的配菜。根據約定俗成，服務員要知道哪些調料需在上菜前上檯，哪些則應在上菜後服務，注意調味品的盛器要乾淨。有時，常用的配料用品可以保存在餐廳的餐具櫃裡，如經常要用的沙拉汁盛器等。

常用菜餚配料如下：

1. 魚菜配「A」形檸檬片。

2. 魚和海鮮類配韃靼調味汁。

3. 漢堡包配番茄醬和泡菜。

4. 牛排配牛肉醬汁。

5. 熱狗配芥末汁醬。

6. 土豆薄煎餅配蘋果醬。

7. 薄煎餅配糖醬、蜂蜜。

8. 沙拉配調味汁（三種以上供選擇）。

9. 麵包配黃油。

10. 烤麵包配黃油、果醬。

11. 湯配蘇打餅乾。

12. 龍蝦配澄清的黃油。

13. 主菜配歐芹以增加色彩。

14. 咖啡配牛奶和糖。

15. 茶配檸檬切片和糖。

16. 烤鴨配薄餅、蔥和甜醬。

17. 煎炸的雞鴨等配椒鹽和番茄醬。

需要用手指幫助食用的菜餚如螃蟹、龍蝦等要配洗手盅,即在洗手盅裡倒入五成溫水,放入少許檸檬片、菊花瓣等。

四、餐前會議

在服務員已基本完成各項準備工作,餐廳即將開門營業前,餐廳經理或領班負責主持短時間的餐前會議,其作用在於:

1. 檢查所有服務人員的儀表儀容,如:頭髮、制服、名牌、指甲、鞋襪等。

2. 使員工在意識上進入工作狀態,形成營業氣氛。

3. 再次強調當天營業的注意事項,重要客人的接待工作以及提醒已知的客人的特別要求。

餐前會議結束後,值檯服務員、引座員、收銀員等前檯服務人員迅速進入工作崗位,準備開門營業。[5]

五、安全操作

創造一個井井有條、安全方便的工作環境,避免操作事故,

是餐廳服務員的責任之一。安全操作既保護客人，也保護服務員自己。

安全注意事項包括：

1. 在餐桌之間的走道上行走時，應從其他工作人員的右邊走過去。

2. 在端托盤超越其他員工時，應小聲提醒對方留心。

3. 推門前要特別小心，以免撞在他人身上。

4. 為了防止滑倒，服務員應穿矮跟的橡膠底鞋。

5. 食品或飲料撒潑到地上後，要立即清除掉，如來不及清除，應先放一把椅子提醒他人，以免滑倒。

6. 行走時要留心客人放在走道上的手提包或公文箱，有可能時應幫客人放置妥當。

7. 托盤上菜時，如遇客人正準備起身或做其他動作，或談興正濃時應輕聲招呼「對不起」，以免被客人碰翻托盤。

8. 裝托盤要合理，不要過滿，高的、後用的物品在靠身體的裡檔，矮的、先用的在外檔，壺嘴和把柄要放在托盤的邊沿之內。

9. 托盤時應按照：理盤——清理托盤；裝盤——按上述合理方法裝盤；起托——用正確的方法、姿勢托盤三部曲進行。

10. 重托時要彎曲膝蓋，用左手全掌放在托盤下面的中心部位，將托盤托上肩膀一樣高，這樣用腿力站起來的方法，可防止脊背扭傷。

六、操作衛生

　　餐廳服務員是面對面地爲客人服務，在操作中保持個人的清潔衛生和操作衛生是十分重要的。它既會直接影響客人的健康，也會因爲不衛生的操作而失去顧客，損壞餐廳的聲譽。

　　下列規則是操作中必須遵守的：

1. 爲了避免頭髮掉落到食品中或拖碰到食品，餐廳服務員不宜留長髮，女服務員可戴髮網，男服務員也要擦些護髮油，保持頭髮整齊。
2. 保持工作服、圍裙和指甲始終都是乾淨的，以免把有害的細菌傳入食品，也避免影響客人的胃口。
3. 在去過盥洗間後要洗手，收拾完用過的盤子和接觸現金後，也要儘可能勤洗手。
4. 拿盤子時，拇指要緊貼盤邊。拿玻璃杯時，要只拿住底部或靠近杯底的部分，注意不要觸及到杯口邊。拿餐叉餐刀等時，要拿餐具的把柄。手指不可接觸食品。
5. 用消過毒的抹布擦餐桌和服務櫃檯，不可把口布、小毛巾當抹布用。
6. 掉落地面的餐具必須換新的。
7. 在餐廳裡不用手摸頭、挖鼻、挖耳和搔癢等，打噴嚏時，要用手巾紙或手帕捂口。[6]

七、服務人員儀容準則

1. 身體部分：
   (1) 每日用肥皂清洗。
   (2) 刮鬍後勿用氣味濃烈的香水。
2. 手部：
   (1) 輕常清洗，並保持乾爽。
   (2) 如廁後立即洗手。
   (3) 保持指甲的清潔。
3. 足部：
   (1) 每天換乾淨的襪子。
   (2) 穿合腳的鞋子。
4. 頭髮：
   (1) 保持乾淨及正常的款式。
   (2) 遵循規則（如帶髮網或帽子等）。
5. 臉部：
   (1) 勿濃妝豔抹。
   (2) 每天至少刷牙兩次。
   (3) 臉上的鬍子必須修剪整齊。
6. 衣服：
   (1) 每日換穿乾淨的制服。
   (2) 制服如沾上油漬、污垢，應立即換洗。
7. 珠寶首飾：
   (1) 只能佩戴手錶與婚戒。
   (2) 禁止戴手鐲及項鍊等配件。

八、服務人員禮儀的規範

1. 主動提供服務，以表現我們對其熱心的照顧。
2. 對客人的要求，應耐心且有禮地辦好。
3. 不要離開你所服務的客人太遠，免得客人有任何需要時，沒有人去服務。
4. 當客人用餐完畢之後，仍要注意勤加茶水，換煙灰缸，並收掉口布，以減低零亂的感覺。
5. 隨時保持自然、親切的笑容，表達我們對客人的歡迎和感謝。
6. 服務人員須隨時注意自己的身體語言及得體的對答。

附　錄　營業前的準備工作標準作業程序

一、營業前的準備工作

營業前的準備工作分為下列七大部分：

1. 服務檯的清潔準備工作。
2. 餐廳清潔工作。
3. 餐桌、餐具之佈置及擺設。
4. 接待員之準備工作。
5. 其他營業前的準備工作。

6. 參加簡報。

7. 營業前的檢查工作。

　　前述 1-5 準備工作，由領班、服務員（生）依規定時間內共同完成，經理協助之。簡報由經理主持，本餐廳所有當班工作人員均須參加。

　　營業前的準備工作依時完成後，由經理依「每日工作檢查表」（**附表 5-1**）上所列項目詳細檢查，以確定依規定完成。

(一)服務檯的清潔準備工作

1. 服務檯：
   (1) 服務檯擦拭乾淨。
   (2) 換上乾淨的墊布、桌布。
   (3) 查看保溫爐內的溫盤是否乾淨。
   (4) 補足餐盤。
   (5) 托盤墊上花邊紙。

2. 服務推車每一部所需之餐具：
   (1) 服務叉匙。
   (2) 茶匙。
   (3) 小分匙。
   (4) 剪刀。
   (5) 煙灰缸。
   (6) 牙籤筒。
   (7) 餐盤。
   (8) 保溫器。
   (9) 服務巾。

附表 5-1　中餐廳每日工作檢查表

中餐廳每日工作檢查表					
1.一般			**2.餐廳**		
	午餐	晚餐		午餐	晚餐
準時	☐	☐	地毯	☐	☐
指甲	☐	☐	餐桌擺設	☐	☐
化妝	☐	☐	銀器杯的清潔	☐	☐
頭髮	☐	☐	磁器的清潔	☐	☐
制服	☐	☐	布品的清潔	☐	☐
鞋襪	☐	☐	服務檯	☐	☐
出席記錄	☐	☐	燈光	☐	☐
食品申請	☐	☐	音樂	☐	☐
一般物品供應	☐	☐	空調	☐	☐
清潔	☐	☐	花	☐	☐
燈光	☐	☐	植物	☐	☐
備餐區清潔	☐	☐	菜單	☐	☐
儲藏室	☐	☐	酒單	☐	☐
滅火器	☐	☐	每日重大事項	☐	☐
			出納檯	☐	☐
			工作交代簿	☐	☐
日期／午餐：			日期／晚餐：		
檢查表：			檢查表：		
經理：			經理：		
備註：			備註：		

3.並且準備營時要用的醬油、醋、辣椒及小菜。

(二)餐廳清潔工作

1. 送檯布：
   (1) 帶著「檯布送洗單」(**附表**5-2)，把髒檯布、口布送到洗衣房。
   (2) 領回「檯布送洗單」上記錄數量的乾淨檯布。
   (3) 依照尺寸歸類，墊布送至出菜區。
2. 吸地毯：
   (1) 把牙籤或不易吸進去的東西先撿起來。
   (2) 由裡往外吸，並且要把椅子移開。
   (3) 範圍：中餐廳、宴會廳。
3. 擦拭傢具：

附表5-2　**檯布送洗單**

檯布送洗單						
日期：　年　月　日						
名稱	尺寸	送洗數量	送洗者簽名	點收數量	收件者簽名	備　註

第一聯：自存
第二聯：布品間
第三聯：外送

(1) 吧檯地區、接待檯。

(2) 玻璃展示櫃、自助餐檯。

(3) 宴會廳、走道、沙發茶几清潔。

4. 擦拭酒杯：

(1) 先清出一部服務推車，鋪上車巾，置上所有酒杯。

(2) 在有空的 VIP room 擦拭。

（三）餐桌、餐具之佈置及擺設

1. 所有餐具應事先擦拭乾淨。

2. 所有銀器用銀油以破損的乾布擦拭潔亮。

3. 依需要折疊足夠的口布。

■ 一般點菜服務餐桌、餐具的佈置及擺設

1. 桌、椅：

(1) 平行對齊，椅子可伸入桌內。

(2) 桌面平穩。

2. 桌布：

(1) 用消毒過的布巾，擦拭所有的桌、椅，確定桌面乾淨。

(2) 在桌面鋪一層桌墊（用毛毯或泡棉橡皮做的）用來吸水及減少餐具與桌面碰撞及磨擦的聲音。

(3) 在桌墊上面鋪上乾淨、適當的白色桌布，桌布縫邊向內。

(4) 桌布邊緣從桌邊垂下至少 25.4 公分以上，以剛碰到椅子的程度為宜，不得妨礙客人入席。

3. 骨盤：

(1) 置放於整套餐具的中央部分，其盤緣距離桌邊1公分處（約一指幅寬）。

(2) 放置盤碟時，以四指端盤底，大拇指的掌部扣盤子邊，手指不可伸入盤內。

(3) 如有餐廳標幟，應將商標朝上放。

4. 醬油碟：

(1) 置於骨盤正上方，約離2公分。

(2) 注意碟上的字應正對客人不可顛倒。

5. 匙筷架：置於9吋盤右方約離3公分處。

6. 筷子：筷袋上印有「餐廳名稱」字直放，架在筷架上。

7. 口布：摺疊形狀置於骨盤上，並檢查口布有無破損、污點，是否已摺疊整齊。

8. 煙灰缸、花瓶、火柴置於餐桌中央，火柴放在煙灰缸緣，「餐廳名稱」標幟應朝向客人。

■ 一般宴會圓桌、餐具的擺設

1. 鋪上紅色或白色（依宴會種類而定）乾淨、適當尺寸的桌布。

2. 轉檯置於桌面正中央，並套上轉檯套。

3. 轉檯上放置調味料、牙籤，中間放置盆花。

4. 擺置個人餐具。

(1) 餐盤、醬油碟、小筷架、筷子、小分匙的擺設與一般點菜服務餐桌擺設同。

(2) 紅酒杯：置於小筷架約1公分處。

(3) 白酒杯：置於紅酒杯斜下方。

(4) 紹興杯：置於白酒杯斜下方。

(5) 口布：摺疊形狀置於餐盤正中央，並檢查口布是否有
破損、污點或摺疊好。

(6) 若事先訂有紅、白酒則須擺置酒杯。酒杯置於水杯右
下方1公分處。

5. 放置鹽、楜椒罐、煙灰缸、火柴、牙籤、糖包、檸檬片、
牛奶等。

6. 放置花飾置於長桌中央。

7. 若為VIP時，加擺燭檯及拉花邊，燭檯置於煙灰缸旁。

■ 結婚喜宴餐桌、餐具的佈置及擺設

1. 鋪上紅色乾淨適當尺寸的桌布。

2. 餐桌、餐具擺設參考一般宴會之擺設，新郎新娘擺設雙
對。

3. 一般桌子以十二人為主：

(1) 瓷骨盤上置2.8吋瓷碟盛辣椒。

(2) 瓷骨盤上置2.8吋瓷碟盛醬油。

(3) 瓷骨盤上置2.8吋瓷碟盛醋。

(4) 瓷碟盤上置足夠的牙籤。

(5) 煙灰缸。

(6) 公杯。

(7) 喜糖（若宴會主人自帶）。

(8) 煙（若宴會主人自帶）。

(四) 接待員準備工作

1. 早上上班後打電話給當天來用餐的客人，確定出席人數及
時間。

2. 查看「訂席簿」，將當日訂席客人的資料填入「用餐客人記錄表」（**附表 5-3**）內。

3. 查閱客人檔案資料，有無特別習性，如有則記錄於「用餐客人資料表」（**附表 5-4**）。

4. 安排訂席客人桌位，並填入「用餐人記錄表」內。

5. 向領班報告訂席情形，並交待有特殊習性的客人資料，以做好事先安排工作。

6. 檢查所有菜單、酒單、點心單有無破損或污舊，並將封面擦拭乾淨。所有破損或污舊應向主管報備處理。檢查清潔完畢按規定位置放置整齊。

7. 營業前應熟記訂席客人之姓名及安排之桌位，以為領客方

附表 5-3　中餐／宴會廳用餐客人記錄表

中餐／宴會廳用餐客人記錄表					
日期：　　　　午餐：　　　　晚餐：　　　　氣候：					
時間	姓名	人數	桌號	房間號碼／電話號碼	備註

附表5-4　用餐客人資料表

用餐客人資料表				
姓　名	公司名稱	電　話	特　徵	習　性

便。

8. 協助服務員作營業前的準備工作。

（五）其他營業前的準備工作

1. 營業前半小時應檢視空氣調節器，調至規定之溫度。

2. 營業前檢視所有燈光，是否均已調好。

3. 檢查、準備訂宴海報，並依規定位置放置大門入口處或海
   報公告欄內。

4. 當日如有宴會，應視情況由主管指示安排訂宴之擺設，如
   桌、椅、餐具、辣椒、醬油、花飾、喜幛……。

（六）參加簡報

1. 由經理或副理主持，全體當班人員必須參加。
2. 簡報每日舉行二次，早餐及晚餐營業前各舉行一次。
3. 簡報主要內容如下：
   (1) 服務儀容檢查。
   (2) 昨日營業情形（營業額、餐食、飲料平均消費額……等）。
   (3) 客人之讚譽、抱怨，應如何保持及處理方法。
   (4) 今日所推出特別菜餚及應如何做促銷。
   (5) 今日訂餐人數、桌位、姓名、習性……。
   (6) 公司規定新政策、新事項或其他特別注意、加強事項等。

（七）營業前的檢查工作

1. 營業前檢查工作依時完成後，經理依「中餐廳每日工作檢查表」上所列項目一一詳細檢查，確定準備工作完成。
2. 檢查無誤，則在表上所列項目旁打「√」。
3. 若發現有未完成之工作，應督促負責的人員完成。
4. 檢查完畢，填明：日期、餐別（午餐或晚餐）、檢查人簽名，如有任何附註事件，則在「備註」處註記。

二、如何接受客人訂席

1. 接到訂席電話，立刻拿起電話（儘可能於第一聲響時接聽），與客人問好（如早安、午安、晚安），報告單位及姓

名。

2. 問明下列資料，並記錄於「訂席簿」內：

    (1) 客人姓名（確定主人姓名）、公司行號、地址及電話號碼。

    (2) 訂席人數。

    (3) 訂席日期。

    (4) 餐別（午餐、晚餐或其他）。

    (5) 是否為俱樂部客人，如是應問明「房號」。

    (6) 是否有特別要求。

3. 複誦上列訂席資料，確定無誤後與客人道謝再見。

4. 一切無誤，接受訂席者在「訂席簿」內簽名，以示負責。

5. 與客確認訂席時間，若訂席時間為晚餐，須於當日早晨與客人聯絡，以確定訂席。訂席時間為午餐，須於訂席日前一天下午與客人聯絡，以確定訂席。

三、服務顧客流程

1. 客人進來時，親切地與客人打招呼，由接待員或主管帶引客人至所訂或適當的餐桌。

2. 帶領客人至餐桌後，由該區服務人員趨前問候並介紹自己，為客拉椅子，幫助客人落座，並代客保管衣物，提供高椅給小孩。

3. 為客倒茶水、攤口布，撤走多餘的餐具、拔筷套。

4. 推薦及為客點餐前酒或飲料，然後送「點菜單」（**附表** 5-5）至酒吧並負責領取。

5. 為客服務餐前酒或飲料。

附表5-5　點菜單

點菜單			
OTY 數　量	ITEM NAME 項　目　名　稱	CODE NO. 號　碼	PRICE 價　格

Waiter 服務員	Table 桌　號	Covers 客人人數	Date 日期

Guest Name(Please Print)　　　　　Room Number:
客人姓名：　　　　　　　　　　　　房間號碼：
Signature:
客人簽名：

6. 呈遞菜單，建議推薦及接受點叫。

7. 菜餚點好之後送「點菜單」至廚房，並負責取菜。

8. 送上小菜、辣椒及調味佐料。

9. 依客人所點的菜餚作安排。

10. 依所點的菜餚服務客人。

11. 服務菜餚時領班可適時推薦及為客點餐中酒，或依客人

要求呈送酒單，然後送「點菜單」至酒吧領取。

12. 為客服務餐中酒。

13. 用餐期間，應隨時為客提供必要的額外服務，如為客添茶水、推銷第二杯飲料或酒、為客點煙、撤走不必要的餐具、換煙灰缸等。

14. 餐後要完全清理桌面，撤走不必要的餐具及調味品，並送牙籤、毛巾。

15. 推薦餐後點心、水果、飲料、飯後酒且接受點叫，然後送「點菜單」至所負責區域並負責領取。

16. 服務餐後點心、水果、飲料或飯後酒。

17. 撤走點心、水果餐盤及不必要的物品。

18. 俟客人不再點其他任何食物、點心、水果、酒、飲料後，詢問客人是否還要點什麼？確定客人不再點其他東西時，則至出納處查核，準備客人帳單。

19. 帳單準備好之後，依客人要求呈送帳單，並詢問客人一切滿意嗎？客人若有任何讚譽或抱怨，虛心誠懇的接受。

20. 客人離開時，為客拉椅子，若有寄放之衣物，應事先備妥，感謝客人光臨，請客人下次再光臨，經理及接待員在門口恭送客人。

21. 客人離開後收拾桌面。

註　釋

1. Bruce H. Axler, *Food and Beverage Service* (U. S. A.: John Wiley & Sons Inc., 1990), p.183.

2. Jack D. Ninemeier, *Planning and Control for Food and Beverage Operations*, 3rd Ed., 1990, p.218.

3. Carol A. Litrides & Bruce H. Axler, *Restaurant Service: Beyond the Basics* (U. S. A.: John Wiley & Sons Inc., 1994), p.62.

4. Sylvia Meyer, Edy Schmid, & Christel Spuhler, *Professional Table Service* (New York: VNR, 1990), p.192.

5. Ecole Technigue Hoteliere Tsuji, *Professional Restaurant Service* (U. S. A.: John Wiley & Sons Inc., 1991), p.132.

6. Dennis R. Lillicrap & John A. Cousins, *Food & Beverage Service*, 4th Ed. (London: Hodder & Stoughton, 1994), p.16.

第 **6** 章

餐飲服務的技能

餐飲業主要提供的產品有二，一是有形的菜餚與飲料等產品；另一則是無形的「服務」。然而不論是有形的產品或無形的服務，對顧客而言二者都很重要。精緻可口的餐飲是吸引顧客首次前往消費的主要原因，而服務品質的良窳則會影響顧客再次前往消費的意願。因此，餐飲與服務二者是相輔相成的，對餐廳經營者來說，餐廳經營的成敗，就完全看經營者能否訓練員工純熟的技能，親切的服務顧客。

第一節　桌巾的鋪設及更換

　　高級豪華的餐廳通常會使用亞麻布、棉或其他質料的桌巾。桌巾的鋪設，給人一種豪華、柔和、寧靜之感，且讓餐廳感覺起來較具水準。鋪設桌巾時，通常使用毛氈製品，用以減少在服務客人時，放置餐具所產生的聲音。這種減低聲音的桌巾，也會使客人的手肘感覺較舒服。

　　在餐廳中，有許多不同尺寸及形式的桌子及桌布，而且洗燙過後也有多種不同的摺疊方式。

一、檯布鋪設方法

1. 確定桌面之整潔。
2. 確定桌子是堅固、符合標準及平衡的。放一塊軟木於較短腳的下方可使桌子四個腳達到平衡，或是使用一塊軟木或是其他墊物將桌子之重心，用螺絲釘固定其基部使之與桌面緊合，而堅固不搖動。

桌巾的鋪設，給人一種豪華、寧靜之感，且讓餐廳感覺起來較具水準。

3. 鋪設一塊乾淨的桌巾：

   (1) 將折疊好之桌巾放於桌面。

   (2) 將桌巾之頂邊蓋過桌邊而垂下。

   (3) 然後再將另一邊朝自己拉好。

4. 鋪設桌巾時，將桌巾攤開蓋過桌面。

5. 將桌巾上有摺痕的部分撫平並調整其距離，使桌巾平衡於桌面。

6. 有些服務生將白色的布覆蓋於桌巾上，使其在服務時，桌巾沒有絲毫的污點、磨損。所以使用桌巾時，應於上面再覆蓋一塊布。

7. 最上層的那塊布，是給客人看的裝飾布，它覆蓋過桌巾。它有兩面：一面是好的，也就是面對客人的那面。有時因

擺設之關係，客人僅看見一面。另一面是不好的，也就是有縫邊的那一面。

8. 桌巾經送洗後，通常會折疊成四個部分像一個鏡框。長的那面包括一個縫邊、一個雙面摺疊及另一個縫邊；其他面則有兩個雙面摺疊。將雙面摺疊的那面，放在桌子較遠的那一邊，鬆開的那邊，則朝向桌面中央。

9. 用拇指和食指翻動頂端有縫邊的部分，使之蓋過桌子較遠邊而垂下，邊緣需平坦無摺痕。

10. 尋找餘留的邊，它應該在桌巾的底部。用拇指和食指，輕柔的朝自己的方向拉過來，隨著桌巾的邊緣垂下而蓋過桌邊。

11. 鋪設桌巾時，所有的邊緣應該是平滑且平行底邊，桌巾之邊緣部分，應該總是垂下且面對地板的。[1]

檯布鋪設方法如**圖** 6-1 所示

二、營業中的檯布更換

檯布必須經常地在營業中更換：當桌子有新客人就座時，或者是有嚴重的傾灑時就要鋪設新檯布。在這種情況下，更換檯布時必須將吵雜聲減至最小，而且最重要的是不可讓客人看到光禿禿的桌面。方法如**圖** 6-2。

1. 將檯布放在桌上。

2. 將檯布攤開。

3. 將檯布全部攤開。

4. 用拇指、食指夾住檯布,輕輕將檯布提起。

5. 將四分之一檯布跨到對面桌緣。

6. 將下層檯布往回拉,檢查四邊長度是否等長。

圖6-1　檯布鋪設方法

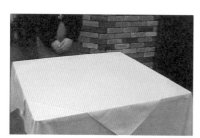

1. 將桌面上所有物品移到服務檯上。

2. 將檯巾布四角向中間摺成四方形。

圖6-2　檯布更換方法

3. 對摺。

4. 再對摺，移開。

5. 將檯布由兩端向內拉，不可露出桌面。

6. 將乾淨的檯布攤開。

7. 拇指、食指夾住檯布。

8. 將四分之一檯布掀開，蓋住另一端的髒檯布。

9. 用小指勾住髒檯布，往回拉，同時蓋上乾淨的檯布。

10. 移開髒檯布，調整檯布，完成。

（續）圖6-2　檯布更換方法

三、檯布收拾方法

　　當桌巾沒有送洗而是自己清理時，將不會被摺成一個像鏡框的樣子，而是摺疊縱長的一半再一半，一面將包含四個雙面摺疊；其他的部分將包含一個厚的摺疊。檯布收拾方法如圖6-3所示。

1. 從中線提起。

2. 摺成四分之一。

3. 再對摺。

圖6-3　檯布收拾方法

四、檯巾布鋪設程序

檯巾布鋪設程序見**圖**6-4。

五、半部分的桌巾

在一些較正式的餐廳裡，午餐和晚餐時，會有桌子用特別的、僅有半部分的桌巾覆蓋，而使一部分的桌面露出。攤開桌巾使之越過長方形桌之長度，或是鋪在正方形桌上，使之等距離，縫邊皆是要往下的。從地面看來，桌巾之邊緣需是等距離的。

1.將方形檯巾布攤開，站在桌角覆蓋在檯布上。

2.拇指、食指夾住檯巾布，輕輕提起。

3.將四分之一檯巾布跨到對面桌緣。

4.將下層檯巾布往回拉，檢查是否平整。

圖6-4　**檯巾布鋪設程序**

六、服務巾的使用

服務巾是用來保護手部和腕部，以免在端熱盤時被灼傷。

1. 沿左手及前臂放置服務巾，前臂從肘部至手開口部分朝內，同時不可超過指尖部分。
2. 將服務巾張開以保護手部。
3. 當持拿盤子或從左手接過盤子端至桌上時，服務巾可以做爲保護之用。

第二節　口布摺疊

口布是放在桌上提供給客人使用的，對於整個環境及餐具擺設外觀上均有襄助的功能。口布的呈現方式取決於餐廳種類和服務的方式。口布摺疊最好簡單而容易，因爲在處理上接觸較少。接觸愈少，口布愈符合衛生的要求，同時也比較省時。然而有些場所基於審美的理由，則需要比較精緻的摺疊方式。

以下詳細的說明中，展示了幾種比較常用的專業口布摺疊。不論是漿過的亞麻質料或是紙製口布均可用來摺疊。

以專業化摺疊而成的口布，不需要依靠餐具或玻璃杯之協助，能夠自行站立。

口布通常放置在中央或左邊。最普遍的是放在叉子的左邊，然後打開放於左下方。當它們擺於中央時，應擺於每一座位之正中央位子。如果有使用準備盤時，口布通常擺於準備盤上面。底

邊約距桌邊1吋。

　　當口布和墊布（口布可以是布或紙）一起擺設時，底邊應距桌邊約2吋（墊布上方約1吋）。

　　有時口布可捲成圓形，放入玻璃製品中，也可再將麻布繫於玻璃製品上，當成裝飾品，這是相當引人注目的，而且並沒有限制口布的放置位子。

一、皇冠

1. 將口布對摺。

2. 將左方的布拉到上方對齊，將右方的布拉到下方對齊。

3.翻面。

4.將左方的布拉下。

5.將右方的布向左摺並插進去。

6.翻面。

7.將右方的布向左摺並插進去。

8.攤開使其站立即完成。

二、星光燦爛

1.將口布四分之一向中間摺。

2.再將口布對摺。

3.將口布分成八等分。

4.將右側以斜角對摺。

5.再將左側以斜角對摺。

6.攤開使其站立即完成。

三、步步高昇

1.將口布三等分摺起。

2.將左右兩端各往中間摺兩摺。

3.將口布向後對摺,往後拉即完
　成。

四、立扇

1. 將口布對摺。

2. 將口布放直。

3. 每隔三公分摺四摺。

4. 將口布對摺。

5. 將口布右上角摺往左下角。

6. 將口布立起即完成。

五、金字塔

1. 將口布四分之一向中間摺。

2. 再將口布二分之一對摺。

3. 將兩端向內往下摺成四十五度角。

4. 將尖端往下摺。

5. 將口布由右向左對摺。

6. 將口布立起即完成。

六、蠟燭

1. 將口布四分之一向內摺。

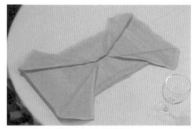

2. 由中心將四角向外摺。

3. 將下方往上捲起至二分之一。

4. 將上方二分之一部分反摺成扇形。

5. 將口布對摺。

6. 放入杯中拉開即完成。

七、芭蕉扇

1. 將口布往下對摺。

2. 將口布放直。

3. 每隔三公分一摺。

4. 將口布放直。

5. 將尾端摺起三公分左右。

6. 放入杯中即完成。

八、蝴蝶

1. 將口布四分之一向內摺。

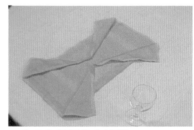

2. 由中心將四角向外摺。

3. 由下往上每隔三公分打摺。

4. 將口布對摺。

5. 放入杯中拉開即完成。

第三節 刀叉及杯盤擦拭方法

放置餐具之地方須乾淨。最基本的是餐具，其餘的是細節。乾淨和擦亮的餐具應排除以下幾點：

1. 指紋。當觸摸有指紋，會破壞擦亮之餐具。
2. 水變髒：洗餐具經過水洗之機器和讓水滴乾後再離開水區域。
3. 食物殘渣：如果有可怕的殘渣留於盤子，沒有人敢用。

刀、叉及杯盤擦拭方法如**圖** 6-5所示。

第四節 服務叉匙、餐盤之使用及收拾方法

一、服務叉匙使用方法

服務叉、匙的使用，在餐飲服務當中是很重要的技能，中西餐分菜服務時均需使用，必須有著熟練技巧。服務叉匙使用方法如**圖** 6-6所示。

1. 用乾淨口布將刀包裹起來，刀口向外，用右手擦拭。

2. 用乾淨口布將叉包裹起來，用右手擦拭。

3. 用乾淨口布將玻璃杯包裹起來，左手拿杯右手擦拭。

4. 用乾淨口布將杯包裹起來，用右手擦拭杯腳。

5. 用乾淨口布，用右手擦拭盤底。

6. 用乾淨口布，用右手擦拭盤面。

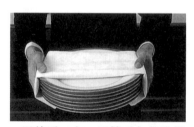

7. 用乾淨口布，用雙手包起整疊餐盤。

圖6-5　刀叉及杯盤擦拭方法

1. 在右手拇指和食指中放入服務
   叉，中指和食指間放入服務匙。

2. 服務叉、匙可以重疊使用。

3. 服務叉、匙也可以反方向使用。

4. 服務叉、匙可以單手服務。

5. 服務叉、匙也可以雙手服務。

圖6-6　服務叉匙使用方法

二、餐盤的握法

餐盤的握法如圖6-7所示。[2]

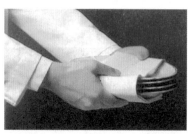

1.雙手握整疊餐盤。

2.單手握盤,拇指輕扣盤沿,其他
　四指扶在下沿。

3.單手握雙盤,拇指輕扣上盤沿,
　其他四指扶在下盤底。

4.單手握雙盤,拇指輕扣下盤沿,
　尾指扶在上盤底。

圖6-7　餐盤的握法

三、餐盤收拾方法

餐盤收拾方法如**圖**6-8所示。

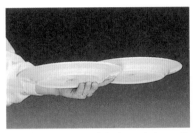

1. 左手握盤，拇指輕扣上盤沿，其他四指扶在下盤底。

2. 左手握盤，拇指輕扣下盤沿及餐叉柄，餐刀穿在餐叉下方，尾指扶在上盤底。

3. 左手握盤，拇指輕扣盤沿及餐叉柄，餐刀穿在餐刀下方，其他四指扶在盤沿，第三個盤子靠在手臂上。

圖6-8　**餐盤收拾方法**

第五節　使用托盤的餐飲服務

托盤服務的標準化

（一）托盤服務的概述

托盤服務是餐廳服務員在餐廳中用托盤送食物、飲料、餐具等的服務過程。在餐飲服務中，服務員常用左手托盤，右手為客人服務。

（二）托盤服務的種類

1. 輕托服務。輕托服務是胸前托盤送食物、飲料、餐具等的服務過程。
2. 重托服務。重托服務是肩上托盤運送食物、餐具等的服務過程。

（三）托盤服務的標準

■ 選擇合適的托盤

大方盤適用於運送菜餚、飲料、餐具等。中圓盤與中方盤適用於擺放和撤換餐具和酒具、斟酒、上菜等。小圓盤適用於遞送帳單等。

■ 將托盤整理乾淨

將托盤洗淨、擦乾，盤內鋪上乾淨的盤布或口布並鋪平拉

直，使盤布與托盤對齊。這樣，可避免餐具在托盤中的滑動，增加摩擦力，同時，增加了托盤的美觀與整潔。防滑的托盤可以不鋪口布。

■ 將物品合理的裝入托盤

　　將菜餚、酒水和餐具裝在托盤的過程稱爲裝盤。裝盤時，爲了方便運送和服務，避免服務中的差錯和事故，通常根據物品的形狀、體積和使用先後的順序，合理安排。在輕托服務中，將重物、高的物品放在托盤的裡邊（靠自身的邊），先使用的物品與菜餚放在上層，或放在托盤的前部，後使用的物品放在下面或托盤的後部。而重托服務根據需要可裝入約10公斤的物品，因此，裝入的物品應分布均勻。

註 釋

1. Carol A. Litrides & Bruce H. Axler, *Restaurant Service: Beyond the Basics* (U. S. A.: John Wiley & Sons, Inc., 1994), p.26.

2. Dennis R. Lillicrap & John A. Cousins, *Food & Beverage Service*, 4th Ed. (London: Hodder & Stoughton, 1994), p.156.

中式餐飲服務流程

第一節　中華美食的特色和美

　　中國菜以其悅目的色澤、誘人的香氣、可口的滋味和美好的型態而飲譽世界，為我國爭得「烹飪王國」的榮譽。中國菜之所以備受世人的青睞，是因為中國烹飪具有一系列獨特的傳統技藝，其中最主要的是：原料多樣，選料認真；刀工精細，技藝高超；拼配巧妙，造型美觀；注重火候，控制得當；調料豐富，講究調味；美食美器，相得益彰。

　　中國飲食文化，形式多采多姿，內容豐富深厚，縱觀中國古代飲食文化，其審美思想主要體現在十個方面，我稱之為「十美風格」，這「十美」，既可獨立成章，又相輔相成，和諧統一。

中華美食形式多采多姿，內容豐富深厚。

一、採購廚師合璧功——質地美

「大抵一席佳餚，廚師之功居其六，採購之功居其四。」所謂買辦，即是選購原料，大凡佳餚之成，總歸是原料選取與烹調兩個環節統一的成功，所謂質美，指的是：原料和成品的質地精粹，營養豐富；它貫穿於飲食活動的始終，是美食的前提、基礎和目的，我們說的「質」，是餚饌成品，即食品之質，而非單指原料的質。飲食的根本和最終目的，是為了滿足進食者獲得足夠量的合理營養，也即達到養生的需要，「凡物各有先天……物性不良，雖易牙烹之，亦無味也。」原料的質美是一切其他諸美的基礎，俗語說「巧婦難為無米之炊」即是這個道理。早在二千數百年前，我們的先人就指出，只有充分地認識了各個不同種屬和相異品類原料的諸多先天物性，才能更深刻地懂得餚饌製作的道理，如果說對原料質的認識是複雜、精細的，那麼對於原料由生到熟的成品質的理解和把握也就要深刻微妙得多，經過烹調的複雜過程，要儘可能完成原料質美向成品質美的轉化，這個轉化，既有烹調過程前可見美質的最大限度的保留，也含有烹調過程中原料深層未曾見美質的發掘，中國傳統烹調的技巧，主要就體現在這個轉化的認識和把握上，要經過原料選取、加工、組配、烹調等一系列複雜過程，而謹慎選料和巧妙烹調，則成了中國飲食文化的典型特徵。

二、十步之外頤逐然——聞香美

這裡的「香」，是聞香，指的餚饌散發出來的刺激食欲的氣

味，所謂不見其形，先聞其香，「聞其臭者，十步以外，無不頤
愛愛然」。很早以來，聞就成了中國古代餚饌美的一個重要的審
鑑標準了。透過聞香，即便在未睹物之時，亦可判斷原料種屬，
品類的優劣，預知烹調工藝及其成敗，從而略知「質」之品第
了，袁枚的一首〈品味〉詩很能說明這個道理：「平生品味似評
詩，別有酸鹹也不知。第一要看香色好，明珠仙霞上盤時。」聞
香，在美食鑑賞家看來，是餚饌審美的一個重要指標。

三、秋雲琥珀明麗色——色澤美

餚饌在入口之前，聞香、看色是最基本的感觀鑑定程序，理
想的餚饌色質，應是悅目爽神、明麗潤澤的色彩，既能充分保留
原料優美的質色，也能體現烹調過程的科學與技巧，餚饌的美
色，是原料以過熱加工後的色質，是原料先天質色的再現和再造
過程。因而是原料選擇和熱加工技巧即「火候」因素兩個方面的
考核。但同時我們也很清楚，真正使用單一原料烹製的餚品在不
可勝數的中國菜餚中只占極少的部分，大多數成品都是兩種或兩
種以上原料組配烹調的。即便是單一原料烹調的餚品，往往也少
不了使用相應的增香上色的調料。於是就出現了不同原料（主
料、配料、調料）各種顏色之間的合理組配問題：烘托點綴、輝
映諧調，使每一道菜品自然成趣，進而使一桌席面燦然生輝。無
論是「淨若秋雲」還是「艷若琥珀」，都是以原料為基礎的優美
自然本色，搭配和熱加工色澤變化亦是以此為基礎，而不是迷亂
失真的染色。

四、批抹精巧別心裁──形式美

　　形美要求的原則是：體現美食效果，服務於食用目的，富於藝術性和美感的形態與造型。這種形美的追求，是在原料質美基礎上並充分體現質美的自然形態美與意境美的結合。如烤鴨、清蒸鱖魚、紅燒鯉魚等等，均是取象或再現物料自然形態的明證。而漢中山靖王劉勝墓出土的「烤乳豬」，則可視為較早的物證。當然，還是那些經過分割切配而改變原料自然形態的餚品居大多數，形製在這裡更為豐富多彩、玲瓏變幻了。應當說，這後一種形製變化，是伴隨著烹調工具和工藝的發展、烹調理論的豐富與藝術文化色彩更趨濃厚的結果。精巧細膩的刀工，把原料精製成各種片、絲、條、段、塊、丁、末、茸以及象形的麥穗、蓑衣、菊花、荔枝等形態，這諸種工藝性原料再經巧妙的勺工和出勺裝盤技藝，使餚品更富有變幻的美感，從而使人們獲得了更豐富多彩的藝術視覺快感，形製的追求既表現在熱菜上，也表現在冷菜上，冷菜的形，連同它的色、味、質等，在造成整個宴饗過程美食效果上無疑具有重要的作用。

　　如上所述，冷菜的形也包含自然形製和變化形製兩大基本類型，但它又有不同於熱餚形製的一系列特點。中國冷菜形製技藝的傳統，是靠廚師高超精巧的直、平、斜、混諸種刀法和排、堆、疊、擺、圍、覆等裝盤藝術來完成的。這裡體現的：優質的原料、精湛的烹製技巧、精巧的刀工、整齊俐落又賞心悅目的裝盤藝術。如清中葉的冷盤美餚「百果蹄」、「拌鴨掌」就是原料質、色、味皆美和刀工細膩精巧的代表。還要提到的是，形製美的追求不僅表現在餚上，同時也表現在饌（狹義的饌指主食）

上。大約是自兩漢時期麵食有了大發展之後，歷經唐宋迄至近代，以麵食為主的糕、點便極重品種花色諸般形製。兩漢南北朝時的「膏環」、衛巨源拜尚書左僕射的「謝恩宴」上的「八方寒食餅」、宋之「梅花湯餅」、明之「一窩絲」、清之「蕭美人點心」、「陶方伯什景點心」均是例證。

五、綠葉紅花好襯映──餐具美

以飲食器具為主的炊飲器具，是中國飲食文化審美的一個重要內容，其原則當是雅緻與適用的統一，飲食器具不僅包括常人所理解的餚饌盛器、茶酒飲器、箸匙等食具，而且包括有專用的餐桌椅等基礎性用具。「美食不如美器」，美器不僅早已成為中國古人重要的飲食文化審美對象之一，而且很早便已發展成為獨立的工藝品種類，有獨特的鑑賞標準。舉凡金屬的銅、青銅、鐵、錫、金、銀、鋼，非金屬的陶、瓷、玉、琥珀、瑪瑙、琉璃、玻璃、水晶、翡翠、骨、角、螺、竹、木、漆等皆可成器，且均具特色。瓷、陶要名窯名款，其他質地亦要奇質精工。隨著時代的進步，古代飲食器具的質料、品質、式樣是愈加繁複精美，爭奇鬥勝、標新立異的心理在這裡得到了充分發揮和體現。明中葉以後，中國傳統家具的品類式樣和製作工藝都進入了黃金時代，作為飲食活動的基礎器具，餐桌椅的質地、式樣、工藝也都伴隨著中國飲食文化的鼎盛發展而形成了嶄新的時代風格。烏柏、檀、楠、樺、梨、紅、櫻、相思等珍貴木質及鏤雕鑲嵌的精工，不僅突出了這些器具的專用性，且使它們以自己的工藝特點和觀賞價值充分地顯示了美學價值的存在。

六、千變萬化致中和——味覺美

　　欣愛和追求美味是人之共性，但真正能達到「知味」這樣認識能力的人是不多見的。我們的先人很早就對餚饌味美有了很高的審鑑和獨到的領悟。二千五百多年前的著名政治家晏嬰就曾講過如下的話：「和如羹焉。水火佳餚鹽梅，以烹魚肉，燀之以薪。宰夫和之，齊之以味，濟其不及，以泄其過。君子食之，以平其心。」要通「濟其不及」和「以泄其過」的必要的益損工作，即「齊」去達到「和」的目的。要達到這個「和」的目的，就要分別注意兩個方面的問題：一是某一種具體物料的「先天」自然美質的味性，二是諸種具體物料在組配的「調」的過程中實現的複合味性，總之是飽口福、振食欲的美味。美味，是進食過程中美食效果的關鍵。辨味既屬一種凡人皆有的生理功能，又屬非凡人所能深得其中之味的特別技能，一種高層次的文化賞鑑能力，辨味，是鼻、眼、舌、神的綜合審鑑活動，透過嗅香、察色、看形、品味和領悟味韻最終完成。中國古代美食家味美審鑑的兩個基本原則是：物料味的先天美質和再造這種美質的烹調技巧。重要的並不在物料的自然種屬的區別上，因爲不同種屬物料相互是無法取代的。任何一種物料都有其他物料不能替代的先天屬性，各有所長。烹調之功就在於充分發揚諸物之長。做到了這一點，不同物料不分貴賤都能各領風騷。在中國歷史上，能夠「知味」成了上層社會的特權，因爲知味首先是品味的實踐。古語所謂「三世做官方知穿衣吃飯」就是講的這個道理。知味又是一個特定飲食文化環境中長期實踐的過程，要經過長期耳濡目染、潛移默化的大量、反覆的比較研究才能漸入佳境，是積多人

和多代人的辨味實踐過程。而這種實踐，是無數次生理反應和心理感受交互作用的不斷深化的結果。正是在這種情況下，對美味的審鑑、追求和理解才進入一種悟的境界，「飲食」也才具有了如此迷人的魅力。

七、脆爽滑嫩均適宜──口感美

任何一品餚饌都會給人一定的口感，即它的理化屬性給進食者的口腔觸覺。從飲食審美的角度來認識這種口腔觸覺、食物口感，我們稱之為「過口性」，簡稱之「適」。今天，我們可以細微和具體地區分出酥、脆、鬆、硬、軟、嫩、韌、爛、糯、柔、滑、爽、潤、綿、沙、疲以及冷、涼、溫、熱、燙等不同的口感。這不同的適口性，取決於原料先天之質和烹調處理兩個因素，從烹調角度說，就是取決於「火候」的利用和掌握。中國古代一向十分重視餚饌過口性的美學追求。回顧歷史，我們注意到，中國古代對此認識有一個明顯的不斷深化和細微分辨的過程。三代期習慣用「滑」的指標：《周禮‧食醫》：「調以滑甘」，《周禮‧瘍醫》：「以滑養巧」，《禮記‧內則》：「伴隨以滑之」。「滑」，表示軟嫩潤爽利口之意，是泛指一切過口性的概念。入漢以後情況開始有明顯變化。《漢書‧丙吉傳》：「……數奏甘轟（脆）食物。所以擁全神靈，成育聖躬……」，枚乘《七發》：「飲食則溫厚甘脆呈膿肥厚」。引文中的「甘脆」泛指「柔美之物」，即食品的柔潤過口性。此後，在二千多年的古代社會裡，「甘脆」一詞便一直沿用下來。宋而後，由於熟調工具、工藝的大發展，上層社會飲食生活和市肆飲食業的空前活躍豐富，同時也由於飲食理論和社會歷史文化的繁盛，人們對於餚饌

過口性的創造與追求都大大地超過以往任何歷史時期，明末清初著名劇作家和美食理論家李漁曾「論蔬食之美者，曰清、曰潔、曰鬆脆而已矣」。他不僅明確了「脆」的適口性意義，而且把「鬆」也作為「脆」的近似屬性並列出來，由於上述原因，宋人已對溫度口感這一項重要的適口性指標十分講究。《夢粱錄》：「杭人侈甚，百端呼索取復，或熱、或冷、或溫、或絕冷，精澆熬燒，呼客隨意索喚。」事實上，只要我們稍加注意，那些突出烹調方法的餚品之名稱，便也寓過口性於其中了。袁枚曾說：「熟物之法，最重火候。」只有「謹伺」火候「幾於道」，即得心應手地把握利用火候，才能使物料不「疲」、不「枯」，酥嫩爽脆恰到好處，才能使人在進食過程中得到愜意的快感，獲得愉悅的享受。

八、湍緩起伏如流泉──節奏美

中國古代宴飲，無論是市井村閭的節令歡慶小宴，還是文士歡酌、官宦敘飲、貴富大嚼、侯門禮食，乃至天子常膳，都極講究舒情適意、歡愉悠然的節奏，講究筵宴空間和時間設計的舒展款洽，概括為一個字，就是講究「序」，講究序的節奏美。這種序的節奏美，體現在一桌筵席或整個筵宴餚饌在原料、溫度、色澤、味型、過口性、濃淡的合理組合，餚饌進行的科學順序，宴飲設計和進食過程的和諧與節奏化程序等，序的注重，是在飲食過程中尋求美的享受的必然結果，它的最早源頭，可以追溯到史前人類勞動豐收的歡娛活動和早期崇拜的祭祀典禮行為中。人們從其中獲得了特別的隆重和歡悅感。序的講求，在等級社會中，尤其是上層社會的飲食文化更突出行政管理和顯然的審美指標。

周天子及王臣飲食活動的嚴格秩序，已經是把「序」規範化、制度化的較早的典型文錄了。爾後，關於上層宴饗的文錄，幾乎無一不在不同程度上反映著序的特徵。明代著名文人、美食理論家袁宏道就曾十分明確地反對那種「鋪陳雜而不序」的餚饌羅列和宴席程序。袁枚認為「上菜之法：何者宜先，淡者宜後；濃者宜先，薄者宜後；無湯者宜先，有湯者宜後……度客食飽則脾困矣，須用辣以振動之；慮客酒多則胃疲矣，須用酸以提醒之。」時間節奏和空間結構，整個宴飲活動的展開、起伏、變換、高潮、收束，猶如淙淙山泉，湍緩曲折，款款而來，使與宴者如入桃花幽境、流連忘返。這裡我們注意到，不僅餚饌的變化程度具有鮮明的節奏，而且這種節奏還與宴飲者的生理、心理變化諧同，使與宴者悠哉游哉地徜徉陶情於「吃」文化的享樂之中。

九、花間樓上暢酬酢——環境美

優雅和諧、陶情怡性的宴飲環境，猶如戲劇演出的舞臺和佈景，是中國古人的又一美文化的審鑑指標。宴飲環境可分為天工、人工、內、外、大、小等不同類型。飲食生活被人們作為一種文化審美活動之後，「境」就自然成了其中的一個美學因素。先秦典籍「三禮」等書中對天子、諸侯、大夫、士等不同社會等級宴飲的記述，是三代時期宴飲環境的文錄。《詩經》的文字同時印證了這一點：「朋酒斯饗，曰殺羔羊，躋彼公堂，躋彼兕觥，萬壽無疆！」這裡的「公堂」，即「堂食」之「堂」，後世的「食堂」一詞本此。北宋相巨富弼所謂「煮羊惟堂中為勝」的「堂」，即應指貴族之家的專用宴廳。這種從設計到使用都有明確專一性的宴廳之堂，就是人工的宴飲之境。當然，在這種專一性

之前或之後，都有兼用（與客廳等）的堂之存在，這種人工之境是宴飲環境的大宗和主體，它充分體現人類文化創造的美學意義。商業都會，萬人輻輳，宮室樓館鱗次櫛比，更尤其是如此，兩宋都城的「宋茶坊」、「熟食店」，內飾精雅，且多「張掛名人書畫」，「所以消遣久待」賓客。「又有瓠羹店，門前以枋木及花樣啓結縛如山棚，……近裡門面窗戶，皆朱綠裝飾，謂之『福門』」，「諸多」「灑樓」則更是「彩樓相對，繡旆相招，掩翳天日——諸酒店必有廳院，廊廡掩映，排列小閣子，吊窗花竹、各垂帘幕」。中國歷史上這種人工宴飲環境的美學追求，主要是上層社會的私家宮室、市肆飲食樓店以及名勝風景文化點的公共建築樓、榭、亭、閣等。而後者一般屬於兼用性的。史入明清乃至民國時的酒樓，諸式市肆飲食堂館的建築設計裝飾則更是美侖美奐、華麗光艷。那是現代高層和豪華飯店賓館興起之前的歷史文化顛峰。至於天工的宴飲環境，那既是應在「公堂」之先被人們認識的，也同時是更富詩情畫意的自然美的選擇與享受了，白居易〈湖上招客送春泛舟〉：「欲送殘春酒伴，客中誰最有風情。兩瓶箸下新開得，一曲霓裳初教成。排比管絃行翠袖，指摩船舫點紅旌。」是詩情畫意的天工自然之境。至若那阮籍等「七賢」縱飲嘯歌的「竹林」，李白「舉杯邀明月，對影成三人」的「花間」，「良辰、美景、賞心、樂事」四美具的王勃會飲之滕王閣，歐陽修筆下的環山、臨泉翼然而立的醉翁亭，則是集天工、人工、內、外、大、小於一體的絕妙之境。袁宏道〈觴政〉中「醉花」、「醉雪」、「醉樓」、「醉水」、「醉月」、「醉山」之說，可謂對宴飲之境做了最精當不過的概括了。

十、勸珍驚蓋皆盡歡──情趣美

　　宴飲首先是攝食的生理和物質活動，但中國飲食文化審美的宴飲更是一種心理和精神活動，愉快的心情和高雅的格調是中國古代美食家們追求的進食文化氣氛和最高享受，在物質享受的同時要求精神享受，最終達到兩者融洽結合的人生享受之目的。為此，宴飲過程中要藝術地安排各種豐富多彩的文化娛樂活動。從而使宴飲過程成了立體和綜合性的文化藝術活動，十美臻集，諧成韻律，飲食作為生理活動和伴隨生理活動的心理過程，就成了充分體現文化特徵的生理和心理的諧同享受，飲食審美達到了圓滿完善的境界，達到了歷史文化的最高層次。於是才有「勝地不常，盛筵難再，蘭亭已矣，梓澤丘墟，臨別贈言，幸承恩於偉餞……一言均賦四韻俱成」的感慨（王勃〈滕王閣序〉）；才成「醉翁之意不在酒，在乎山水之間也」的絕唱（歐陽修〈醉翁亭記〉）。袁宏道的《觴政》就宴飲的「歡之候」開列了十三條標準，並同時指出了敗壞情趣之美的十六種弊端。

　　中國古代飲食審美思想在中華民族數千年有文字可考的飲食文明史上，經歷了不斷深化和完善的漫長歷史過程。這種飲食審美思想的發展，既表明中華民族飲食文化的技術、藝術、科學、思想和哲學的特色，也表明了此諸領域中的成就。它說明，早自很久遠的古代以來，我們民族的先人，尤其是那些傑出代表者的美食家和飲食理論家們，就非常注重從藝術、思想和哲學的高度來審視、理解與追求「飲食」這一活動，而作為民族文化重要組成部分的飲食文化，它的發展及其特點，既是民族文化整體運動

的結果，反過來它使我們民族的歷史文化如此輝煌光彩，中華飲食文化也正是歷代廚師、美食家們辛勤創造的結晶。

第二節　中餐服務流程

　　餐廳服務流程，包括餐廳的佈置安排、菜單計畫和服務對象的需求分析；餐廳服務計畫的制定，各種餐別的擺檯和服務程序；餐廳的服務組織、班次安排、制定經營計畫書等等。掌握餐廳服務流程的技能和理論，對於有效地進行各類餐廳的計畫、組織和控制有著十分重要的意義。

　　中餐廳是旅館餐飲部門所經營的眾多的特色餐廳之一，中餐廳顧名思義是供應中餐的場所。由於中國菜餚在世界上所享有的盛譽，在許多國家的旅館中都設有以供應中國菜為主的中餐廳，而我國的旅館中，幾乎無一例外地都擁有一個或幾個中菜餐廳，向國內外遊客介紹當地的特色菜餚。因此，加強對中餐廳的服務和流程的管理，是我國旅館餐飲部門的一項重要工作，是改善服務質量、提高旅館聲譽的重要方面。

一、餐廳佈置與氣氛

　　中菜餐廳的佈置要與其他反映本國和本地區特色的餐廳如日本餐廳、法國餐廳一樣，能反映出中國的民族特色。通常富有地方情調的裝潢佈置，給顧客留下深刻的印象。中餐廳的佈置應注意的問題如下：[1]

(一) 確定餐廳的主題

每個餐廳的佈置都是圍繞著一個中心進行的，無論是色彩運用，還是傢具、燈光、字畫等等，都要能夠起到反映主題、烘托氣氛、使主題更加突出和鮮明的作用。

作爲餐廳主題的題材非常豐富，尤其是中華民族悠久的歷史、源遠流長的幾千年文化、地大物博的疆域和歷代風流人物，都是我們取之不竭、用之不盡的良好題材。選題所涉及的範圍，歸納起來有：

■ 某特定的歷史朝代

盛唐酒樓、明宮餐廳、清朝仿膳等等。這類主題的餐廳，經過精心佈置，將帶有濃厚的歷史韻味。因此，在菜餚選擇、牆壁空間裝飾、服務設計等方面，都應表現其歷史風貌。

■ 特定的地方菜色

中國地域廣大，烹飪上形成多種「幫派」，成爲眾多的菜色，而其中最具代表性的是：廣東菜、四川菜、淮陽菜和北京菜等。通常情況下，一個餐廳都要選擇眾多菜色中的一種，作爲制定菜單、裝飾佈置和服務組織的依據，形成一個以地方菜色爲主題的特色餐廳。

■ 以風景名勝爲餐廳佈置的主題

如長城廳、西湖廳、莫愁軒、敦煌宮、鍾山廳等。這類餐廳的佈置裝飾應透過能夠點題的壁畫、雕像和其他突出的裝飾品來使餐廳名副其實，這種選題的另一個好處是能夠讓遠道而來的國內外賓客在享受美味佳餚的過程中，領略到當地名勝的風光，也是一種旅遊宣傳。

■ 以花草植物為主題

如蘭圃、桃園、梅苑、松廬等。以此為主題，通常在對題的盆栽、木刻、壁畫、燈飾、樑柱上下功夫，讓人有置身其境的感覺。

■ 以著名歷史傳說為主題

如桃花源、嫦娥宮、西廂廳等等，這類歷史題材的餐廳主題通常是透過木刻、門廊雕飾、壁畫、印刷品等來表現和深化的。對於熱心中國歷史文化、以增長知識為動機的旅遊者來說，是深受歡迎的。

■ 以歷史文學人物為主題

如四美廳（王昭君、西施、貂嬋、楊貴妃）、馬可波羅廳、木蘭廳等，其裝飾多以雕塑為主，配之以壁畫和印刷品等等渲染氣氛，達到應有的效果。

除了上述題材外，可供餐廳設計佈置的選題範圍仍很廣，而且有些餐廳還能巧妙地將題材整理結合，形成風格獨特的新的主題，如：某餐廳取名「梅苑」以梅花為主題，同時又選擇明代為背景，配置明朝式樣的傢具。在菜式選擇上採用淮陽菜，這樣的結合就比一般的淮陽菜餐廳風格更加突出，給客人的印象也更加深刻。

反過來，一個主題不明，或沒有主題的餐廳，在其佈置裝飾上，勢必會形成雜亂無章、盲目堆砌的現象，給人以亂七八糟的印象，並會直接影響到人們對餐廳管理水準的評價。

在選擇主題，進行餐廳佈置裝置時，應注意下面兩個問題：一是根據所接待的顧客對象的不同，選擇適合其需求的主題，也就是要充分考慮市場的因素，所選擇的主題要能符合目標市場的

需求。二是選擇主題，進行餐廳裝潢佈置要注意創造一種意境，講究獨特的風格，同時富有情趣，要避免平淡、低俗，和過分的誇張。

(二) 餐廳佈置的方法

餐廳佈置所使用的方法很多，圍繞餐廳的主題，我們可以從下列幾個方面下功夫去烘托氣氛：

■ 色彩

是構成餐廳氣氛的基本因素。餐廳色彩的選用，既要顧及整個旅館的基本色調，又要形成自己獨特的風格，一旦選擇確定了餐廳的色彩基調，其傢具、門窗、飾物和餐具等都應當與之相襯托。中餐廳的色彩多採用暖色，尤以紅木色、咖啡色、醬黃色和金黃色為佳。

■ 燈光與燈飾

中餐廳的燈光同樣應以暖色為主，要求柔和，強度適中，要避免用日光燈，因為日光燈的光線會使夫人們的化妝失去應有的效果。中餐廳的燈飾常以宮燈和燈籠為標誌，而傳統的花燈節上五彩繽紛的花燈會給管理者更多的靈感，使餐廳燈飾更加富有情趣。

■ 傢具

傢具的選用要符合餐廳所要表現的主題和時代特色，中餐廳的傢具多以紅木和仿紅木等木質傢具為主，尤其是椅子，與主題的關係甚大，應謹慎選擇。

■ 壁畫和字畫

應圍繞主題，精心製作，掛字畫是中餐廳的特色之一，內容要與餐廳的主題緊密相連，數量適中，壁畫也應反映中國繪畫藝

術，內容爲主題服務。

■ 屏風與隔板

屏風既是一件具有民族特色的工藝品，用來裝飾點綴，又具有其本身的使用價值。用來分隔空間，還可起到障景的作用。固定的隔板，也常常加以雕飾，使之能反映中國傳統的雕刻藝術，內容與屏風一樣，圍繞餐廳主題來選擇。

■ 飛檐翹角、雕樑畫棟和牌坊

這是將中國傳統的建築藝術用於現代餐廳裝飾的方法，主要目的仍是渲染中餐廳的氣氛，使其個性更加鮮明，使人一目瞭然，許多旅館還特地在中餐廳內部飾以完全爲創造意境而設計的景致。

此外，中餐廳內部所用的物品、餐具、布件、天花板和地板、地毯等，都可用來突出餐廳主題，中餐廳作爲一種產品，其整體形象必須統一，包裝應富有民族特色，並以其獨特的產品形象來吸引客人，取得最佳的經營效果。

（三）服裝

統一、整潔、得體的服裝，是提高餐廳水準、強化餐廳形象的重要方面。也常常是人們評價餐廳管理水準的依據之一。中餐廳服務員的工作服選擇要考慮以下幾方面的問題：

1. 色彩：應與餐廳的基色一致、協調，多選用莊重、典雅、熱烈的色彩，常用的有黑色、金黃、紅色等等。
2. 式樣：要根據餐廳主題所反映的時代特色，選用中國傳統的民族服裝。常見的女式服裝是旗袍。

中餐廳的佈置。

3. 中餐廳服裝除了要美觀、大方以外，還要方便操作、行走
   和進行各種服務活動，盲目模仿古代服裝和長袖、寬腰、
   拖地長裙等是不適當的。
4. 服裝的選料應洗滌方便、耐髒和不易起皺的為佳，要始終
   保持服裝的整潔和衛生。

（四）中餐廳菜單

中餐菜單應具有中餐的特色，首先在印製製作上，要根據餐
廳的規模和水準，使菜單的形象與其一致，整體的要求是：

1. 封面、封底的顏色要和餐廳的基色相一致、協調。
2. 花式或圖案要能夠和中餐相關，使人一看便知是中餐菜
   單。
3. 設計要能夠幫助反映餐廳的主題。

統一整齊、得體的服務，是提高餐廳水準、強化餐廳形象的重要因素。

4. 餐廳名稱應該醒目，如果必要，訂座的電話號碼應該印在菜單上。

5. 旅館的店徽或餐廳的標記印刷在適當的位置。

6. 內部各類菜餚的印刷不要太密，有可能時應加上一些合適的插圖，項目不要太多，經過精選，能讓客人在五分鐘內瀏覽一遍。

■ 中餐菜單的結構

菜單內各項目的組合與排列要合理，在結構上各地區、各菜系的排列順序均有所差異，但一般的排列方法為：

1. 廚師特選：羅列本餐廳的特色菜。

2. 冷盤：中餐的特色之一，通常下酒菜和最先點用的食項，故前列。

3. 豬肉：是中菜中的一大項目，以此為原料製作的菜餚很

多，應慎重選擇其中的精品列上菜單。

4. 牛、羊肉。

5. 家禽。

6. 野味。

7. 海鮮、魚類。

8. 時蔬。

9. 湯。

10. 點心、甜品。

此外，一些名貴菜餚如：魚翅、燕窩、海參、鮑魚等，根據餐廳的經營方針，也可以單獨列為菜單上的項目，象徵餐廳的水準。

■ 菜單的形式

固定菜單：顧名思義，是指在一定的時間內固定不變的菜單，上面所講述的菜單主要指的便是這一類。由於它是一定時間內固定不變的菜單，所以在印刷上比較講究，可以分批印刷，或者外套固定為一種精美的形式，一般是比較昂貴的，而內頁可以在一定的時間後更換。為了保證菜單項目的穩定性和減少塗改的必要，其列入固定菜單的菜餚應仔細認真地選擇，保證其品種深受顧客歡迎，原料供應有保障，設施設備和技術力量能夠滿足需要，固定菜單不允許隨意塗改價格和劃掉其中的某些項目（尤其是高級旅館餐廳更應避免）。

變動菜單：即根據需要經常變更菜單形式和內容的菜單，由於其多變性和時間的侷限性，在印刷上相對比較簡單，投入的成本亦較低，變動菜單的形式有：

1. 附加菜單：用一頁的形式，附插在固定菜單的某特定位置

上，用來促銷和推廣某些時令菜和新創品種等等。

2. 當日或本週特選：用帳篷式菜卡、宮燈式藝術菜單（台式）等形式將時令菜、特選菜、新創品種甚至過剩原料製作的推銷品種用當日特選的形式加以推銷，這種菜單往往容易引起客人注意，銷售的機會很高，是極有效的形式。

3. 招貼性菜牌廣告：懸掛在顯眼的餐廳牆壁上，立置於電梯口或餐廳門口或張貼在電梯裡，用來幫助宣傳一些特別的餐廳活動和菜餚品種，如：中式自助餐、大閘蟹、冬令火鍋等等。

4. 宴會菜單：是專門為某次宴會確定的菜單，一般都事先得到客人的認可，形式有摺合式、摺扇式和其他與工藝品結合的形式。宴會菜單根據標準，一般比較講究，高級的宴會菜單甚至具有收藏性和幫助促銷的功能。

■ 菜單的價格

菜單與定價是一專門的學問，決定菜餚價格的因素有很多，需要指出的是：

1. 中餐菜單上一般分列小份、中份、大份幾種形式，分別註明可供幾人食用，因此價格也有三個等級。

2. 除特殊菜餚外，相鄰兩道菜餚的價格懸殊不應太大，通常不超過一倍，以維護統一的餐廳水準和形象。

3. 菜單上的價格不能隨意用筆塗改，有一定的嚴肅性。

（五）娛樂

在餐廳中安排適當的娛樂活動是應客人需求而產生的一種流行的服務形式。餐廳的種類不同，其娛樂活動的形式也各異，在

中餐廳中的娛樂包括：

■ 背景音樂

　　直接播放旅館的電台音樂，注意選擇其中的中國民族音樂，音量加以控制，過響會變成噪音而取得相反的效果。

■ 民族器樂演奏

　　採用各種形式的獨奏、合奏以娛賓客，注意製造出清新、優雅和民族氣息較濃的氣氛，不要過於熱烈、奔放。

■ 民族藝術表演

　　以聲樂為主，為客人演唱歌曲，甚至受團體用餐者的預約，還表演其他形式的民族藝術，如舞蹈等等。如果鼓勵客人點歌，則可在餐桌上設置點歌卡。

（六）市場調查

　　為了保證餐廳受到客人歡迎，達到預期的經營效果，在營業前和經營過程中不斷進行市場調查是非常必要的，因為只有了解了目標市場上客人的要求，才能投其所好地安排服務項目，有的放矢地改進服務方式，提高服務品質。

　　餐廳所需進行的市場調查主要有：

■ 客源的構成

　　即餐廳所接待的顧客類型，可以從各種不同的角度去劃分。而對餐廳有用的分類的結果，應能了解到：消費動機、消費水準、消費傾向和顧客的潛在要求。

■ 競爭分析

　　俗話說知己知彼，才能百戰百勝。市場調查要能充分了解同行競爭者，競爭對手的長處固然要學習吸取，但更主要的是要有大膽創新、領導同行的魄力。

■ 新產品開發可能性的分析

　　一個餐廳，如果失去了新產品的開發能力，就等於被綑住了手腳，等待僵死。只有不斷調查，尋求機會，把握客人的需求，及時推出新的產品，才有活力，永遠立於不敗之地，同時贏得聲譽，使經營取得成功。

（七）餐廳狀況檢查表

　　餐飲的質量標準有其特殊性，與其他行業的產品相比較，它更加重視客人在使用其產品——消費過程中的感受，而這種感受又與消費場所、環境、氣氛有著密切的關係，餐飲部門的管理人員負責向客人提供優質產品，除了精美的食品、優良的服務外，還包括優美舒適的環境。因此，在加強餐飲質量控制的過程中，餐廳狀況檢查表就是有效的控制方法之一。[2]

二、服務計畫

　　餐廳的服務計畫是為了使各餐廳餐式的擺檯佈置、服務方

各式調味品。

式、服務程序均達到標準、統一，以保證餐廳的服務計畫品質和水準。

（一）中式早餐的擺檯

中式早餐擺檯時，個人席位上的餐具包括：骨碟、口布、筷子、筷架、茶碗碟、調味碟、小飯碗、調羹等。

公用的餐具、調味品有：四味架（醬油、醋、胡椒、鹽）、牙籤盅、煙灰缸等，基本擺檯的要求是：

1. 餐具距桌邊應保持1至2公分的距離。
2. 有店徽的餐具，應將店徽擺正，面對著客人。
3. 筷子包上筷套，擱在筷架上。
4. 每位客人面前的餐具擺放位置要一致，規格統一.
5. 圓桌擺餐具時，間距要相等。
6. 口布摺好放在骨碟中。

早餐擺檯格式見**圖7-1**。

（二）中式午、晚餐的擺檯

中餐午、晚餐的個人席位擺檯餐具有：骨碟、口布、筷子、筷架、水杯或啤酒杯、茶碗、碟、調味碟、小湯碗、調羹、湯匙等。中式午、晚餐擺檯格式見**圖7-2**。

公用餐具包括：公筷、公匙（根據餐桌上席位數擺放，一般二至四人公用一副）、煙灰缸、牙籤盅、四味架（醬油、醋、胡椒和鹽）。

（三）中餐早餐的服務程序

1. 客人進入餐廳，引座員禮貌地向客人問好，詢問人數。
2. 根據客人的需要和人數，將客人引領到適當的餐桌。
3. 拉椅讓客人就座。
4. 向客人提供早餐菜單。

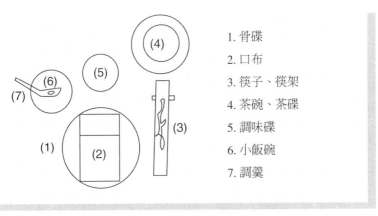

1. 骨碟
2. 口布
3. 筷子、筷架
4. 茶碗、茶碟
5. 調味碟
6. 小飯碗
7. 調羹

圖7-1　中式早餐個人席位示意圖

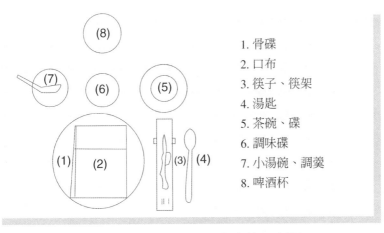

1. 骨碟
2. 口布
3. 筷子、筷架
4. 湯匙
5. 茶碗、碟
6. 調味碟
7. 小湯碗、調羹
8. 啤酒杯

圖7-2　中式午、晚餐個人席位示意圖

5. 詢問客人喝何種茶類，爲了主動，應先報出餐廳所供應之主要品種，請客人選擇。

6. 準備茶水、斟茶。

7. 除去筷套。

8. 請客人點用點心。

9. 供應點心，請客人享用。

10. 不時爲客人添加茶水。

11. 撤去多餘的空盤、碟。

12. 客人要結帳時，去收銀台取客人帳單，放在帳夾裡交給客人。

13. 客人付款後，說聲多謝，將款項交收銀員。

14. 收銀員收妥款項，將發票和找回的餘數，用帳夾交給客人。

15. 客人收回餘數，離座。

16. 服務員爲客人拉椅，多謝客人，歡迎再度光臨。

17. 引座員在門口笑臉送客，向客人道再見。

（四）中式午、晚餐的服務程序

1. 客人進入餐廳，引座員禮貌地向客人問好，並詢問人數。

2. 引領客人到適當的餐桌就座。

3. 拉椅，請客人入座。

4. 給客人遞上香巾（濕的小毛巾，一般熱天用冷的，冷天用熱的）。

5. 詢問客人喝何種茶類。

6. 準備茶水，給客人斟茶。

7. 客人到齊後，遞上菜單。

8. 除去筷套，打開餐巾。

9. 接受顧客點菜，隨時準備幫助客人，提供建議。

10. 菜單寫妥後，詢問客人要何種酒水。

11. 按次序服務茶水，除啤酒外，其他酒類應添酒杯。

12. 將訂單一聯交收銀員開帳單，一聯送入廚房，夾上次序盤。

13. 廚房按訂單備菜，分類烹飪。

14. 出菜時，注意加蓋，及醬汁，按檯號用托盤送出。

15. 移妥餐桌上原有菜碟後，端菜上檯。

16. 替客人分菜、分湯。

17. 詢問客人對菜餚的意見，隨時準備提供額外的服務。

18. 繼續上菜。

19. 根據需要換骨碟，添酒水。

20. 客人用餐完畢後，遞上香巾，送上熱茶。

21. 收去菜碟、碗筷。

22. 為客人添茶水。

23. 通知收銀員準備帳單。

24. 到帳檯取來客人帳單，核對後放入帳夾交給客人。

25. 客人付款後，說聲多謝，迅速將款項交給收銀員。

26. 將發票和餘額交還客人。

27. 客人離座時，拉椅送客，道謝，歡迎再度光臨。

28. 引座員在門口笑臉送客，向客人道再見。

（五）團體用餐服務

　　團體用餐服務在我國旅遊飯店中占有極其重要的地位，這是由目前客源的組成所決定的。在每年所接待的旅遊客人中，旅行

團的比例很大,所以,要提高餐飲服務品質,必須重視團體客人的接待。

團體用餐既與一般餐廳服務接待有相同的地方,又有其特殊性,相同的地方,如檯面佈置和基本服務步驟等,這裡就其特殊性作幾點說明:

1. 團體用餐的計畫性比較強,一般都是事先確定標準、人數、用餐時間等等。
2. 要充分了解團體客人的組成、飲食習慣、禁忌和各種特殊要求。
3. 根據旅行路線,掌握旅行前幾站的用餐情況,合理調節菜單。
4. 團體用餐可以擺在一個獨立的餐廳,或者有所分隔地集中在餐廳的裡側一角。
5. 團體用餐的餐桌事先應根據人數佈置好,桌上擺上團體名稱卡。
6. 團體用餐的基本步驟和程序是:
   (1) 客人進入餐廳,禮貌地向客人問好,問清團體名稱,核對人數,迅速地引領客人到準備好的餐桌入座,要避免讓大批客人圍在餐廳門口,影響其他客人。
   (2) 到達該團隊的餐桌後,要熱情招呼客人入座,為年老和行動不便的客人拉椅讓座。
   (3) 迅速遞上香巾,尤其是對遊覽回來,未及進房的團體客人更顯得重要。
   (4) 準備茶水,迅速給客人斟茶,根據需要,最好應備有冰茶。

(5) 將廚師精心烹飪的菜餚按桌端上，主動向客人介紹當地的特色菜餚，增添愉悅的氣氛，解除旅遊的疲勞。

(6) 為客人分菜、分湯。

(7) 徵求客人對菜餚的意見，收集客人的特殊要求，以便迅速請示落實。

(8) 根據需要為客人換骨碟，添酒水飲料。

(9) 客人用餐完畢後，再遞上香巾，斟上熱茶。

(10) 客人離座時，應為年老行動不便的客人拉椅、扶持，多謝客人光臨。

(11) 引座員在餐廳門口笑臉送客，向客人道再見。

（六）標準取菜服務卡

取菜服務卡主要用來幫助服務人員了解、熟悉菜單，掌握有關菜餚的製作知識，會使用適當的容器和餐具等等，使餐廳服務規格化，同時，它是用來作為服務培訓和考核的重要內容和方法。

三、餐廳工作排班

在服務過程中，通常至少有兩個領班負責一個班次的服務活動，以每個服務櫃檯為中心，將整個餐廳又分為幾個服務區域，每個服務區域由值檯服務員、走菜服務員和初級服務員組成。

在這個組織結構中，餐廳經理負有全部責任和權利，對上向餐飲部門經理彙報，對下向全體服務人員負責。助理經理是他／她的助手，負責協助餐廳經理的工作，授權指揮和指導領班及服務員的工作。

（一）班次安排

合理的班次安排，對於有效地組織餐廳服務活動、提高工作效率、取得最佳經濟效益都有十分重要的意義。班次的安排要根據各餐別服務活動的特點、營業時間、服務人數和工作任務等因素綜合考慮，做到安排合理，能夠充分發揮每個服務人員的作用，服務時間和班次安排，要以方便客人、滿足顧客需求爲出發點。

餐廳班次安排方法常見有兩種：一是「兩班制」，二是「插班制」。

■ 兩班制

即將所有餐廳服務人員對半分，一部分上早班，開早餐和午餐，另一部分上晚班，開晚餐和宵夜，隔週轉換，這種方法簡便、好記，但在非營業時間會出現人浮於事的現象，而在就餐的高峰時，人手又顯得不足，故對人手較少、接待任務重的餐廳不太適宜。

■ 插班制

是根據一天三餐中的高峰時間爲依據，將餐廳服務人員分成人數不同的多個小組，高峰時人員比較集中，非營業時間裡，只留少量幾個服務員做準備和收尾工作，而讓大部分服務員得到休息。這種排班的方法能夠適應大多數餐廳服務活動的需求，充分利用現有的服務人員，保證經營活動的順利進行。

（二）制定工作職掌

工作職掌（job description）是現代管理中的一個有效的工具，在除了旅館業以外的其他行業中也早已得到使用，它概要地

列出每個職位的工作職責範圍、主要工作任務和責任以及報告流程。

工作職掌包括的項目有：

1. 職務名稱：如餐廳經理、助理經理、領班、引座員、服務員等。
2. 所屬部門：即其主管部門，在旅館中，餐廳的主管部門為餐飲部。
3. 直接上司：是該職位的主管，應向其會報工作。
4. 直接下屬：標明該職位直接領導的部門和屬員，這樣就清楚地勾畫出某職位的上、下級關係和管理層次。
5. 基本職責：是工作職掌書的主要部分，列明該職位的主要工作任務和部門對他／她的要求，應當具體、明瞭、不含糊其辭。
6. 權利：標明該職位在多大的範圍內和程度上擁有其指揮、監督權，這是和所擔負的責任成正比的，是其完成基本職責的保證，有時權利是以口頭協議的方式授權的。
7. 與其他部門的聯繫：是該職位所負的協調的責任，包括與同級之間，與其所在部門有工作聯繫的機構之間的溝通和交流，來保證本部門工作的順利開展。

工作職掌書是一種形式，目的是要明確職責，其上級部門還要不斷加以檢查、督促，同時作為選拔適當的人才的一種考察依據和進行職業培訓的內容。

（三）制定餐廳經營手冊

餐廳經營手冊是餐廳經營管理的計畫書，它根據實際經營活

動的需要，對各項管理工作的計畫、實施作周密的安排，以保證各項工作的順利進行。

餐廳經營手冊是以書面的形式確定餐廳的經營方針和方法，是取得主管認可、授命實施的管理依據，有其本身的嚴肅性。

餐廳經營手冊是現代管理的一種形式，它根據餐廳的經營方針，制定一系列相適應的管理措施、服務程序和方法，來保證服務質量的統一、持久，而不會因為偶然因素的變化而全面地改變。

餐廳經營手冊也是餐廳活動控制的一種依據。在管理過程中，它可以被用來作為檢查、對照的準繩，是質量控制的一種工具。

餐廳經營手冊還是進行培訓的教材。尤其是在新員工入職時，將有助於他們全面了解餐廳的概況，熟悉餐廳的服務業務、服務方法和程序，對老職工也可以起到考核、檢查的作用。總之，它有利於維持餐廳的服務品質，是餐廳管理的有效工具。

餐廳經營手冊所包含的內容有：

1. 餐飲部簡介：包括餐飲部的組織結構、人事情況、各餐廳簡介（容量、服務時間、菜餚品種特色、娛樂活動、預訂方法和電話號碼等）。

2. 本餐廳簡介：位置、電話號碼、營業時間、預訂方法、人員服裝、組織結構圖、經營方針、宗旨、餐廳經營目標等等。

3. 餐廳紀律、規章制度。

4. 餐廳組織中之各級工作職掌書和工作細則表（每項工作的具體步驟和注意事項）。

5. 本餐廳的菜單。

6. 標準取菜規格單（早、中、晚餐各一份）。

第三節　中餐廳服務程序

中餐服務的程序如下（圖7-3）：

一、接待工作

1. 從客人欲踏進餐廳前，餐廳之領檯或領班人員，均應在指定之接待位置大門兩側旁歡迎客人之光臨，如有特別貴賓來臨，主管也應列位等待貴賓來臨之接待工作。

2. 接待工作之重要性乃是接待人員之表現，代表著該單位及餐廳之水準形象與榮譽，而在高品質水準之服務要求下，接待是第一位與客人接觸之關鍵人物，因此我們將本餐廳的標準表現出來，讓前來之客人最先感觸，那就是好的服務開始。

3. 接待的方式除接待之站立位置外，應注意的接待方式是用真誠之心，所自然表現出的歡迎，而不是一種形式上的歡迎，那就是本餐廳之標準禮貌身體語言，微笑並微微彎曲身體問候客人及表示歡迎之意（Good afternoon, sir. Welcome!等歡迎用語）。

4. 問候客人，同時以快速眼光掃描一下前來之客人人數，並立即詢問客人有幾位？或以確認之方式詢問客人「二位嗎」？但是不要只看見一對夫婦，或是只有一位客人時還

1. 帶位。

2. 攤口布。

3. 遞送菜單。

4. 點菜。

5. 上前菜。

6. 上湯。

7. 上菜。

8. 上魚。

圖7-3　中餐服務流程

9. 上水果。

10. 上甜點。

11. 結帳。

12. 送客。

（續）圖7-3　中餐服務流程

問客人「請問有幾位」？你可以用確認之方式來詢問他，以表明你的眼光是銳利的，同時也千萬不要以為面前所看到的客人，是全部一起的客人，就引導客人就座，造成接待之不正確，因此接待之詢問技巧也是相當重要，對先到達的客人應先予以安排就座，其餘後到之客人，如未能有人員及時予以引導就座，就必須以禮貌歉意之口吻，向客人表示「對不起，請稍候！」（Excuse me, sir, one moment please. I'll be right back.）引導先到之客人就座後，再立即回到餐廳門口或接待室，引導次到之客人就座。

二、安排客人就座

1. 領檯或接待員引導客人就座前，除應注意禮貌外，對客人座位之安排，也應特別技巧性的給予安排，如年輕夫婦或情侶，應安排在餐廳之角落較不明顯處，年紀較長之客人應安排燈光較亮或冷氣不太強及較安靜之處，千萬不要將以上所述之客人安排在一群人或年輕人較多吵雜的座位區，避免影響客人之用餐情緒與氣氛。

2. 在座位旁等待服務工作之服務人員，也應面帶微笑禮貌的向前來之客人問候。如知道前來客人之尊姓大名，更應給予禮貌之稱呼，如王先生、陳董事長、林總經理或對較年長之女士，可稱呼夫人等之問候，使前來的貴賓有被重視的感覺。

3. 當客人就座時，除領檯或接待之人員外，責任區內之服務人員，也應立即協助領檯或接待人員，拉椅子並請客人就座，有女士在場應給予女士優先就座服務。其次男士或是有年長者之優先順序，對於行動不便之來賓，更應給予最妥善之照顧與安排。

4. 對隨行來之小孩也應準備小孩坐之高椅，安排在適當之位置（不要在上、下菜之處），避免發生危險之意外。

三、點菜前之服務應注意事項

1. 客人就座後，服務人員立即倒茶水遞送酒單與菜單予客人，同時詢問客人是否需要飯前酒之服務，將酒水準備妥

後，然後接受客人的點菜。

2. 在點菜前移動增減客人應使用之餐具，做適當之安排並利用托盤處理之。

3. 推薦銷售開胃小菜或由主管主動贈予客人食用，同時攤開口布及送上小毛巾給客人，用餐時使用。

四、推薦與接受客人點菜

1. 點菜工作均由領班級以上幹部負責，組長也可視情況予以協助點菜。

2. 要如何給予客人點菜與推薦？必須在營業前與廚房主廚聯繫研究，當日菜色可能變化（如缺貨）或是欲促銷之菜色，唯有事前之了解，才能在點菜時給客人滿意的安排。

3. 菜單內容大致分為酒席類與小吃類兩種。

4. 酒席類菜單因性質不同，菜色安排上亦有所不同，如喜宴、壽宴、生日宴一般聚餐及正式宴會之菜單安排等。

5. 小吃類可依餐廳之性質及服務方式分為一般點菜及特別安排之套餐（set menu）等方式予以客人介紹之。

6. 菜單之介紹除提供餐廳內較特殊或較有特別口味之菜色外，其介紹之內容，必須要考慮到客人希望用餐之意願及較能接受之菜色，同時包括了合理的價錢及用餐人數等之顧慮，否則較不易掌握客人用餐之意願，而影響餐廳之銷售目標及效果。

7. 對菜色之內容應了解其烹飪之方式，配合客人之嗜好，予以調配合適口味之佳餚，如蒸、炒、炸、燴、滷、燉、烤、煮等等之烹飪方法，帶給客人在食的方面有更美好之

口味與食之享受。

8. 對菜色烹調方法之安排，絕對不做相關或是重複之調配，避免影響客人之食慾，例如以相同之魚、蝦、肉或蔬菜等材料或以不相同之方式烹調。

五、三聯點菜單如何開立

1. 將客人所訂之菜色，依客人所交待之烹飪要求，記在點菜單上，並按出菜之順序，詳細填入點菜單內，並依點菜單開立之規定，確實將桌面人數、菜單名稱、分量、人數及負責開單人員的名字，一併詳細填入點菜單內，經確認後打上時間，交給出納人員簽字認可，開立點菜單任務即已完成。

2. 將三聯點菜單之第一聯，交給點菜人員送入廚房，做為廚房工作人員備餐之依據，第二聯為出納入帳之用，第三聯置於客人之餐桌上或服務檯旁，做為上菜服務核對確認之用。[3]

六、傳菜及上菜前後之服務工作要求

1. 傳菜人員及現場服務人員，應先了解客人所點的菜色，分量及先後的上菜順序與廚房密切配合，對客人用餐之時間均需確實掌握，避免上菜時機不對，太快或太慢，影響客人用餐之情緒。

2. 傳菜人員應事前準備傳菜時所需之大小托盤及配合上菜時所需使用之器皿，如保溫用之盤、蓋等及上菜時所須附帶

之佐料。

3. 傳菜用之托盤務必隨時擦拭，保持乾淨及美觀。

4. 上菜前服務人員先詢問主人用餐時間之長短，配合出菜之時間予以服務（房間服務在餐桌上均已放妥貴賓用餐時間卡，以提供貴賓用餐時之時間予廚房配合）。

5. 上菜前，先服務客人所要求準備之酒水，如啤酒倒入所準備之啤酒杯，紹興酒或花雕酒倒入公杯內再由公杯分別斟入所預先準備之小酒杯，公杯應以兩人使用一個公杯為服務之標準，公杯內之酒以不超過七分滿為標準，以方便客人倒入個人所使用之小酒杯而不易溢出來，服務人員得視客人飲用之情形，隨時予以添加。紹興酒類客人如需檸檬或話梅等添加物時，服務人員仍應立即給予服務添加之。

6. 上菜前之準備工作就緒後，只等待傳菜生將菜單所列之順序逐項傳送上桌，並由服務人員再給予客人服務之。

7. 當服務人員將菜準備上桌前，必須先核對傳菜生所傳到的菜是否與菜單上所列正確無誤，或無任何之疑問時，始可上桌。

8. 服務人員上菜前先將上菜之位置騰出，位置應在主人座位之右前方處，然後再由主人之右側將菜端上，但必須先讓主人過目後上桌，並將該菜之菜名清楚的唸出並簡單的做說明讓所有客人了解，然後再依所上菜色之內容，在主人或主客處，予以服務之，避免上菜位置不正確，造成客人用餐時不便。

9. 所有菜餚均由主人右側上菜後，再將該菜色利用桌上之轉檯轉至主客面前，再由服務人員順時鐘由主客之位置，依次予以分菜服務之，除湯類應在主人處派妥後，再依主客

順序服務之。

10. 分菜時服務人員應特別留意客人對該菜色之反應，是否有忌食者，或對該項菜色有異議時，服務人員均應給予最適當之處理，反應給主人或餐廳之主管，予以配合處理之，使每位用餐之客人，均能獲最滿意之服務。

11. 每道菜於客人用畢後，即更換乾淨之碗盤，以便配合另一道新上菜色使用，收回之髒盤由傳菜生上菜後回程時順便帶回。

12. 每道菜在分派完畢後，如仍有剩餘物時，則應移置於適當較小之盤內再放回轉檯，客人需要時可再取食，應替客人多做顧慮（尤其房間之VIP服務應特別注意）。

13. 客人用餐時服務人員得隨時隨地注意客人的一舉一動，給予最迅速最需要之服務如酒水、點煙等等。

14. 對客人所要之飲料如須再增加時，必須徵求主人的意見與決定方可補充，不得自作主張，避免讓客人覺得有強迫推銷之感。

15. 客人用餐完畢時，應詢問餐飲是否滿意或足夠與否？做為下次服務之檢討與改進之依據。

16. 更換新的茶水（溫度要熱）或是以較特別之中國的功夫茶招待客人，使客人飯後更覺得愉快滿意，更提高了服務的品質與效果。

七、客人用餐後之服務工作

1. 清理客人面前使用過之餐具，及不必要留下之飲料或食物，並同時詢問主人對未喝完之飲料酒水及未吃完的食物

之處理方式予以配合，先予以辦退或打包，做事前之服
務；儘量避免客人離去前再做類似之處理，耽擱客人離去
之時間。

2. 對客人用餐完前之所有點菜單之核對與確認，準備隨時配
合客人結帳之要求。

3. 客人欲結帳時，服務人員應向主人說明今日宴席所飲用之
酒水情形，及一些特別要求服務項目，如代支及代買等服
務費用之確認，以便買單時與客人做必要之核對。

4. 服務人員將確認之點菜單（包括酒水之飲料單等）第三聯
送櫃檯出納人員與出納的第一聯菜單互相核對是否有誤，
再次確認避免不必要之錯誤發生，而影響客人對整個完美
服務之品質有所不滿。

八、如何送客

客人準備離去時所有之服務人員，尤其是客人桌之服務人員
或是貴賓室之服務人員，應暫時停止工作站立門口或桌邊，向離
去之客人做有禮貌之答謝，同時誠心誠意向客人表示歡迎再來之
熱忱。

九、整理及善後工作

1. 按準備工作時的態度與方法，有條有理地將餐廳內所使用
過之一切器皿及餐具做整理，並送洗滌。

2. 洗滌後之乾淨器皿與餐具應放回原處或按規定再予以擺
妥，準備第二次或是次日營業前之準備，並做檢查一切就

緒，服務之工作即告完成。

附　錄　中餐服務流程標準作業程序

一、自助餐服務標準流程

客人到門口至客人離去的服務程序：

- 領檯、經理、副理在客人到達門口時，要說「您好，歡迎光臨」，向來的客人打招呼。
- 領檯要詢問客人的人數及姓名，以及告訴客人「中午我們是自助餐」。
- 如果客人已經訂位，領檯要再確認訂位者的姓名。
- 領檯應走在客人的前方，帶領客人進入餐廳，同時要確定客人跟隨在後。
- 如果客人的人數超過一人時，領班和服務員要幫忙拉開椅子，以協助客人入坐。
- 領檯應告知當區領班或服務員，客人的尊姓大名。
- 服務員隨後收掉多餘的餐具，三人時花瓶煙灰缸移到空位那邊，二人時花瓶煙灰缸移到平分線中間，一人時移到對面正中間。
- 領班和服務員要說：「您好，歡迎光臨，我的名字是XXX，我是您們今天中午服務的領班，請問您們喝點什麼？我們有小瓶的進口啤酒和新鮮的綜合果汁……請問您

喜歡喝點清涼的啤酒還是新鮮的綜合果汁……現在是XXX的季節，新鮮綜合果汁用特別造型杯裝，喝完可以給您當紀念品回家。」

· 若客人點茶，也要微笑的說：「我們有烏龍、香片、普洱、菊花、鐵觀音，請問您喜歡什麼茶？」

· 若客人問的問題服務員不知道，要微笑說：「請稍等，我請領班來說明。」

· 領班向客人說明：「我們的自助餐檯有：前菜、燒烤、熱菜、蒸籠點心、魚翅羹、現片的烤鴨、現煮的XXX、甜點和水果，請您慢慢享用。」

· 點飲料時，從女士開始詢問，領班寫下客人所點的飲料，並附註座次號碼。

· 從女士開始，領班重複客人的點單。

· 領班把點單交給服務員。

· 服務員以左手托托盤拿飲料。

· 服務員走到客人的桌邊，站在客人的右邊，從女士開始，將飲料放在客人的右方，由順時鐘方向上完飲料。

· 服務員收起口布放在筷子的右邊。

· 若客人抽煙時，兩根煙蒂即需換煙灰缸。

· 服務員左手托托盤及煙灰缸，走向客人桌邊，站在客人右邊，將乾淨的煙灰缸疊在髒煙灰缸上，收回重疊的煙灰缸放在托盤上，然後把乾淨的煙灰缸放回桌上。

· 服務員將髒的煙灰缸送到備餐室。

· 若客人不指定喝哪一種茶，則泡香片。

· 沖泡鐵觀音及普洱茶時，特別注意茶葉量，瓷湯匙小半匙的茶量即足夠，茶葉放太多，顏色像可樂，茶太黑時，不

可勉強用,立即取出一半茶葉,留待另一壺泡用。

· 泡茶前先檢視茶壺是否潔白,無茶垢、茶漬、缺口及裂痕。

· 以蓋過茶葉的開水量沖洗茶葉後,倒掉。

· 加入開水時,注意水位,不可超過壺嘴,因為會自動流出。

· 沖好茶送到客人桌上,向客人說明等茶悶開,再幫客人倒茶約八分滿。

· 上茶時,不可以手抓著茶杯口,只能拿住茶杯二分之一以下杯身。

· 應時時注意加茶水,加水三次以後要加茶葉再沖泡。

· 立即翻檯時,新泡的茶,或是剛加茶葉的茶可原壺回收使用。

· 留用茶壺時,先倒掉茶壺內的茶水。

· 若客人要求重新泡茶時,一律重泡。

· 茶壺的托盤髒了,應送洗。

· 墊壺的白墊布髒了,待晚上集中送洗。

· 當客人將盤中的菜吃完,筷子放在筷架上時,服務員應走向客人,從客人的右邊,順時鐘方向將客人用過的盤子收回,一邊收一邊分類放在圓托盤中。

· 服務員將髒托盤托到備餐室時,沿途經過客人餐桌,繼續收取客人用過的餐盤,分類放長托盤中。

· 服務員將整托盤的髒碗盤帶入廚房洗碗區前面的工作檯,小心的放在工作檯上。

· 服務員將所有器皿,分類放入塑膠籃中。

· 服務員回到服務區。

- 當客人起身去自助餐檯取食物，留下口布在桌上或椅子上時，服務員需走向桌前，將口布對摺成三角形放在筷架邊，並收取用過餐盤。
- 收取客人用過空杯之前，一定要作第二次促銷，詢問客人是否要再來一瓶酒或一杯果汁，確定客人不要時才將空杯收走。
- 當客人不再續點飲料時，服務員須問客人是否要喝茶。
- 如果客人要喝茶，服務員須服務中國茶。
- 當客人開始取用甜點或水果時，服務員帶著空托盤走到客人桌前收取用過的餐盤。
- 並請問客人：「請問您甜點用完了嗎？我幫您把桌面整理一下好嗎？」
- 服務員收取客人的餐盤、湯碗、筷子和筷架，邊收邊分類放入托盤中。
- 服務員端著托盤到備餐室，將髒餐具分類放長托盤上。
- 服務員回到備餐櫃，用托盤將牙籤盅送到客人面前，放在桌子中間。
- 菜牌擺設要符合菜名，缺菜牌要補。
- 臨時補菜，沒菜牌，要收掉菜牌及菜架。
- 隨時保持各類菜餚充分供應。
- 避免同時收走二、三種的餐檯料理及水果，客人會錯覺我們收餐檯了，或是覺得沒什麼菜色。
- 補充水果時，水果夾不可帶進廚房，容易遺忘在廚房裡。
- 檢視帶皮的水果，如奇異果、葡萄、荔枝、桃子等，是否有壓破、過熟、長霉等情形。
- 鴨刀及麵杓收回吧檯與倉庫之上層架。

- 奇異果、布丁要特別注意補充小湯匙。
- 要先挑出破損、缺角餐具，放在破損籃裡，並在破損簿上登記。
- 火罐頭要等熄了火，才換上新的火罐頭。
- 先將飯碗、底盤、湯匙組合，疊在長托盤上。
- 先將銀刀、叉放在銀盤上，再整盤補出來。每日以牙籤清理胡椒罐上的孔，保持暢通。
- 燒烤、現煮粥、麵類之佐料檯、佐料壺、佐料盤，隨時擦拭與補充。
- 魚翅羹之醋壺，隨時擦拭及補充。
- 餐檯上及地毯的清潔，準備乾濕抹布各一條，有掉落的菜渣，以抹布撿起，放在 19 公分盤上。
- 熱鍋的部分，湯匙、長柄匙、菜夾要注意放在底盤上。
- 長柄匙或湯瓢掉進鍋內，或長柄油膩要立刻更換。
- 湯匙、長柄匙、菜夾的墊盤髒了就立刻更換。
- 收菜盤之前要先擦拭乾淨。

二、貴賓室服務流程

(一) 第一階段

- 領檯、經理、副理在客人到達門口時，向客人問候「您好，歡迎光臨」。
- 領檯要詢問客人有無訂位，領檯要再確認訂位者的姓名。
- 領檯應走在客人之前，帶領客人進入餐廳，並確定客人跟隨在後，並告之當區領班或服務員，客人的尊姓大名。

- 客人的人數超過一人時，領班和服務員要幫忙拉開椅子，以協助客人就坐。
- 服務員隨後收掉空位上的餐具，三人時花瓶、煙灰缸移到空位那邊，二人時，花瓶、煙灰缸移到平分線中間，一人時，移到對面正中間。
- 領班及服務員幫客人攤開口布，並放在客人腿上。
- 領班以左手帶著菜單走近客人的桌前，從客人的右邊，以左手扶持菜單，用右手打開第一頁，遞給客人。
- 領班離開一會兒，讓客人閱讀菜單，約三、四分鐘，再走向客人旁邊。
- 領班站在客人的左後方點菜，「請問您，我能幫您點菜了嗎？」
- 如果客人準備好了，領班站在客人的左後方，左手拿點單，右手拿筆，寫下客人所要點的菜。
- 領班點菜時，可一邊向客人推薦當日所要促銷的菜色。
- 領班寫點單時，第一行留空以待點湯，然後以客人點菜的順序依次寫下。
- 除例湯以外，客人點的湯要附註座次號碼。
- 領班重複點單上的菜色。
- 領班從客人的手中收回菜單。
- 領班將點單的底聯撕下放回該區服務檯的黑色夾板上。
- 服務員從備餐室準備19公分餐盤出來，上至客人面前的show plate 上面。
- 領班將點單的第一聯交給出納，第二、三聯交給服務員。
- 服務員將點單拿到廚房出菜口交給控菜員，再回到服務區。

（二）第二階段

■ 服務飲料

- 站在客人左後方，領班詢問客人的餐前飲料：「請問您晚餐喜歡喝點紅、白酒，還是白蘭地？我們也有威士忌。」「請問您在餐前習慣喝點啤酒還是果汁？……」「請問您要喝點新鮮果汁還是礦泉水？……」
- 點飲料時，從女士開始詢問，領班寫下客人所點的飲料，並附註座次號碼。
- 從女士優先，領班重複客人的點單。
- 領班在點單上，填上日期、桌號、人數和本人的簽名。
- 領班將點單第二、三聯交給服務員。
- 服務員走到吧檯。
- 服務員從吧檯點飲料及領取飲料。
- 服務員以左手拿托盤取飲料。
- 服務員走到客人桌前，站在客人的右後方，女士優先，將飲料從客人的右方順時鐘方向上到客人的右前方。
- 如果是小瓶進口啤酒或是礦泉水，幫客人倒八分滿杯，可將瓶子放客人杯子旁邊。
- 服務員須注意客人點的所有酒水，必須在上菜前服務完畢。

■ 服務白酒

- 服務員到吧檯領取客人所點的白酒、白酒杯、waiter towel、冰桶架，並在冰桶內放入適量的冰塊及水。
- 服務員將酒放入有冰塊的冰桶裡，將杯子放在托盤上，並

將其帶回服務區。

· 服務員托著杯子走向客人桌前。

· 服務員由客人的右後方，女士優先，順時針方向將杯子放在客人的右前方。

· 服務員將酒放入冰桶置於桶架上，蓋上 waiter towel，搬至客人桌邊。

· 左手拿著 waiter towel，服務員右手從冰桶內將酒取出，放在左手的 waiter towel 上，標籤朝上 show 給點酒的人看。

· 服務員要對客人說：「這是你點的 XXX。」

· 當點酒的人確認後，服務員將酒擺回冰桶內。

· 服務員拿起開酒器，以左手握住酒瓶，右手劃刀割起鋁箔蓋，在冰桶內開酒。

· 割開鋁箔蓋時，服務員拿起 waiter towel，擦拭木塞口上的污垢。

· 服務員將酒刀的螺旋，對準木塞的中心點插入，並轉入木塞，拉起木塞。

· 服務員右手拿開瓶器，將軟木塞轉出來，拿 waiter towel 擦乾酒瓶，並用 waiter towel 包住酒瓶，勿遮住酒瓶的標籤。

· 服務員將酒的標籤朝向客人，右手拿 waiter towel 包住酒瓶，左手背在身後倒一小口酒，請點酒的人試酒。

· 當點酒的人點頭示意，服務員由女士右側開始倒滿二分之一杯，順時針方向倒酒，主人最後倒酒。

· 服務員將酒放回冰桶中，並將 waiter towel 摺整齊垂掛在冰桶上。

・領班幫客人推薦說：「這瓶酒配你的菜，佐餐很適合。」

■ 服務紅酒

・領班重複客人點的酒名。

・領班收回客人的酒單，放回服務檯上。

・領班將點單交給服務員。

・服務員走向吧檯領取所點的紅酒、銀底盤，及正確的紅酒杯。

・服務員將酒墊上銀盤放在服務檯上。

・服務員將酒杯放在托盤上，走向客人。

・服務員由客人的右後方，女士優先，順時針方向，將酒杯放在客人的右前方。

・服務員將手推車（gueridon）搬到客人桌邊。

・服務員左手拿著摺好乾淨的 waiter towel，右手取酒瓶放在左手的 waiter towel 上，酒的標籤朝向客人 show 酒。

・對客人說：「這是你點的 XXX。」。

・當點酒的人點頭示意後，服務員將酒墊上銀盤放回手推車上。

・服務員以左手握住酒瓶，右手劃刀割起鋁箔蓋。

・服務員割開鋁箔蓋，拿起 waiter towel，將軟木塞口上的污垢擦拭乾淨。

・拿起開酒器插好螺旋轉，轉入軟木塞，將軟木塞拉出酒瓶。

・服務員右手拿酒瓶，左手拿 waiter towel，酒的標籤朝向客人，倒出小口酒，請點酒的人試酒，然後用左手 waiter towel 沾一下瓶口。

- 當點酒的人點頭示意，服務員由女士右側開始倒滿四分之三杯，順時針方向倒酒，主人最後倒酒。
- 服務員將酒瓶墊上銀盤放回手推車上，並將 waiter towel 摺成方塊放在酒瓶旁邊。

（三）第三階段

- 服務員走入備餐室，用托盤拿取數種不同的小菜。
- 服務員以左手托著托盤，走到客人桌前。
- 服務員站在客人右後方，將小菜托盤 show 給客人看。「請問您是否需要來點開胃小菜？」
- 照客人選定的，將小菜放置在桌上中央。
- 如果客人點的是一盅的湯，則只須將湯盅墊上底盤，再架上瓷湯匙放在圓托盤上，附帶調味品，走到客人右後方順時鐘方向將湯上到客人面前的餐盤上。如果餐盤上有小菜，則將湯上至餐盤右側，並對客人說：「請慢用。」（羹類及酸辣湯附帶胡椒粉罐，蠔油翅及紅燒類附帶醋壺，清湯翅不必附帶，客人要求才給醋壺，上翅時必須幫客人加醋。）
- 如果客人點的是例湯或是大碗的湯，服務員走進備餐室準備第一道湯要用的湯底盤及湯匙。
- 服務員把湯底盤及湯匙放在圓托盤上，走回當區 sideboard 前，先將餐具放在上面。
- 服務員將手推車搬到客人餐桌旁邊。
- 服務員將湯底盤及湯匙放置在手推車上，等待第一道湯來。
- 傳菜員將湯傳遞到 sideboard 上，服務員將湯端到手推車上

分好放在托盤上。如果餐盤上有小菜，則將湯上至餐盤右側，並對客人說：「請慢用。」

· 服務員托著用過的餐盤放在托盤上，送回備餐室。

· 傳菜員將拼盤傳遞到手推車上，服務員將拼盤架上公匙，並將雙味碟的沾醬架上兩支小茶匙放在托盤上。

· 當客人喝完了湯，並將湯匙放下時，服務員托著拼盤走近客人桌前。

· 從客人的右後方順時鐘方向，將空湯碗收回托盤上，換上乾淨的餐盤，再將拼盤及沾醬送到桌上中央，並對客人說：「請慢用。」（燒烤拼盤類的沾醬：乳豬：乳醬；油雞：薑茸；燒鴨：酸梅醬。）

· 服務員托著用過的湯碗及底盤回到備餐室，將髒碗盤分類放在長托盤上。

· 服務員準備適量要更換的盤子放在托盤上，走回手推車。

· 服務員把餐盤放在手推車的第二層。

· 服務員將餐盤照客人數量分置於手推車上，並備好分叉匙放在12公分盤上。

· 傳菜員將魚傳遞到sideboard上。

· 服務員將魚show給客人看的同時，問「請問哪位先生、小姐喜歡吃魚頭和魚尾？」

· 取分叉匙，先將魚頭夾斷，剪斷魚尾，再來取魚鰓放在餐盤上。

· 魚身按人數分盤，分魚時注意保持魚肉完整與平均。

· 全部分好時，拿到托盤上，走到客人的右邊，順時鐘方向上到客人面前的show plate上面。通常魚腹最好的部分送給主賓，魚頭、尾則送給表示要吃的客人。

- 服務員走回備餐室準備炒麵、炒飯要用的碗、底盤,點炒飯要附瓷湯匙。

- 服務員把湯碗底盤及湯匙放圓托盤上,走到手推車前。

- 服務員將湯碗底盤及湯匙分置在手推車上,等後炒麵、炒飯來。

- 傳菜員將炒麵或炒飯傳遞到 sideboard 上。

- 服務員將炒麵或炒飯分好放在托盤上。

- 炒麵、飯全部分好時,拿到托盤上,走到客人的右邊,順時鐘方向上到客人面前的 show plate 上面順便問客人:「您點的菜都送來了,請問您是否夠用?」

- 如果客人表示要在加點,則再送菜單給客人看。

- 如果客人表示不再加點,則說:「請問您餐後是否需要來點甜品、水果?」

- 如果客人詢問甜品種類,將甜品 menu 遞給客人。

- 點甜品時,從女士優先,寫下客人所點甜品,並附註座次號碼。

- 從女士優先,重複客人的點單。

- 將點單的第一聯送給出納,二、三聯送到後場給控菜手,底聯留在服務檯的黑色夾板上。

- 當客人吃炒麵或炒飯後,將筷子放回筷架上,看起來已酒足飯飽的樣子,服務員走到客人旁邊,禮貌而客氣的問:「請問您用完餐了嗎?我幫您清桌,上甜點、水果好嗎?」

- 如果客人表示用完餐了,服務員由客人的右後方,順時鐘方向將所有的餐具分類收回托盤上。

- 服務員托著用過的餐具走回備餐室,將髒餐具分類。

- 服務員順便將牙籤盅放回客人桌子中央。

・上牙籤後，客人表示要將菜餚帶回家，服務員應分類打包放在紙袋裡，摺兩摺貼上膠帶。

・服務員將打包袋放在客人桌上。

・若客人不抽煙，煙灰缸收起來。

・傳菜員將甜品水果傳遞在 sideboard 上。

・在甜品水果傳遞之後，服務員按照客人點單，女士優先，順時鐘方向上水果叉、水果及甜品（上甜湯時，須墊上16公分盤架上瓷湯匙）。

・客人堆放在桌面或垂掛在手把上的口布，幫客人收起來。

・最後桌上只留下茶杯、茶壺、酒杯、煙灰缸。

・服務員以左肩扛起長托盤，並以右手平衡之，將長托盤帶至後場洗碗區的工作檯上。

・服務員將髒餐具加以分類，放入洗碗籃中。

・服務員走回服務區。

■ 注意事項

1. 客人問題處理：

・服務員隨時注意加茶水，加水三次後要加茶葉再沖泡。

・服務員幫客人加茶倒茶時，客人若有意見，如：趕時間、菜太快、太慢、口味鹹、淡等等的問題，要立即告訴當區領班或副理。

・菜餚問題，要立即告訴主廚。

・副理要馬上到客人桌邊道歉，如果抱怨無法處理，再請經理出面解決。

2. 二次促銷酒水：

・服務員應在客人的單杯果汁、汽水、可樂、wine 喝完時

詢問客人：「請問您是否再來一杯XXX？」

・客人表示要再加點，服務員立即按照底聯開單加點，女士優先，順時鐘方向上在客人右方。

・服務員應在客人整瓶wine、啤酒、礦泉水、diet coke倒完時詢問客人：「請問您是否再開一瓶XXX？」才將空瓶收走，送回吧檯。

・客人表示要再加點，服務員立即按照底單開單加點。

・服務員要重複促銷酒水，至少三次。

・如果客人表示不要加點，也要微笑禮貌的說：「需要幫您泡壺熱茶嗎？」

・如果客人表示要茶時：「我們有烏龍、香片、菊花、普洱、鐵觀音，請問您喜歡要什麼茶？」

・服務員收走空瓶、空杯，送到吧檯及備餐室。

3. 更換餐盤：

・服務員在客人吃完有骨頭的肉、帶殼的龍蝦、明蝦、蟹，要立刻幫客人換餐盤。

・若是重口味、濃稠勾芡的菜餚，服務員要在客人吃完時幫客人換餐盤。

・如有小孩子餐盤吃得很髒，服務員要在客人吃完時幫客人換餐盤。

・服務員拿餐盤之前，要檢視餐盤是否清潔、有無缺口、水漬。

・溼的餐盤不可以上桌，應先在備餐室擦拭。

4. 飯後茶：

・服務員將客人桌上的茶壺收回，並微笑說：「幫您重泡一壺熱茶。」

- 服務員用瓷湯匙舀一匙茶葉泡茶。
- 從女士開始，順時鐘方向幫客人倒茶八分滿，若倒了數杯，應先加水才將茶壺放在客人桌上。
- 服務員繼續服務茶水飲料，直到客人買單，順便問客人是否開統一編號，並將編號寫在點單底聯背面。
- 買單時，詢問客人對菜餚、服務的滿意度及意見。

5. 更換檯布：
- 客人買單離開，服務員要立刻更換檯布，重新擺設。
- 服務員到備餐室拿檯布。
- 先將乾淨的檯布放在椅子上，再將花瓶移到桌邊。
- 將髒檯布摺到二分之一圓的位置，乾淨的檯布攤成長方形對齊中線，注意與底檯布垂直錯開成四十五度。
- 將乾淨的檯布攤開二分之一，放下垂角，以手整平。
- 將花瓶移到新檯布上。
- 服務員走到桌子另一邊，攤開另一半檯布，放下垂角，以手整平。
- 將花瓶放在桌子正中央。
- 服務員取餐具，重新擺設。

註　釋

1. 交通部觀光局，《旅館餐飲實務》（台北：觀光局，1992），頁116。
2. 同註1，p.189.
3. 同註1，p.122.

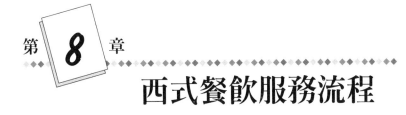

第 **8** 章

西式餐飲服務流程

顧客進入餐廳進餐，享受美味菜餚以及愉快輕鬆的用餐環境。有技巧的服務生，不管是哪一種服務型態，必須規劃進餐的體驗，如此顧客的期望才能被滿足。

　　良好的服務同時必須是一致及有條有理的。服務進餐的方法不只一種，事實上，有三種方法：正確的方法、錯誤的方法，及唯一的方法。正確的方法是墨守管理部門所建立的規則。錯誤的方法是無故漠視餐廳的政策。唯一的方法是使規定依獨特的或意想不到的狀況作調整。例如：大部分的餐廳教導服務人員由客人的右邊清理髒盤子，這是正確的方法；而錯誤的方法就是任意由客人的左邊移走髒盤子；但是當兩個鄰接的客人互相傾向於對方忙著談話時，端走談話者之一的髒盤子，而不打斷他們的方法就是由他的左邊移走盤子。

　　每一個餐飲服務業，都會建立餐廳的服務規則。以下的一些原則，通常是被認可的：

顧客進入餐廳進餐，是爲了享受美味佳餚及愉快的用餐環境。

1. 所有的食物都由客人的左邊，以服務生的左手供應。在法式服務中，餐廳的政策可能會指示，所有的食物需由客人的右邊以右手供應。

2. 所有的飲料由客人的右邊以服務生的右手供應。一些餐飲將湯歸類為液體，因而視之為飲料。所以，湯可以依餐廳的政策由右邊或左邊來供應。

3. 除了麵包及奶油盤以外，所有的髒盤子由客人的右邊以服務生的右手移走。

4. 不可在客人面前擦拭盤子。

5. 先服務女士、長者及小孩。

6. 所有的菜必須依固定的順序供應，除非客人另有指定或要求。

7. 當服務一桌客人時，記得永遠要往前直走，千萬不要倒退走。

第一節　西餐服務流程

西餐服務的流程是依照下列過程（圖8-1）：

一、問候

領檯在看到客人後要向其問好，並詢問有幾位、是否有訂位和是否還會有其他客人會再到達，然後再為他們帶位，給他們菜單看，告知領班，幾號桌的客人已到，請其注意。

在其他餐廳，其經營方式是由領班或服務人員向客人問好及

1. 帶位。

2. 攤口布。

3. 遞送菜單及點菜。

4. 遞送酒單及點酒。

5. Show 酒。

6. 開酒。

7. 品酒。

8. 上麵包。

圖 8-1　西餐服務流程

9. 上沙拉及湯。

10. 上主菜。

11. 上甜點及飲料。

12. 結帳。

（續）圖8-1　西餐服務流程

帶位，給菜單接受其點菜。

　　記著，衷心的微笑是最好的歡迎。微笑表示了我很高興你在這裡，而不用說一個字。即使你很疲累，強迫自己微笑——經過第二天性。

　　侍者和服務團體對客人形成真正的第一印象。若是工作人員使客人覺得舒適，工作人員照顧周到且有效率，若是餐廳很清潔，而且若是食物是熱騰騰的、美味的、擺設得很好，那麼有很好的機會，客人會享受他們的食物，而且再回來。

　　若食物是很差的，即使最好的服務也不能挽救它，但是惡劣的服務卻可以破壞好的食物。有關迎接客人的步驟如下：

　　1. 微笑。

2. 表達適當的口語歡迎。
3. 幫忙安置客人的外衣和包裹。

二、帶位

在許多的餐廳，任何人都可以帶客人到位子上去。在有些餐廳，是由服務的成員（領班、服務生、服務人員）在迎接客人後帶位。不論由誰帶位，應用相同的通則：

1. 帶位時女士優先於男士，年長女士優先於年輕女士。
2. 帶位之後馬上服侍客人，首先要微笑，接著要歡迎，表示出客人是很重要的，而且你很高興他們在這裡。
3. 再次微笑，衷心的微笑是無價的。

帶位技巧

1. 拉出最佳的座位——例如面對窗戶有視野的座位。
2. 提供給二個人團體中的女士或是較大團體中的最年長的女士。
3. 幫助其他女士入座，假如這群體中的男士沒有幫她們。
4. 在牆邊的桌子，推開桌子遠離走道或沙發座位，如此一來顧客中的女士們可以優雅的入座。
5. 將餐桌還原與牆壁平好，帶男士入座。
6. 假如椅子不夠這群人坐，拿最近的沒人坐的椅子到桌子旁，給那些站著的客人坐。

三、雞尾酒

　　假如適於進餐，可建議一杯雞尾酒，也可以建議其他飲料（如在早餐或早午餐，建議現榨的柳橙汁）。當建議雞尾酒時，「要建議一種」，不要只問「你想要飲料嗎？」這很容易被客人回答：「不要。」而你就失去了銷售的機會。你可以推銷某些特別的東西：「我可以建議我們新鮮製造的草莓汁雞尾酒嗎？這些草莓是本地生長的而且十分美味。」若是使用建議的程序，這是建議客人，他們應該喝杯草莓雞尾酒，或是任何你建議的。假如客人回答：「不，我不這麼認為。」這個客人可能是拒絕草莓汁雞尾酒，而非飲料，這提供你其他的銷售機會：「那麼，或許你想要嚐嚐看我們著名的本地出產的 Glug Bear，它比大部分瓶裝或生啤酒更有味。請問你想嚐一杯看看，或是來其他的？」這問題給客人兩個選擇：這個建議的啤酒（或是其他被建議的）或者是點其他的，這更易只說個：NO。

　　假如客人討厭酒精飲料，試試看礦泉水、新鮮飲料、果汁，特別是他們是現榨的時。帳單會隨著冰的新鮮草莓雞尾酒而快速增長，而不會隨開水快速增加。

1. 記錄所點的飲料。
2. 出示菜單給每個客人，女士優先。
3. 描述當日特別餐。
4. 當需要時，安靜且不冒失地更改或加上額外的餐具。
5. 為每位客人倒一杯冰水。
6. 傳送雞尾酒或其他點的飲料到適當的位置。

在某些餐廳中，習慣上在雞尾酒之前會先供應肉湯給客人。肉湯可以覆蓋胃部及減輕酒精之影響。由於肉湯既是食物又是飲料，所以直接放在供應盤上，由右邊或左邊服務皆可。

此時，助理服務生可以供應小圓麵包。因為麵包及奶油盤是在整套餐具之左邊，所以小圓麵包係由左邊服務。注意供應小圓麵包時，叉子及湯匙的使用。相同的技巧亦使用於俄式服務中。

客人要點雞尾酒時，如果餐廳有特製品，應記得提出來。記錄下雞尾酒時。當點叫時，要重複其名稱。離開餐桌時，保持視線和全桌客人接觸，對主人說：「我將立刻帶您所點的東西回來。」

供酒時，唸出雞尾酒的名稱，如此可以立刻澄清任何在訂單上的混淆。由客人的右方服務，將之放在整套餐具之右邊或直接放在供應盤上。如果沒有設置供應盤，則將雞尾酒直接放在客人正前方。[1]

四、遞送菜單及接受點菜

供應過雞尾酒後，將菜單陳示給客人。菜單可由經理、領班或服務生來陳示。儘可能在客人的左方，以左手陳示菜單。如果這種方式不方便，則改用任何可以減少打擾客人之方法來陳示菜單。此時，讓客人知道在此用餐時間，有哪些特色菜正在促銷。對於菜單中不清楚的或陌生的項目，應給予客人完全的解說。當回答尖銳的問題，例如：「今天的湯如何？」時，必須誠實，不可消極地回答。如此，可以在客人及服務員之間建立信任感。

觀察桌子一段合理的時間（約五至十分鐘）之後，殷勤地詢問「是否準備點菜了？」如果客人需要較多的時間，則退開等幾

分鐘再回來。

　　一般訂單是由右方接受，但就像所有的用餐室程序一樣，以任何最不打擾客人的方式接受訂單。當雙人桌的客人要求點菜時，以眼光接觸來看誰先點菜。傳統上，男士會為女士點菜，然後再點他自己的。然而，這是不一定的，特別是今天社會標準正在改變。當兩位客人是相同性別時，通常是長者先點菜，然後年少者再點。如果是一群有四位或更多客人時，通常各點各的。由主人左邊的客人開始，按你的方向，順時針沿著桌子接受點菜，主人是最後一個點菜。

　　座位號碼通常是由餐館指定給特定的位置。在進餐過程中，訂單的接受必須參考這些號碼而進行。無關於訂單接受的順序，客人坐在二號桌，就在帳單上記錄二號。

　　客人每點一項就重複一次其名稱，以確定你記錄下正確的選擇。確實在客人的帳單上記下其特別的要求、時間的喜好、烹調的程度。

五、解釋菜單

　　熱心地解釋特餐及菜單。客人通常會接受熱心的建議，因此儘量使所有餐點聽起來是開胃的，而且是真正美味的。

　　客人或許準備好點菜，或是他們需要一些關於菜單上項目的解釋。領班及服務員應該完全知道菜單每道菜的發音及描述，包括原料及調配方法。最重要的，每日特別餐必須經由工作人員看過及品嚐過，如此他們才能正確地形容它。

　　誠實地回答客人的問題，但不要說菜單上任何一道菜的不好。依據營運的計畫及推銷的政策來做建議，在每個可能情況下

推銷特別餐，當客人並不趕時間時，可以推銷桌邊現煮的烹調。

六、點單

點菜單是專業的學問及藝術，能夠達到點單又快又正確，而且對待客人周到禮貌。

當點菜單時，要記住幾點重點：[2]

1. 女士優先，除非有位明顯的主人要為這桌點餐。不要急促，要有禮。
2. 保持對話的語調，即使非常忙和吵，也不要大聲喊，也不要要求客人大聲說出他們的點單，寧可靠近每位客人。如果有需要重複確認，以談話的語調及音量詢問客人的點單。
3. 一般來說，在六人或以下的客人，先請一位女客人點餐再請另一位女士和他們的小孩點餐，然後再請男士點餐。
4. 如果超過六人以上，先從一位女士開始，順時鐘方向循著桌子順序點餐，不必注意到年齡或性別的問題。

比較特殊的情形如下：

1. 客人是一位男士和一位女士，若在正式的地點，先詢問男士，女士應已將所點的餐告訴男士。在比較輕鬆或偶然的環境，先詢問女士的點餐。
2. 在兩位同性別的客人時，各人點自己的主菜，除非一位點了二位所需的餐。問餐時不需太敏捷，如果其中一位不是主人，那麼先向年紀較長的一位問餐。

3. 在團體中，先向主人問餐，他會替所有人點餐，或是站在每個人的右邊點餐，開始從一個人逆時鐘方向點餐，最後才點主人。

4. 不要忘記在服務的過程中，應以女士優先，其次才是圓桌中較長老的人。

5. 當不確定誰是主人時，可由最年長的女士來點菜。

6. 接受客人點菜時須站在點菜顧客的右方，聲音適量，相反的，若從餐桌較遠的一方大聲的詢問客人的點菜，此舉是非常違反職業道德的。

7. 親切款待客人意指對客人提供服務，不要妄求想要求客人讓你服務過程容易些，你應該在餐桌附近走動以便於為客人提供服務，切記應是去配合客人而不是客人來配合你。

(一) 填寫菜單

填寫客人所點的菜單時必須要清楚、明顯有系統，且讓其他人（包括前場及後場人員）也都能明瞭。負責接受點菜的人必須清楚知道每桌所訂的餐點，廚房人員必須知道客人所需的調理方式，牛排是要全熟或半熟，又要求哪一部分的肉？假如接受點菜的侍者未書寫清楚，那麼客人就必須再次接受詢問：「要何種牛排？」、「牛排須如何調理？」及面對服務生不愉快的問：「這是誰的牛排呀？」

避免這類情形的發生，下列幾點讓從業人員注意：

1. 書寫點菜單時須清楚、易讀。

2. 當你在接受點菜時，收集全部有關的資訊，避免再次詢問客人。

3. 當客人有訂位時，就不必再詢問客人了，最好是有一套顧客的訂位系統，在系統之下詳細顯示顧客所需。

4. 有一套點菜系統，清楚記錄餐廳各桌的訂菜情形，如此一來，每位侍者都能服務於任何餐桌。

5. 在服務過程中應以女士優先。

6. 若註明開胃菜的順序，會讓服務的侍者上菜更容易些。

7. 記錄顧客所點的菜可使用縮寫或符號密碼，但必須讓其他工作人員也都明瞭。

Chicken —— ch

French Fries —— ff

Filet Mignon —— fm

Butt Steak —— stk, butt

Strip Steak —— stk, strip

Chopped Steak —— stk chop

Rare Cooked —— r

Medium Cooked —— m

Well Cooked —— w

Tossed Salad —— toss

Thousand Island Dressing —— 1000

French Dressing —— Fr

Bacon, Letture & Tomato Sandwich —— BLT

Hamburger —— Hb

Casserole —— Cass

Tetrazzini —— Tet

Coffee —— Cof

在點菜之際，將座位號碼記下來，再來是餐飲方面的記錄，也要注意到客人有無特別之需求，如：要特別的醬汁，要某程度的烹調技術，如三分熟、五分熟……，將這些標示於餐點之後，以示清楚。

（二）點開胃菜

通常在派對時，都有點上一、兩樣開胃菜，可能是湯、沙拉，而其順序不一定，而不論選擇先後，都要能夠按照客人的意思上菜。一般所使用的方法：

1. 註上一個星號「★」：指若點二個開胃菜的話，第一個上的開胃菜。
2. 註上二個星號「★★」：指第二個上的開胃菜。

注意到，在加註星號時，大多寫在菜單上的餐點項目旁，讓他人更清楚易懂所點的餐點，及其額外的附註，如此一來，便可使得所點餐點更加正確，也能避免服務順序的混亂。

（三）填寫菜單的技巧

依客人的位置及點開胃菜之系統方法：[3]

1. 在填寫菜單時，需等客人先就定位後，如此可讓侍者好寫菜單，例如：日期、桌號、服務人員之代號、姓名、位置……。
2. 使用桌位號碼系統。
3. 別弄亂其椅子號碼，因其通常作為送菜之依據，如：若有二位客人，則男士坐一號椅、女士坐二號椅，則點菜時，

是先二號椅，服務也是一樣，總而言之，皆以女士優先。

4. 填寫菜單之時，客人所點的餐，以及桌號、椅號等等相互配合，則更能減少錯誤發生。

5. 在有較多女士的圓桌時，因圓桌較易受限制，所以在服務客人之時，更要小心，如：記住椅號……，並且是以女士優先服務。

6. 不論是男士或女士點菜，皆須注意一下開胃菜之先後，就如上面所說，詢問客人是否有特別需求，例如：蛋、肉的烹調方式之不同；若不詢問的話，則廚師們可能直接以他們慣有的方式烹調，但客人可能不喜歡。

7. 在填寫菜單時，以簡略之文字、符號標示，而且又以能讓服務、內場人員都了解、清楚。

8. 要十分清楚菜單內容，其所附註事項也一同寫下，以便服務，假設有一情況：客人點的是鮭魚，然而若有三位客人都點了鮭魚，但有不同的烹調方式（燒烤、去皮用沸水煮過、小串烤）的方式，則這些都需一一記下，以防止錯誤。

9. 在大桌人數時，點菜更須小心，全部點好後，最好再重複唸一次，以防止點錯菜之情形發生。

在尚未完全點好菜時，不可離開桌旁，並且有疑問時，再一次詢問客人一次，避免錯誤，且能儘量縮短客人等候服務的時間。

若在晚餐、午餐點菜時，不妨推銷雞尾酒（酒類），使其餐飲有其完整性，並且可以技巧性介紹一些酒給客人。

在完全確定點餐之後，訂單的人可將點的東西輸入電腦中，

然後電腦會通知廚房要準備的項目，此種方法可以控制食物的使用量和盤存及賣的東西。

七、遞送酒單及接受點酒

接受食物訂單之後，即可由葡萄酒服務員、外場經理、服務生領班、領班，或服務生陳示酒單給主人。陳示酒單必須在點菜之後，是因為酒的選擇係依食物的選擇而定。

切記，酒單陳示愈特別，則愈能有效地銷售。如果客人只點了一種酒，可建議一種特別的酒或含多種酒的用法，例如半瓶白酒及半瓶紅酒代替一整瓶的白酒或紅酒。如此可為客人創造一個新的品酒經驗，卻不必增加其花費，一定可以提高這一餐的價值。可建議客人在開始用餐時飲用些清淡的酒，主菜時可能點些醇厚的，當然，甜點時最好能點香檳酒。

八、就餐服務

（一）開胃菜

在供應開胃菜之前，所有需用到的器具必須先擺放在正確的位置上。乾淨的扁平餐具必須放在乾淨的餐盤及餐巾上，由助理服務生帶至餐桌上。開胃菜餐叉是放在正餐叉之旁邊。如果以酒搭配開胃菜，它必須在食物之前供應，這一點通常由接受點酒之服務員來完成。[4]

酒倒好之後，在客人左邊以左手供應開胃菜，供應時以女士優先。附帶之調味料由助理服務生在客人左方供應。檢查麵包及

小圓麵包,如果需要,可在此時再補足。

　　使用品質出類拔萃的材料製作開胃菜是件很重要的事,因為這道菜將為整餐飯樹立起風格。對食物有良好的第一印象。

(二)湯

　　由助理服務生將適當的湯匙擺放在正餐餐刀的旁邊。完成後,即開始供應湯。湯,雖然是液體,但習慣上被認為是食物的一種,所以由客人的左方供應。通常髒盤子及扁平餐具由客人右方移走。

　　當食慾滿足了,服務員必須以才能及風格來陳示菜餚,如此不但能保持客人對餐食的高度興趣,亦能使服務員有相同感受。

(三)沙拉

　　在前面已經解釋過,蔬菜應在主菜之後供應。因為蔬菜可以減輕及緩和主菜對胃之影響,在主菜之後吃些蔬菜可幫助客人準備吃甜點。主菜前供應的三種菜累積起來有相當的量,所以延後沙拉的供應,可以讓客人更能享受主菜。但依照慣例,大部分的美式餐廳仍在主菜前供應沙拉。

　　與供應開胃菜及湯一樣,所有必需的餐具應該在供應沙拉之前即擺放好。沙拉叉是放在正餐叉的左邊。如果沙拉需要使用刀子,則將其放在正餐刀的右邊。沙拉由客人之左方以左手服務。此時應供應胡椒研磨器或放置在桌上之左側。

　　沙拉吃完後,即開始為主菜準備桌子。所有在吃沙拉時用過的盤子、扁平餐具及玻璃器皿都要移走。一般來說底盤是在此時端走。許多餐廳,尤其是那些使用昂貴的底盤的餐廳,在上開胃菜之前即端走了底盤。

（四）主菜

　　主菜是一餐中的頂點，通常會花費較多的時間來享用。為了最適宜的享受，桌邊應充滿從容的氣氛。

　　味覺已滿足，渴已解了。此時，重新燃起客人吃其他菜之興趣的工作便落在服務身上了。特別的陳設，像是鐘形菜、紙包菜、火焰菜及桌邊烹調都對這一點有幫助。無論如何，一個簡單但設計良好，在色澤、質地及外形上皆惹人喜愛的盤子，由侍者以相當的才能及風格陳示，通常都能將客人的注意力引回到進餐的焦點上。

　　如果有酒來搭配主菜，則應在此時斟出。首先，讓主人品嚐以評定酒的品質。然後，先倒酒給女士，接著倒給男士，最後才倒給主人。

　　主菜使用之扁平餐具，需在客人登場前即先擺設好，現在不應該需要再擺設。如果主菜需要任何特別的器具，例如龍蝦叉，需在主菜端至用餐室前即擺放好。如果需手推車來準備、完成或裝盛主菜，必須確定在車上準備好所有需要用到的服務器具。

　　將主菜陳示於桌旁，如此客人才可看到盛菜盤的配置。食物裝盤時，動作要迅速而優雅。主菜先排盤好，然後再放其他的配菜，例如蔬菜及洋芋。食物應以易於讓客人吃及切割的方式擺放在盤子上。主菜這個項目不可擺置得使客人因切割主菜，傷及配菜。一般來說，主菜是放在盤子中央稍低的位置。如果配菜是放在個別的盤子裡，則它們在主菜之後才端上桌子。

　　在客人開始進食之後，此時餐館的政策可能會指示服務生以口頭的方式徵詢客人是否滿意。侍者較合宜的態度及注意力可以充分地發現任何問題。當主菜進行時，記得如果有需要時，要添

加小圓麵包及再倒酒。當客人吃完主菜後，以與先前幾道菜相同的方式清理桌子。

在乾酪及水果手推車向客人陳示前，助理服務生應將刀子及叉子擺放在適當的位置上。以清爽、有組織的方法來配置手推車。檢查你的準備工作，切乾酪及切水果的刀子，一碗用來清洗水果的清水，服務用叉子及湯匙、盤子及清潔的餐巾。

(五) 水果及乾酪

讓每一位客人選擇水果及乾酪。小心地切割客人要的乾酪並裝盤。葡萄之類的水果需要清洗。使用一隻叉子取出一小串，在乾淨的水中泡一下，然後放在鋪有清潔的亞麻布餐巾、適當尺寸的盤子上，由客人的左方供應。

客人吃完水果及乾酪後，在甜點供應時不需用到的一切東西都需自桌上清走，如鹽及胡椒、麵包及奶油盤與刀、麵包籃、奶油碟、先前菜餚附帶之酒杯，及任何其他髒的扁平餐具及盤子。

供應甜點之前，應該先從客人的兩側清掉桌上的麵包屑。當清除時，可使用特製的刮麵包屑器及刷子。另一種變通的處理方法是使用摺疊好之亞麻布餐巾，將麵包屑拂拭進一個6吋大小的盤子裡。但是，如果不需要，就不用清除麵包屑。在其他進餐時間中，如果有需要亦可以相同方法清除菜屑。當桌布在進餐過程中變得污穢，而更換桌布不易時，可以暫時使用半塊桌布或餐巾來彌補這個問題。

(六) 餐間清潔餐桌的服務

在用餐的過程中，有許多用過的餐具必須撤下，所以就會有侍者推餐車前來收拾。清潔服務技巧如下：

1. 當客人快用完餐時，侍者應站在用餐的第一個客人右手邊準備收拾。

2. 在收拾餐具時，應緊握餐具，用無名指、中指、拇指緊緊扣住餐盤而不要推到盤中的食物。

3. 收拾餐具，目光應在餐盤的下端，直到收到餐車內。

4. 交付盤子用右手。

5. 叉子放在盤子內，用左手的拇指放好。

6. 放置刀子應在叉子之下，如果這餐沒有使用的話，則應撤離而擺設要使用的器具。

7. 應順時針方向移動。

8. 放置第二個盤子在你的右方盤。

9. 從另一個盤子中搬移刀叉，首先，放置在原來的餐具中，位置都需要放好。

10. 儘可能使用走道的空間去收取更多的食物，及放置在較遠的盤中。

11. 收集的食物從第一盤到第二盤，為了較快速的清理，如果食物是容易腐壞的，直接收集到下一個盤子，如果不是則趕快收取。

12. 如果所有的餐具都已經整理完了，則應放在你的左手臂疊成一堆，然後送走。

13. 緊握住這些器具，將這些餐具送到清潔餐車上。

14. 相同尺寸大小的盤子應該疊在一起。保持剩菜在最上面的盤子上，如果盤子大小不同的話，則應把小的盤子放在大盤子的上面，或是擺在中心點。

15. 器具應仔細地放置在盤子的邊緣。

（七）清理餐具的細節

1. 清理所有的餐具時，站客人的左手邊，在移去主菜盤子之後，不要在客人面前取回刀、叉或玻璃用具及瓷器。
2. 清理所有的瓷器時，如果餐檯很大的話，則應收拾主菜盤及餐具，然後再收拾盤子、麵包、鹽及其他次重要的餐具。

（八）收拾餐檯

1. 清理盤子及器具如描述如上。
2. 收拾玻璃器具，在客人的右手邊，使用右手依順時針方向收拾，處理高腳杯是應抓住其柄，而無柄形式的杯子，則應小心的拿好。
3. 將所有的玻璃器具放置在托盤上比較好，許多玻璃器放在一起更顯得出其專業，如果要清潔大桌子，也可使用橢圓形的盤子。
4. 如果瓷器及玻璃器具混合使用，那麼，則應將玻璃及盤子放置在一起，且圍在盤子周圍。

九、甜點

以出色的甜點作為一餐的結束，和以美味的開胃菜作為一餐的開始是一樣的重要。酷愛甜食的美國人，使得甜點成為極受歡迎的一道菜。由於大部分的甜點都能提供利潤，使得這項餐食的銷售相當符合管理部門的要求。

為了增加銷售甜點的機會，任何形式的糖、沙拉、調味汁、

烤小羊肉用的薄荷滷、甜的發酵麵包或變甜的蔓越桔、小紅莓等等必須剔除在正餐菜單之外。一個簡單而有效的甜點銷售法，就是把甜點排除在菜單之外。甜點的陳示，或甚至於對甜點的想像愈奇特，就愈能有效地推銷。如果甜點同樣印在菜單上，會提醒客人剛吃過的食物之熱量及花費。所以，一份簡單的甜點卡或分開的甜點菜單，可以激發客人的興趣而準備選買。一個甜點推車，可以在視覺上刺激及誘惑客人點它，這種方法甚至更有效。

在用餐室內的一個區域作為火焰甜點之用，以慫恿客人圍觀，同時也給予服務生清理桌子的機會。當客人點的甜點準備製作時，就通知他們，如此客人便可以欣賞這場表演。

在甜點陳示及供應前，桌面必須先擺設好。將必須用到的扁平餐具放置於適當的位置。如果原來桌子上餐具擺設已包括了甜點用的扁平餐具，則將它們移放至恰當的位置上。自客人的左方將叉子放好；自客人的右方放置湯匙。如果有葡萄酒或香檳酒搭配甜點，則於此時供應。

展示甜點推車前，先檢查看看所有的食物是否都是促進食慾且整潔地準備好。確定推車上儲放所有必需的服務設備，包括了服務用匙、服務用叉、餐巾、甜點盤及切割用的乾淨刀子。放一罐溫水在推車上，可以提供一些助益。在分割蛋糕或派之前，將刀子浸在溫水中一會兒可以防止糖衣黏在刀子上。

陳示甜點推車並讓客人做一個選擇，將點叫的甜點裝盤後由客人的左方供應。

十、飯後飲料

熱的飲料，譬如茶或咖啡，及飯後飲料，例如精選的康尼雅

克（cognac，在康尼雅克產之白蘭地酒）、甘露酒或飯後酒，通常在滿意的一餐之後，讓客人享用。各種精選的咖啡及茶，可以儲存及控制於食品室或廚房的冷食區中。提供各式各樣的咖啡，有強火烘焙的一種義大利式濃咖啡espresso，有輕微烘焙的，甚至去咖啡因的沖泡咖啡，可以在滿足客人需要之外，也製造用餐快感。亦可精選盒裝或罐裝的香草或一般的茶，提供給客人。含烈酒的熱飲料，像布魯洛特咖啡或愛爾蘭茶，可以代替味道強烈的甜點。這種形式的選擇可以提高平均帳單及增加這一餐的圓滿。供應餐後飲料前，將所有必須的扁平餐具、杯子及附加物送至桌上。

十一、煙草

在很多年前，男士在飯後吸煙是一種傳統，吃完飯後，男士們聚集在一個房間中，女士們則由服務生陪侍在門口等候。

由於現代的通風設備及空氣潔淨系統良好、生活形式的改變及吸煙的女性增加，現在男士及女士都可在用餐室中吸煙。但是，愈來愈多有健康意識的美國人，抗議在餐飲設施內公開吸煙，促使許多業者在用餐室中設立特別的吸煙區。有些地方政府甚至通過法令，強制設立分離的吸煙區。在有爭議的地區，推薦使用空氣潔淨器，減少對不吸煙者的刺激至最低程度。

當提供香煙或雪茄時，煙灰缸及火柴應放在每一套餐具的右邊，或者只放一個煙灰缸，但要便於兩個客人共同使用。當客人要求香煙時，依下列步驟進行：

1.陳示香煙及火柴在小盤子上。

2. 當客人拿起香煙時，伸手拿起火柴。

3. 點燃香煙。

4. 供應雪茄給客人，通常是使用手推車，車上備有雪茄、杉木片、雪茄鋏子、煙灰缸及火柴。進行雪茄服務的方法：

    (1)陳示雪茄。

    (2)讓客人做選擇。

    (3)解開雪茄包裝。

    (4)遞雪茄給客人。

    (5)點燃杉木片。

    (6)使用杉木片點燃雪茄。

更換弄髒的煙灰缸時，必須防止煙灰弄污桌布。以下是其方法：

1. 以清潔的煙灰缸覆蓋在髒的煙灰缸上。

2. 將清潔的與髒煙灰缸一併移開。

3. 放開髒煙灰缸，將清潔的煙灰缸放回桌上。

十二、結帳

當一頓飯差不多吃完時，不可以因為最後一道菜已經供應，就不理睬客人。許多餐廳指示服務人員只在客人要求的時候去陳示帳單。雖然如此，如果顯而易見客人在等待他們的帳單時，應趨前並詢問是否需要更進一步的服務。顧客結帳流程見圖8-2。

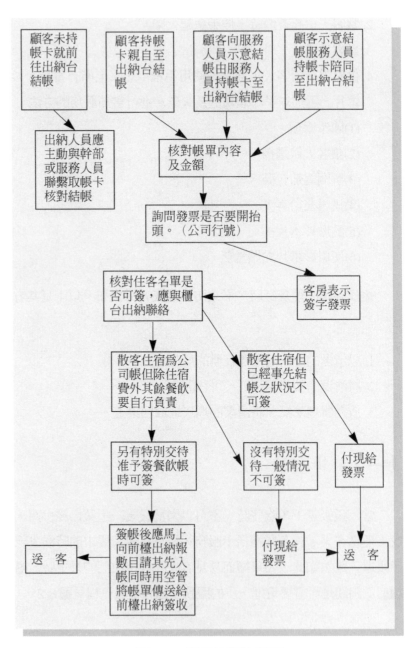

圖 8-2 顧客結帳流程圖

十三、送客

　　點明向客人收到的金額總數，並致歉暫時離開。收據及零錢必須如同陳示帳單一樣的方法交還，放在帳簿中或盤子上的餐巾中。

　　準備提供任何可能被要求的資料，例如：其他可用的設備及服務、洗手間及電話的位置，及對市內娛樂區的建議。

　　協助客人離開，一如他們來的時候一樣。幫忙拿小件行李、外套及任何留在桌上的個人物品。向客人告別必須與最初問好一樣的動人。眞誠的態度能建立一種友善及持久的印象。

附　錄　西餐服務流程標準作業程序

一、接受客人訂席

1. 接到訂席電話，應問明下列訂席資料，並記錄於「訂席簿」
   內：
   (1)客人姓名（確定主人姓名）。
   (2)訂席人數。
   (3)訂席日期。
   (4)用餐時間（午餐或晚餐及時間）。
   (5)是否爲本飯店客人，如是應問明「房號」。
   (6)電話號碼。

(7)是否有特別要求，例如：smoking area。

2. 複誦上列訂席資料，確定無誤後與客人道謝、再見。

3. 接受訂席者在「訂席簿」內簽名。

4. 訂席時間若為晚餐，接待員須於當日早晨與客人聯絡，以確定訂席，訂席時間為午餐，接待員須於訂席日前一天下午與客人聯絡，以確定訂席。

5. 如有餐飲部轉來「宴會通告」，也如上述程序處理之。

6. 接受外帶物品注意事項：

(1)請問客人發票是否需要抬頭（並問付現或刷卡）。

(2)點清客人所點之物品及附屬之調味料、器具、餐巾紙。

(3)外帶物品不含 service charge。

7.客人遺留物的處理方式：

(1)若有重要錢財物品，需要有二人以上 check 清點至領班級以上主管並註明檯號、日期（有客人名字最好）。

(2)若普通物品註明日期、檯號、時間，放至餐廳櫃檯出納處並報知領班，註明於交接簿裡。

二、營業前的準備工作

（一）自助餐檯的準備

1. 備妥各式菜餚的自助餐鍋。

2. 準備菜夾，供客人使用。

3. 備妥自助餐盤。

（二）服務檯、餐廳整理及其他準備工作

1. 各區服務檯內、外擦拭乾淨，並更換墊布。
2. 將昨晚洗淨集中於各區服務檯上之一般器皿分配至各服務檯，歸位放置整齊，服務檯上並放置少量杯盤備用。
3. 準備一清潔抹布，摺疊整齊於小托盤上並依規定位置放置於各區服務檯上。
4. 持水壺至廚房盛裝冰水，放置於各區服務檯上，注意水壺下應置墊布。
5. 取三壺開水泡紅茶及咖啡置於咖啡機上，然後打開咖啡機之開關保溫。
6. 磁質大奶盅盛裝八分滿之奶水，分別置於每一餐桌中央。
7. 蛋糕旋轉櫃的燈打開，並將內、外擦拭乾淨。
8. 將點心房送下之各類準備好的蛋糕，依規定位置放置於蛋糕旋轉架上。
9. 如遇昨晚有消毒處理或清洗地毯情形，尚須擺設餐具及佈置餐桌。
10. 請看交接簿及簽名。

（三）接待員的準備工作

1. 查看「訂席簿」安排客人桌位，並予以填入「訂席簿」。
2. 向區領班報告屬於該區域之訂席情形，並交待有特殊安排的客人資料，做好事前安排工作。
3. 所有菜單附上當日特選菜單並檢查菜單、酒單有無破損或污舊，如有破損或污舊應向主管報備處理，檢查清潔完畢按規定位置放置整齊。

4. 前門小燈打開，如發現不亮，向主管報備請修。

5. 營業前應熟記訂席客人姓名及安排之桌位，以便領客。

6. 早餐開始前就到 bell service 拿英文報紙四份、中文報一份。

7. 下午二時三十分換午餐 menu，集中於各區，下午五時三十分晚餐 menu 放各區。

8. 協助其他工作人員做好營業前的準備工作。

（四）參加簡報

1. 參加簡報時間，由經副理依實際狀況而決定時間，每日應舉行二次。

2. 簡報由經理或副理主持，全體當班人員參加。

3. 簡報主要內容如下：

    (1)服裝儀容檢查。

    (2)昨日營業情形（營業額、食物、酒類平均消費額等）。

    (3)客人之讚譽、抱怨及應如何保持及處理方法。

    (4)今日所推出特別菜餚及應如何做促銷。

    (5)今日訂餐情形（人數、桌位、姓名、習性）。

    (6)其他特別注意、加強事項等。

    (7)公司規定新政策、新事項之事宜。

（五）營業前的檢查工作

1. 營業前檢查工作依時完成後，主管依「每日工作檢查表」上所列之項目一一詳細檢查是否準備工作完成，一切必備品已備妥。

2. 檢查無誤，在表上所列之項目旁打「√」。

3. 若發現有未完成之工作，應督促負責員工完成，並追蹤確定工作完成。

4. 檢查完畢，填明：日期、餐種（早餐、午餐或晚餐）、檢查人簽名，如有任何附註事件，則在「備註」處註記。

三、引導客人及安排入座

1. 當客人進來時，立即趨前迎接，面帶微笑，以親切的態度與客人寒暄問候（早安、午安及晚安），如為熟識的客人，應喚出客人大名。如不認識的客人，則「請問是否有訂席？請問共有幾位？貴姓？」

2. 如果需要，應幫忙客人脫下外衣，並代為保管。幫忙脫外衣時，手儘量不碰到客人身體，脫下之外衣，以手提衣領，並問明客人是否有貴重物品，且告訴客人衣服放置位置。

3. 帶領客人至安排的桌位或適當的桌位：

   (1)如無訂席的客人，須注意安排適當桌位，可以下列情形判別安排桌位：

   ・服飾華麗、打扮時髦的客人，選擇餐廳中央易見之處供人們欣賞，它是餐廳內的「活裝飾品」。

   ・情侶或年輕夫妻，選擇較偏僻、安靜、視野良好的座位，可以讓他們敘情。

   ・單獨的客人，選擇窗邊，不可選在中央。

   ・服裝不整齊者或飲酒者，亦擺在角落不易人注目之處。

   ・帶小孩的客人，或吵鬧的客人，儘量選擇角落之處，

或個別宴會室，以免打擾別人。

　・傷殘、年長者，儘量接近入口處，便於進出。

(2)帶位時，以適度步伐趨前幾步，並應回頭看客人是否跟著，碰到台階處，須提醒客人注意。

(3)如已訂席之客人，引導至事先安排之座位，並問客人是否滿意。

(4)對於常來的客人，儘量安排引導其至習慣之桌位，除非有人佔用。

4. 客人入座後：

(1)該區領班及服務人員趨前問候，替客人拉椅子，幫助客人落座，接待員可協助之。

(2)拉椅子之次序以女士、年紀較大者依序拉開。

(3)稍拉開椅子，請客人入座，當客人將坐時，運用手、腳，稍將椅子後部樓高再將椅子推入。

(4)如有小孩在場，須提供高椅給小孩使用，並幫助其入座。

(5)代為放妥客人大衣或攜帶物品。

(6)收走或搬開不必要的擺設、餐具或多餘的椅子。

5. 客滿時注意事項：

(1)告訴客人無空位，請客人稍候或推薦其至酒吧喝酒，並致道歉之意。

(2)如果客人無法等待，可請其與陌生人同坐，與其他客人同坐時須先徵求雙方同意，取得諒解。

(3)不時與等待客人示意，表示正在留意中。

(4)老顧客應優先提供座位，但是要有技巧地不讓其他等待客人察覺到。

四、如何遞送菜單

1. 拿菜單時應用右手肘拿貼身，不可夾在腋下。
2. 呈遞菜單時，從客人的右側，輕輕的將菜單放在客人桌位正中間，注意正面標幟朝上，並且應放正。
3. 原則上每位客人一份菜單，小孩可免，除非他們的父母要求時則例外。
4. 成對的夫婦、情侶，先遞給女士；如宴會時，先遞給女主人或女客人，然後再延著餐桌以順時針方向依序遞給客人。
5. 菜單遞送完畢，暫時離開客人桌位，讓客人有時間看完菜單。
6. 由領班級以上幹部介紹推薦菜餚。

五、鋪口布

1. 取下桌面之口布。
2. 移至客人右後方攤開。
3. 再移動右手，由外往內輕輕鋪在客人膝上，鋪時手不可碰到客人身體。
4. 鋪口布順序以女士優先服務，再為男士，最後為男主人。

六、供應冰水

1. 倒水方法為右手持水壺，左手拿摺成方形的清潔口布墊在壺下，然後從客人右側倒水，倒滿四分之三即可。應保持全桌水杯的水高度一致。
2. 倒水時不可拿起水杯，如為便於倒水，可在桌面移動杯子到適當位置再倒。
3. 每倒完一位客人，應用口布擦乾，再接著為第二位客人倒水。
4. 如因倒水使客人不便之處，應道歉，並請客人原諒。
5. 水杯的水只剩下三分之一時，即需自動添補。

七、接受點叫及服務餐前飲料或餐前酒

（一）接受點叫餐前飲料或酒

1. 先介紹餐廳之飲料及飯前酒，然後由女主人或女士開始依順時針方向一一點餐前飲料，其次為男士，最後為男主人；如為情侶或夫妻，則以女士優先，儘量建議客人點飲料。
2. 如果為較大的宴會團體，則將所點之飲料寫在座次平面圖上（table plan）。
3. 開具點菜單。
4. 依客人所點的種類，送至所屬單位準備，並取出所點的飲料或酒：

(1)酒或 soft drink 單送至酒吧。

(2)一般飲料單送至蘇打房。

（二）服務餐前飲料或酒

1. 飲料或酒準備好後儘快服務客人。

2. 依平面圖所示服務客人，服務順序為：如為夫婦或情侶，以女士優先服務，如為宴會團體，以女主人或女士優先，然後依順時針方向服務女士，其次為男士，最後為男主人。

3. 從客人右邊用右手將飲料或酒放置於緊靠水杯右下方四十五度處。

4. 客人快要用完飲料或酒類時，應趨向桌前問客人是否要再來一杯。

5. 從客人右側撤走飲用完的杯子。

八、如何接受點菜

1. 顧客看完菜單有點菜之趨勢時，立刻趨前接受點叫。

2. 點叫順序：

(1)宴會團體先從主人開始，然後依順時針方向逐次點菜。

(2)如為夫婦或情侶，以男士為先點菜。

(3)如無法分辨主人，則可視誰先準備點菜，然後該客開始依順時針方向逐次點菜，或由年長者開始點菜。

3. 點菜時恭敬挺直的站在客人左側，手持點菜單，不可放在客人桌上，以十五度至二十度之側面稍彎腰傾聽點叫。

4. 為客人點菜時，可推薦或介紹精美菜餚。

5. 客人不懂點菜時，須解釋菜餚內容、如何烹調等，依客所問一一回答，如有無法回答之問題，應請示廚房或上司正確回答。

6. 儘量利用技巧，請客人多點些菜。

7. 如點某些菜餚，需要特別注意的事項，應詳細問明記載，如：

   (1)煎蛋：一面向上（sunny side up）、煎兩面嫩些（over easy）、煎兩面老些（over hard）或炒蛋（scrambled）。

   (2)煮蛋：連殼煮蛋（boiled）、去殼煮蛋（poached）。

   (3)牛排：幾分熟。

   (4)須用何種沙拉醬？

8. 按出菜順序詳細記錄於「點菜單」上，並複誦之，以確定無誤，如有特殊指示也應詳細記錄。若遇較大宴會團體，可先記錄於「座次平面圖」上，再予以記錄於「點菜單」上。

9. 收回菜單，並與客人道謝。

10. 菜單歸位，放置整齊。

九、接受點叫飯中酒

1. 介紹並推薦飯中酒，依客人要求呈送酒單。

2. 點酒程序與點餐前酒同。

3. 儘量推薦較好的酒，如客人所點的為牛肉，可推薦紅酒，家禽或海鮮可推薦白酒，如同桌客人所點的菜色不一，可推薦玫瑰酒。

十、開酒

（一）紅酒、白酒

1. 用小刀將軟木塞及瓶口交接處的錫箔紙割一道細口，然後剝開，注意絕對不使用指甲剝除。
2. 使用乾淨的服務巾擦拭軟木塞及瓶口部分，因陳年的酒在瓶塞上面常發現生霉。
3. 用開瓶器的螺旋垂直插進軟木塞中央，須很小心地用恰好的力量往下鑽，以免軟木塞破損。
4. 開瓶器的尖端觸及瓶邊時即緩緩拔出。
5. 拔出至三分之二處，用手輕晃取出，不可有響聲。
6. 再度把瓶口擦拭乾淨。
7. 軟木塞拔出後須確定是否受損，並聞聞看酒是否變質（如發酵、變酸等），確定軟木塞無不良情形後，將軟木塞放在6吋盤上，置於主人酒杯右邊。

（二）香檳酒

1. 先把瓶頸外面的小鐵絲圈扭開，一直到鐵絲帽裂開為止，然後把鐵絲及錫箔紙剝掉。
2. 拿酒瓶時應用服務巾包著酒瓶，以保持酒的溫度。
3. 以四十五度的角度拿著酒瓶，用左手拇指壓緊軟木塞，右手將酒瓶扭轉，使瓶內的氣壓從軟木塞打出來，使軟木塞鬆開。
4. 瓶內的氣壓彈出軟木塞後繼續緊壓軟木塞，並繼續以四十

五度的角度拿酒瓶。

5. 慢慢地取出軟木塞，並須聞聞看是否變質，然後將軟木塞放在6吋盤上置於主人杯子之右邊。

6. 用服務巾稍微擦拭瓶口附近。

十一、服務酒類

（一）紅酒

1. 客人點紅酒時，服務員憑點菜單至酒吧憑單取酒，陳年紅酒較有可能有沉澱物，要小心端上餐桌，不要上下左右搖動。

2. 取酒時須注意酒的溫度應保持在室溫下約18℃。

3. 服務開酒之前須給主人驗酒：

   (1)從客人右側將酒籤向著客人給主人過目，徵求其認可後始開酒，驗酒時也要小心，不使瓶中的沉澱物攪亂。

   (2)如果誤解客人的意思而拿錯了酒，經客人發現應立刻更換。

4. 在服務車上開酒。

5. 試酒：

   (1)試酒之前，用乾淨的服務巾擦拭瓶口上面所遺留的軟木顆粒及其餘夾雜物。

   (2)將酒緩緩倒入主人或點酒客人的杯中約四分之一杯，請其試酒嚐一嚐，經過同意後，方可倒酒。

6. 倒酒：

   (1)成對的夫婦或男女，先給女士倒酒。

(2)對於宴會團體，先給主人右邊的客人倒酒，然後按照反時針方向逐次倒酒，最後才輪到主人。

(3)倒酒時，右手持酒，而酒瓶的標籤對著客人，使客人容易看到的位置。

(4)倒酒時，直接倒進餐桌上的酒杯中，不要另一手舉杯。

(5)倒滿酒杯二分之一時，把酒瓶轉一下，使最後一滴留在瓶口邊緣，不使其滴下來而弄髒桌布。

(6)所有客人的酒杯都倒完酒之後，把酒放置於主人右側的服務車上，除非客人點新酒或離開，方可取走。

7. 隨時注視餐桌上的酒杯，客人沒有酒時，須主動前往倒酒。

8. 倒酒時，酒瓶的酒不可完全倒完，以免倒出沉澱物（只適用於五至八年以上老酒）。

9. 酒沒有了，可建議主人點第二瓶酒：

(1)倒空了的酒瓶要先給主人看過才可以收離桌子。

(2)通常五至八年以上或更陳年的紅酒約三十至四十分鐘醒酒，如客人吃的是多道的餐，應該於斟完第一次酒後便詢問主人是否要再加開第二瓶（以便於第一瓶喝完後尚有第二瓶可繼續服務客人）。

10. 服務第二瓶酒時，依然須給主人驗酒、試酒，注意試酒應換新酒杯。

11. 服務紅酒時，若有利用酒籃，則給主人驗酒、開酒及倒酒時，酒應仍然平放於酒籃內。

（二）白酒及玫瑰酒

1. 客人點酒時，服務員憑點菜單至酒吧憑單取酒。

2. 白酒及玫瑰酒須事先冷卻，溫度應保持於8℃至12℃。在服務之前可先置於冰桶內，冰桶盛裝二分之一冰塊及水，事先冷卻十五分鐘。

3. 冰桶上面用乾淨疊好的服務巾蓋著，然後拿進餐廳。

4. 將冰桶置於點酒的客人（主人）右側服務車上。

5. 開酒之前須給主人（點酒的客人）驗酒。

　(1)領班從冰桶內取出酒，用冰桶上之餐巾包著（標籤須露出）拿給客人過目，標籤要向著客人。

　(2)如果誤解客人的意思而拿錯了酒，經客人發現應立刻更換。

6. 驗酒完畢，將酒放回冰桶內。

7. 擺放酒杯，並依規定位置擺放（在水杯左下方點）。

8. 在服務車上開酒。

9. 試酒：

　(1)試酒之前，用乾淨的服務巾擦拭瓶口上面所遺留的軟木顆粒及其餘夾雜物，且左手拿著服務巾擦拭酒瓶外面的水分。

　(2)緩緩倒少許在主人或點酒的客人酒杯約四分之一杯，請其試酒嚐一嚐，經過主人同意後方可倒酒。

10. 倒酒：

　(1)成對的夫婦或男女，先給女士倒酒，先服務年長的女士再服務年輕的女士，再年長的男士，後年輕的男士，最後為主人（無論男、女同理）。

　(2)對於宴會團體，先給主人右邊的客人倒酒，然後按照反時針的方向逐次倒酒，最後才輪到主人。

　(3)倒酒時，右手持酒，左手拿服務巾，而酒瓶的標籤對著

客人，使客人容易看到的位置。

(4)倒酒時直接倒進餐桌上的酒杯中，不要用另一手舉杯。

(5)倒滿酒杯的二分之一時把酒瓶轉一下，使其最後一滴留在瓶口的邊緣，不使其滴下來而弄髒桌布。

(6)所有客人的酒杯都倒完了酒之後，把酒再度放進主人右側的冰桶內冷卻。

11. 隨時注視餐桌上的酒杯，大部分的酒杯已經沒有酒時，始再度前往倒酒。

12. 酒沒有了，可建議主人點第二瓶酒。

13. 服務第二瓶酒時，應同第一瓶酒須驗酒、試酒，試酒應換新酒杯。

（三）香檳酒

與服務白酒及玫瑰酒同，但倒酒時的動作是兩次，先倒大約酒杯容量的三分之一，泡沫消失時，再倒滿至七分滿。

香檳酒在開酒時應將瓶子傾斜再予以開啓，開瓶時千萬不可有「波」聲發出。

如果開瓶不當而致使香檳酒瓶內的泡沫不停的流出瓶口時，應馬上將瓶口間與桌面近乎平行的角度平放，待泡沫不再流出時即可將瓶子直立於桌面上。

十二、取菜

1. 取菜之前應依客人所點的菜餚，事先將餐具排放好。

2. 服務員應知道每道菜所需烹調時間，而適時前去取菜，以保持菜之溫度，熱食物一定要熱，冷食物一定要冷。

3. 如菜餚須附上餐具或附屬物品（如sauce、麵包……）應檢查是否備齊，並且熱食物須用熱的碗盤，冷食物須用冷的碗盤。

4. 取菜時須檢查每道菜內容及配飾是否備齊並依規定位置放置整齊。

5. 冷的食物先取，熱的食物後取，取熱食物時應用服務巾，然後將冷熱菜分開放在托盤上。

6. 菜餚放在托盤上時應注意較大較重的菜餚放在中間，較輕較小的菜餚放在旁邊。

7. 托起托盤時，須注意托盤是否平穩，以很平穩的方式托進餐廳。

十三、服務菜餚

1. 每服務一道菜餚之前，應將客人桌上不必要的碗盤餐具撤掉，以保持桌面乾淨，撤盤之前一定要問明客人是否不用了，或可由其刀叉已平行放置於盤上來辨別。

2. 依上菜順序（如前菜、湯、沙拉、主菜）依序服務。

3. 如果同桌點的菜不一，第一道菜也必須同時上，以後則同類的菜一起上（如湯則一起上湯，沙拉則一起上沙拉……），且依先後順序上。

4. 服務菜餚順序為女士或年長者先服務。如果有主人則從女主人或男主人右側之貴賓開始服務，然後依順時針方向一一服務，上菜時應說聲「對不起」。

5. 服務菜餚時，必須參考所記錄之座次平面圖或點菜單，服務正確的菜餚（切忌問客人點何菜餚）。

6. 服務所有之菜餚，如開胃菜、湯、沙拉、主菜，均從客人右側用右手上菜，然後放置於客人前面正中央，左邊上 sauce 及派 dressing。

7. 服務菜餚時注意所應附帶的底盤、餐具及附屬物品（如 sauce、麵包⋯⋯）是否均備齊。

8. 上 sauce 及派 dressing 時先解釋名稱，然後問客人是否需要，徵求客人同意後，則給予適量。

十四、客人用餐期間應如何服務客人

1. 水剩下三分之一時即應主動添加。

2. 酒杯已空，應上前詢問是否再來一杯。

3. 麵包已剩下不多，應上前詢問是否要添加麵包。

4. 煙灰缸有煙頭時，即上前換煙灰缸，將乾淨的煙灰缸扣住使用過之煙灰缸，同時收回至托盤，再將乾淨之煙灰缸輕放桌上（二根就換）。注意！以上 1-4 項應於上主菜之前就檢視，更換完畢，主菜上完之後即應儘量避免再靠進桌子，打擾正在用餐、交談的客人（除非客人召喚）是非常不禮貌的行為。

5. 客人抽煙應立刻趨前替客人點煙，點打火機時應在客人右後方點著，然後用雙手半掩送至客人前點著。

6. 隨機推銷煙或飲料。

7. 經理、副理、領班或接待員有空，應上前詢問客人是否滿意食物、酒、服務⋯⋯，並注意人手之運用，客人之動向，儘量提供額外的服務。

8. 客人有任何讚譽、抱怨應報告主管，並記錄於工作日誌簿

內。

9. 客人有特殊習性，要求報告接待員，紀錄於客人檔案資料內。

十五、清理餐桌

1. 所有客人主菜吃完之後，服務員（生）必須將桌面上之所有碗、盤、刀、叉、調味瓶、罐或其他不必要的物品撤走，只留下水杯、酒杯或飲料杯子，以保持桌面的清潔。

2. 撤盤時由客人右側用右手撤盤，如果餐具在客人左邊，亦可方便為主，由客人左邊撤盤，然後依順時針方向一一撤盤。

3. 撤盤時一定要問明客人是否已不用，或由客人已將刀、叉平行放置於盤上來辨別客人已用畢。

4. 收拾餐具時可用托盤以方便工作：
   (1)先準備一個盤碟放在托盤邊上，然後在客人後方將盤碟上剩菜撥到該盤上。
   (2)依盤碟、小尺寸依序堆疊。
   (3)刀、叉、銀器分開彙集。
   (4)重的盤碟放在托盤中間，輕的餐具放在旁邊，以維持其平衡。
   (5)收拾盤碟時應安靜，儘量不發出聲音，亦不可在客人面前堆疊。

5. 將髒的盤碟運送到洗碗區，按規定將杯、盤、刀、叉、匙分開擺置。

6. 盤碟收拾乾淨，持一乾淨口布從客人左邊將桌上之麵包屑

及雜餘物輕掃至8吋盤上，輕掃的動作以不超過三次為原則。

十六、接受點叫及服務飯後點心、飲料或酒

（一）接受點叫飯後點心、飲料或酒

1. 先介紹及推薦本餐廳的點心、飲料或酒，以女士或女主人優先，依順時針方向一一接受點叫，並記錄於點菜單上。
2. 若點咖啡或茶時，應問明：「冰的或熱的？」「要不要檸檬或奶精？」
3. 撕下第四、五聯「點菜單」，依所點的項目分別送至所屬單位準備：
   (1)一般點心由點心房準備。
   (2)蛋糕由蛋糕櫃出。
   (3)一般飲料及酒由酒吧出。
   (4)一般咖啡由電腦咖啡機之酒吧出。

（二）服務飯後點心、飲料或酒服務蛋糕

■ 服務蛋糕
1. 持一托盤上置點心盤、點心用叉匙及小餐巾紙至蛋糕櫃。
2. 從蛋糕櫃拿出客人所需的蛋糕，放於點心盤上。
3. 從客人右邊先將小餐巾紙放在客人右邊桌上，叉放左，匙放右。
4. 蛋糕從客人右邊上，輕放於客人桌前，蛋糕尖端應朝向客人左手方向。

（三）服務咖啡或茶

1. 客人點完咖啡或茶後，即立刻準備奶水盅、糖盅及檸檬，並檢查奶水盅及糖盅是否乾淨，奶水及糖是否足夠使用，奶水是否仍新鮮。

2. 將奶水盅、糖盅及檸檬盤事先放在客人桌子中央，六人以上餐桌則每三人放置一套即可。

3. 如服務冰咖啡或茶時：
   (1)以麵包盤作底盤，盤與杯之間墊一小餐巾紙。
   (2)附上吸管置於盤之右方。
   (3)用托盤端出，從客人右邊用右手輕放客人面前。
   (4)上茶或咖啡前應說聲「對不起」。

4. 服務熱咖啡時：
   (1)至服務櫃檯準備，先將咖啡杯置於碟上，杯把應朝右。
   (2)到電腦咖啡機依照何種咖啡按下該鍵。
   (3)小咖啡匙橫放於咖啡碟前上，匙柄四十五度朝右。
   (4)從客人右邊用右手輕放於客人面前。
   (5)上咖啡前應說聲「對不起」。
   (6)天冷時將奶水加熱以體貼客人，該奶水不能重複使用！

5. 服務一般熱茶時：服務程式與服務熱咖啡同，僅將咖啡杯、碟、匙更換為喝茶所使用的。

十七、客人離開前的服務及歡送客人

1. 客人不再點其他食物、甜點、飲料或酒時，應為客人加水或茶、咖啡、換煙灰缸，並視情況給予其他服務。

2. 依客人要求為客結帳，呈送帳單並主動問客人對本餐廳的
　食物、服務等滿意嗎？如有讚美，感謝並保持微笑，如有
　抱怨，道歉並請上級處理。

3. 客人離開時幫客人拉椅子。

4. 客人如有寄放衣物，須立刻取衣並幫助客人穿上。

5. 服務人員應在區域感謝客人光臨，經理及接待員在門口恭
　送客人並謝謝其光臨。

十八、客人結帳流程

1. 客人付現金時：

　(1)將「點菜單」拿到出納處結帳。

　(2)結算後將帳單置於付帳的帳單夾上，帳面朝上呈給客
　　人，然後退後至客人右後方等待客人付帳，送至客人桌
　　上時須注意：如為夫婦或情侶共餐，放在男士左方桌
　　上，除非事先知道個別付帳；宴會團體，如知道主人，
　　放在主人左方桌上，如不知哪位主人，則等待在旁。

　(3)客人付款後謝謝客人並將「點菜單」及錢送至出納處結
　　帳。

　(4)出納點收無誤後開列發票，然後將應找零錢、發票收執
　　聯置於銀盤上給客人。

　(5)放在客人桌上謝謝後即刻退後。

2. 房客要求簽帳：

　(1)請客人在「點菜單」上填上房號、姓名並簽名（正
　　楷）。

　(2)請客人出示鑰匙並核對房號。

(3)核對無誤後，將「點菜單」交由出納，查核無誤後即受理。

3. 客人要求簽外帳：

(1)請客人出示名片並請餐廳經理在外客簽帳單上簽字認可。

(2)將名片及「點菜單」送至出納查核結算。

(3)出納查核無誤且結帳後，將簽帳單及「點菜單」放置帳單夾上，呈交客人。

(4)請客人在簽帳單上以正楷填明姓名、公司行號、住址、電話號碼、消費金額、付款時間並簽名，然後交至出納查核受理。

4. 客人以信用卡付帳：

(1)領班或服務員先查明是否為本公司所接受之信用卡。

(2)如為本公司可受理之信用卡，則連同帳單送交出納結算。

(3)出納查核使用期限及刷卡，並在信用卡簽帳用紙上填寫總額。

(4)將一式三聯信用卡簽帳用紙及「點菜單」送給客人，請客人在簽帳紙上簽名後再送回出納。

(5)出納查驗簽名無誤後，開列發票。然後將發票及信用卡簽帳用紙客人收執聯連同信用卡放在銀盤上，一併送回給客人。

5. 服務人員禁止向客人要求小費之行為，如果客人給予小費時，應誠懇地說謝謝，並放回小費箱內。

6. 餐廳不收支票、外幣，如有該情形發生應請客人至前檯出納處更換台幣後始接受付帳。

十九、重新佈置、擺設餐桌及餐具

1. 撤走桌面上所有刀、叉、碗盤或其他附屬物品，並送至洗碗區分類放置。
2. 如有未使用的奶油、果醬則放回原處。
3. 其他物品，如奶水盅、糖盅等依類歸位。
4. 用抹布將桌面擦拭乾淨。花瓶或帳單筒（bill holder）如有不潔處，也予以擦拭乾淨。
5. 擦拭桌子時，如有任何髒東西時，不能掃到地毯上，應用麵包盤或托盤接著。
6. 檢查椅面是否乾淨，如有雜餘物應輕拍乾淨。
7. 檢查桌位附近地面是否乾淨，明顯雜餘物應撿拾乾淨。
8. 桌椅歸位排放整齊。
9. 持一清潔托盤，上置整齊的餐具、盤碟，並依規定的餐桌、餐具佈置及擺設排放整齊。
10. 檢查糖杯內糖包是否足夠使用，帳單筒內是否留有帳單。

二十、營業後的整理工作

1. 至洗碗區搬回屬於餐廳的器皿、餐具，集中於服務檯。
2. 清點所有的銀器，且記錄於「銀器控制本」內。
3. 銀質的刀、叉、湯匙等餐具集中鎖於各區服務檯櫃內。
4. 茶壺、水壺、銀盤及水杯全部收到櫥櫃內鎖好。
5. 關掉所有區域的咖啡器電源，剩餘的咖啡及茶送進酒吧。
6. 清點蛋糕櫃內的蛋糕，並開列「廚房間物品轉借單」

（inter kitchen transfer），填明品名、數量，並註明「退回」，簽字後請主廚點收簽字，然後退回廚房處理。

7. 除遇驅蟲處理及清洗地毯日子外，每張桌子必須擺設早餐餐具。

8. 檢查桌上的帳單筒是否有未付的帳單。

9. 整理工作完成後，副理或領班應詳細檢查。

10. 關掉冷氣及所有燈的電源。

11. 鎖好咖啡廳鐵門及廚房出入門。

12. 將鑰匙放回櫥櫃的抽屜裡。

二十一、餐桌、餐具的佈置及擺設

1. 桌、椅歸位、對齊，椅子稍伸入桌內。

2. 桌子擦拭乾淨。

3. 餐具桌墊（table mat）置於桌位中央，約離桌緣1公分處，正面朝上。

4. 餐巾置於桌墊正中央，logo朝向客人。

5. 餐叉置餐巾左邊，離桌墊左邊3公分，其末端離桌緣1公分，餐叉朝上。

6. 餐刀置餐巾右邊，離桌墊右邊3公分，其末端離桌緣1公分，刀口向左。

7. 麵包奶油碟置於餐叉左邊1公分處，盤緣離桌緣1公分。

8. 奶油刀置於麵包、奶油碟上，與叉、匙平行，其末端離桌緣1公分

9. 水杯置於餐具桌墊右上角。

10. 早餐使用的咖啡杯、碟（coffee set）置於桌子右邊的水

杯下方。

11. 其他附屬物品（如：帳單筒、花瓶、糖杯、鹽、胡椒罐等）：

(1)靠邊桌則置於靠邊處，按物品高矮次序排列。

(2)非靠邊桌則置於中間。

二十二、換煙灰缸

1. 準備一乾淨煙灰缸放在托盤上。

2. 從客人右邊將乾淨的煙灰缸蓋在髒的煙灰缸上。

3. 將二個煙灰缸同時移至托盤上。

4. 再將乾淨煙灰缸置於客人桌上。

5. 換煙灰缸時不可在客人面前換，應將托盤移至客人右後方換。

二十三、托盤的使用

1. 放置東西於托盤上時，較重的東西放在中央，較輕的東西放在旁邊。

2. 提起托盤時兩膝稍彎，左手五指伸開，以手掌托住盤底正中央慢慢托起，要平穩。

3. 托的高度與左手手肘成水平最佳，不可以比其高或低。

4. 托盤放下時和提起同，兩膝稍彎，以右手輔助慢慢放下。

5. 如果托盤不放下，直接服務客人，則旁邊較輕的東西先拿下，中間較重的東西後拿下，以求平穩。

二十四、控制及維護銀質器皿

1. 早餐後奶盅使用完畢，立刻送洗，並清點有無遺失。
2. 每天營業前須盤點所有的銀質器皿，並予以記錄於「銀器控制本」內，填明品名、數量，並且簽名。
3. 依銀器位置分類歸位，並將其鎖好。
4. 銀器使用前，一定要擦拭乾淨。
5. 如發現銀器損壞或污痕不可繼續使用時，應記錄集中處理，退回餐務部，並領取相等數量的銀器。

註　釋

1. Ecole Technigue Hoteliere Tsuji, *Professional Restaurant Service* (U. S. A.: John Wiley & Sons, Inc., 1991), p.56.

2. Dennis R. Lillicrap & John A. Cousins, *Food & Beverage Service,* 4th Ed. (London: Hodder & Stoughton, 1994), p.233.

3. Thomas J. Peters, *Thriving on Chaos* (New York: Altred A. Knopf, 1987); Milind M. Lele & Jagdish N. Sheth, *The Customer is Key* (New York: John Wiley & Sons, 1987), pp.105-108.

4. Lewis J. Minor, *Food Service Systems Mgt.* (Connecticut: AVI Publishing Company Inc., 1984), p.186.

第 9 章

飲料服務

第一節　飲料的分類

　　飲料包括多種不同類型。有加工的飲料，有原味的飲料和混合多種材料調配的混合飲料。也有人依酒精的有無而分為酒精飲料（alcoholic beverage）和不含酒精飲料（non alcoholic beverage）。國內四季並不是很分明，氣候上的主要差別在於氣溫的冷熱變化而已，再加上位於亞熱帶地區，因此夏季的氣溫通常偏高，而且在一年之中占有較長的時間。為了消除酷夏的炎熱，不論是各式冰涼的包裝飲料或是自製的清涼飲品，都廣受一般大眾的喜愛。

　　目前市場上的飲料種類繁多，除了在口味上做變化之外，近年來，受到國民生活水準的提高，國民對身體健康的日益重視，

各式酒精飲料。

使得飲料也逐漸以「健康」爲主要的改變訴求，紛紛以健康飲料的觀念重新定位飲料的角色。而目前市場中的飲料大致可分爲以下七大類：

一、碳酸飲料

碳酸飲料的主要特色是將二氧化碳氣體與不同的香料、水分、糖漿及色素結合在一起，所形成的氣泡式飲料。由於冰涼的碳酸飲料飲用時口感十足，因此很受年輕朋友的喜愛。較爲一般大眾所熟知的碳酸飲料有可樂、汽水、沙士及西打等。

二、果蔬汁飲料

果蔬汁飲料主要是以水果及蔬菜類植物等爲製造時的原料。由於台灣地處亞熱帶，很適合各類蔬果的生長，再加上台灣傑出的農業技術，使得蔬果的產量極爲豐富，目前國內果蔬汁的製造原料有高達七成是自行生產的蔬果，只有二成左右是進口原料。而果蔬汁飲料又可分爲二類：

1. 以濃縮果汁爲主原料，經過稀釋後再包裝銷售的飲料，主要產品有柳橙汁、葡萄汁及檸檬汁等。
2. 以新鮮水果直接榨取原汁爲主原料，主要產品有芒果汁、番茄汁、蘆筍汁及綜合果汁等。

由於水果與蔬菜含有豐富的維他命及礦物質，因此自然健康的形象早已深植人心，而這也使得果蔬汁飲料能很輕易地獲得消費大眾的認同，尤其是純度高的果蔬汁飲料，更是爲一般大眾所

喜愛。

三、乳品飲料

乳品飲料的營養價值極高，它除了含有維他命及礦物質外，更含有豐富的蛋白質、脂肪及鈣質等營養成分。這使得乳品飲料逐漸從飲料的身分蛻變成營養食品的角色，同時也被一般大眾認爲是攝取營養元素的來源之一。而業者也從早期的純鮮乳與調味乳，配合營養健康觀念，研究發展出廣受婦女喜愛的低脂乳品及發酵乳等新產品。乳品飲料與一般飲料除了前面所提到的差異外，它的保存期限較短且極爲重視新鮮度的特性，也和一般飲料有很大的不同。

四、機能性飲料

機能性飲料除了滿足消費者「解渴」與「好喝」的需求外，更以能爲消費者補充營養、消除疲勞、恢復精神體力或幫助消化等爲號召，來提高飲料的附加價值。目前市場中的機能性飲料可依它們所強調的特色分爲：

（一）有益消化型飲料

有益消化型飲料在產品中的主要添加物有二種，一是以添加人工合成纖維素，增加消費者對纖維素的攝取，來達到幫助消化的目的。另一種則是添加可使大腸內幫助消化的 bufidus 菌活性化的 oligo 寡糖，來達到促進消化的目的。

（二）營養補充型飲料

現代人由於生活忙碌，因此造成飲食不正常而導致營養攝取的不均衡。為了滿足消費者對特定營養素的需求，業者開始在飲料中添加不同的元素，最常見的有維他命C、β 胡蘿蔔素、鐵、鈣、鎂等礦物質。

（三）提神、恢復體力型飲料

這類型飲料主要是強調在飲用後能在短時間內達到提神醒腦、恢復體力的效果。常見的添加物有人參、靈芝等。

（四）運動飲料

運動飲料除了強調能在活動過後達到解渴的效果外，並以能迅速補充因流汗所流失的水分及平衡體內的電解質為訴求，使它在運動休閒日受重視的今天，已成為一般大眾在活動筋骨之後，首先會想到的解渴飲料。

五、茶類飲料

中國人自古即養成的喝茶習慣，使得茶類飲料的推出能迅速在各類飲料中竄紅。由於傳統的「喝茶」是以熱飲為主，在炎熱的夏季裡並不十分適合飲用，而茶類飲料則是另類地提供了可在夏天飲用的冰涼茶飲，這也就成為它受歡迎的主要原因，再加上喝茶不分四季，因此使得茶類飲料能快速地成長。目前市場中的茶類飲料又有中西式之分：

1. 中式的茶類飲料：主要以烏龍茶、綠茶及麥茶為代表。
2. 西式的茶類飲料：主要是以檸檬茶、花茶、果茶、紅茶及奶茶等為代表。

六、咖啡飲料

咖啡飲料的主要原料是咖啡豆及咖啡粉，因此在原料的取得上必須完全仰賴進口。咖啡飲料除了注重口味的道地外，對於品牌風格的建立及包裝的設計均較其他飲料來得重視，而這都是受到了咖啡飲料的消費者對品牌忠誠度較高的影響所致。目前市場中的咖啡飲料可分為：

1. 口味較甜的傳統式調合咖啡。
2. 風味較濃醇的單品咖啡飲料，例如藍山、曼特寧等。

七、包裝飲用水

台灣由於工業發達，造成環境污染進而影響到飲用水的品質，消費者為了健康且希望能喝得安心，因此對於無污染的礦泉水、冰川水及蒸餾水等產生了消費的需求，使得包裝飲用水的市場成長快速，也被業者視為是一個極具潛力的市場。

第二節　葡萄酒

一、葡萄酒的起源

　　葡萄酒在近二、三十年來才於世界各地被廣泛注意和研究。然而，早在古羅馬時期，歐洲便開始大量種植葡萄樹和釀製不同的葡萄酒。但直至我們的上一代，大部分的葡萄酒仍是區域性的產品，主要供應鄰近地區民眾飲用而已，他們並不會像現今我們要某一產區或年份的品種酒如卡本內‧蘇維翁（Cabernet Sauvignon）紅酒或夏多內（Chardonnay）白酒，他們一般只會要一瓶紅酒，偶爾一瓶白酒或有時來一瓶氣泡酒。那個時間的葡萄酒大部分都是酒質拙劣、毫無釀造技術可言，不值得回憶也不值得一提的紅酒居多。[1]

　　五十年前，法國便已雄霸了整個葡萄酒王國，波爾多和勃根地兩大產區的葡萄酒始終是兩大樑柱，代表了兩個主要不同類型的高級葡萄酒：波爾多的厚實和勃根地的優雅，吸引著千萬的目光。然而這兩大產區受法國農業部和區域部門監督，產量有限，並不能滿足全世界所需。

　　從七〇年代開始，聰明的酒商便開始在全世界找尋適合的土壤、相同的氣候，種植法國、德國的優質葡萄品種，採用相同的釀造技術，使整個世界葡萄酒事業興旺起來。尤以美國、義大利採用現代科技、市場開發技巧，開創了今天多彩多姿的葡萄酒世界潮流，也讓我們深深體會葡萄酒的藝術。

法國波爾多一級酒莊葡萄酒。

　　葡萄適應環境的能力很強，要釀造葡萄酒也很容易，早在史前時代就已經有葡萄酒存在了，但是有關葡萄的種植和釀造的技術卻非常多元、繁複。十九世紀巴斯得就開創了現代釀酒學，雖然百年來各種釀造法推陳出新，但許多傳統的釀造技術仍然被完整的保留下來，有些方法至今依舊是製造佳釀的不二法門。縱觀全球，很難再找到其他產品像葡萄酒的生產這般複雜多變且古今雜陳。

　　決定葡萄酒特性和品質的二大因素分別是自然條件、人為種植與釀造技術，和葡萄的品種，三者缺一不可。

二、釀酒葡萄的種植條件與地理分佈

（一）葡萄酒的主要種植區

　　歐洲擁有全球三分之二的葡萄園，以氣候溫和的環地中海區為最主要產地。在法國東南部、伊比利半島、義大利半島和巴爾幹半島上，葡萄園幾乎隨處可見。同屬地中海沿岸的中東和北非也種植不少葡萄，但由於氣候和宗教的因素，並不如北岸普遍，以生產葡萄乾和新鮮葡萄為主。法國除了沿地中海地區外，南部各省氣候溫和，種植普遍，北部地區由於氣候較冷，僅有少數條件特殊的產地。氣候寒冷的德國，產地完全集中在南部的萊茵河流域。中歐多山地，種植區多限於向陽斜坡，產量不大。東歐各國中，前南斯拉夫、保加利亞、羅馬尼亞和匈牙利是主要生產國。

　　前蘇聯的葡萄酒產區主要集中在黑海沿岸。

　　北美的葡萄園幾乎全集中在美國的加州，產量約占 90 ％，西北部、紐約州及墨西哥北部的 Sonora 也有種植。

　　亞洲葡萄酒的生產以中國大陸最為重要，葡萄最大種植區在新疆吐魯番，但以生產葡萄乾和新鮮葡萄為主，釀酒葡萄則集中在北部山東、河北兩省。日本、土耳其（葡萄乾生產大國）和黎巴嫩都有少量的生產。

　　南半球葡萄的種植是歐洲移民抵達之後才開始的，在南美洲以智利和阿根廷境內、安地列斯山脈兩側為主要產區。此外巴西南部也有大規模的種植。

　　除了地中海沿岸的北非產區外，非洲大陸的葡萄種植主要集

中在南非的開普敦省。在大洋洲部分以澳洲新南威爾斯南部和南澳大利亞西南部為主。另外紐西蘭北島和南島北端也大量種植。

(二) 葡萄樹生長的天然條件

葡萄樹適應環境的能力很強，生長容易，但是要種出品質佳且有獨特風味的釀酒葡萄卻需要多種自然條件的配合。葡萄像一具同時具有觀測氣候和地質分析功能的機器，收集種植環境的氣候和土質的特性，然後用釀成的葡萄酒記錄下來。同一個葡萄品種因為種植環境不同，產出來的葡萄酒風味也絕不相同。所以品嚐葡萄酒的過程除了是感官的饗宴，同時也是對產地風土的解碼。

全世界各種作物的研究大概沒有任何一種像葡萄種植的研究一樣深入和廣泛，可惜即使如此，我們對各種不同葡萄酒之間的關係所知道的仍然非常有限。

(三) 適合葡萄樹生長的氣候

一般而言葡萄樹適合溫和的溫帶氣候，因為在寒帶氣候葡萄樹不僅無法達到應有的成熟度，而且很難經得起酷寒的嚴冬；相反地，熱帶氣候則經常過於炎熱潮濕，易遭病蟲害的侵襲，而且過於炎熱的天氣葡萄成熟快速，釀成的酒常平淡無味，所以全球大部分的葡萄園都集中於南北緯三十八度至五十三度之間的溫帶區。影響葡萄成長的氣候因素有很多，但以陽光、溫度和水最為重要，它們對各種不同葡萄品種的影響也不相同。[2]

■ 陽光

葡萄需要充足的陽光，透過陽光、二氧化碳和水三者的光合作用所產生的碳水化合物提供了葡萄成長所需要的養分，同時也

是葡萄中糖分的來源。不過葡萄樹並不需要強烈的陽光，較微弱的光線反而較適合光合作用的進行。除了光線外，陽光還可提高葡萄樹和表土的溫度，使葡萄容易成熟，特別是深色的表土和黑色的葡萄效果最佳。另外，經陽光照射的黑葡萄可使顏色加深並提高口味和品質。

■ 溫度

　　適宜的溫度是葡萄成長的重要因素，從發芽開始，須有10℃以上的氣溫，葡萄樹的葉苞才能發芽，發芽之後，低於0℃以下的春霖即可凍死初生的嫩芽。枝葉的成長也須有充足的溫度，以22℃至25℃之間最佳，嚴寒和炎熱的高溫都會讓葡萄成長的速度變慢。在葡萄成熟的季節，溫度愈高則不僅葡萄的甜度愈高，酸度也會跟著降低。日夜溫差對葡萄的影響也很重要，收成後，溫度的影響較不重要，只須防止低溫凍死葡萄葉苞和樹根即可。

■ 水

　　水對葡萄的影響相當多元，它是光合作用的主要因素，同時也是葡萄根自土中吸取礦物質的媒介。葡萄樹的耐旱性不錯，在其他作物無法生長的乾燥貧瘠土地都能長得很好，一般而言，在葡萄枝葉成長的階段需要較多的水分，成熟期則需要較乾燥的天氣。水和雨量有關，但地下土層的排水性也會影響葡萄樹對水的攝取。

■ 土質

　　葡萄園的土質對葡萄酒的產地特色及品質有非常重要的影響。一般葡萄樹並不需要太多的養分，所以貧瘠的土地特別適合葡萄的種植。太過肥沃的土地徒使葡萄樹枝葉茂盛，反而生產不出優質的葡萄。除此之外，土質的排水性、酸度、地下土層的深

度及土中所含礦物質的種類，甚至表土的顏色等等，也都深深地影響葡萄酒品質和特色的形成。

有關不同土質對葡萄酒的影響相當複雜，有時還不免摻雜著傳奇色彩。特別是像法國這樣古老的產酒國格外注意土質的重要性，有許多葡萄園的分級系統都是依照土質結構而來的。不過這樣的觀點並沒有完全被新大陸的葡萄農接受，例如在澳洲和美國等地就認為區域性氣候的影響大過土質的重要性。以下將介紹幾種在葡萄園中常見的土質：

花崗岩土：此種土質多呈砂粒或細石狀，排水性佳，屬酸性土，非常適合種植麗絲玲和希哈等品種，法國隆河谷地北部的著名產地羅第丘的薄酒來特級產區等都以此類土質為主。

沉積岩土：各類不同的沉積岩上皆含有大量的石灰質，其中屬侏羅紀的泥灰岩、石灰黏土和石灰土以勃根地的金丘縣和夏布利兩個產區最具代表性，特別適合夏多內和黑度諾品種的生長。而屬白聖紀的白聖土則以出產氣泡酒的香檳區最具代表。

礫石及卵石地：屬沖積地形，養分少、排水性高，易吸收日光，提高溫度非常適合葡萄生長。礫石土質以波爾多的梅多（Medoc）產區最為著名；卵石土質則上河谷地的教皇新城最具代表性。

三、葡萄酒的釀造

製造葡萄酒似乎非常容易，不需人類的操作，只要過熟的葡萄掉落在地上，內含於葡萄的酵母就能將葡萄變成葡萄酒。但是經過數千年經驗的累積，現今葡萄酒的種類不僅繁多且釀造過程複雜，有各種不同的繁瑣細節。

（一）發酵前的準備

■ 篩選

採收後的葡萄有時挾帶未熟或腐爛的葡萄，特別是不好的年份，比較認真的酒廠會在釀造時做篩選。

■ 破皮

由於葡萄皮含有丹寧、紅色素及香味物質等重要成分，所以在發酵之前，特別是紅葡萄酒，必須破皮擠出葡萄果肉，讓葡萄汁和葡萄皮接觸，以便讓這些物質溶解到酒中。破皮的程度必須適中，以避免釋出葡萄梗和葡萄籽中的油脂和劣質丹寧影響葡萄酒的品質。

■ 去梗

葡萄梗中的丹寧收斂性較強，不完全成熟時常帶刺鼻草味，必須全部或部分去除。

■ 榨汁

所有的白葡萄酒都在發酵前即進行榨汁（紅酒的榨汁則在發酵後），有時不需要經過破皮去梗的過程而直接壓榨。榨汁的過程必須特別注意壓力不能太大，以避免苦味和葡萄梗味。傳統採用垂直式的壓榨機，氣囊式壓榨機壓力和緩，效果佳。

■ 去泥沙

壓榨後的白葡萄汁通常還混雜有葡萄碎屑、泥沙等異物，容易引發白酒的變質，發酵前需用沉澱的方式去除，由於葡萄汁中的酵母隨時會開始酒精發酵，所以沉澱的過程需在低溫下進行。紅酒因浸皮與發酵同時進行，並不需要這個程序。

■ 發酵前低溫浸皮

這個程序是新近發明還未被普遍採用。其功能在增進白葡萄

酒的水果香並使味道較濃郁，已有紅酒開始採用這種方法釀造。此法需在發酵前低溫進行。

（二）酒精發酵

葡萄的酒精發酵是釀造過程中最重要的轉變，其原理可簡化成以下的形式：

葡萄中的糖分＋酵母菌＋酒精（乙醇）＋二氧化碳＋熱量

通常葡萄本身就含有酵母菌，酵母菌必須處在10℃至32℃間的環境下才能正常運作，溫度太低酵母活動變慢甚至停止，溫度過高則會殺死酵母菌使酒精發酵完全中止。由於發酵的過程會使溫度升高，所以溫度的控制非常的重要。一般干白酒和干紅酒的酒精發酵會持續到所有糖分（2公克／公升以下）皆轉化成酒精為止，至於甜酒的製造則是在發酵的中途加入二氧化碳停止發酵，以保留部分糖分在酒中。酒精濃度超過15％以上也會中止酵母的運作，酒精強化葡萄酒即是運用此原理於發酵半途加入酒精，停止發酵以保留酒中的糖分。

酒精發酵除了製造出酒精外，還會產出其他副產品：

1. 甘油：一般葡萄酒每公升大約含有5到8公克左右，貴腐白酒則可高達25公克，甘油可使酒的口感變得圓潤甘甜，更易入口。
2. 酯類：酵母菌中含有可生產酯類的醣，發酵的過程會同時製造出各種不同的酯類物質。酯類物質是構成葡萄酒香味的主要因素之一。酒精和酸作用後也會產生其他種酯類物質，影響酒香的變化。

（三）發酵後的培養與成熟

■ 乳酸發酵

完成酒精發酵的葡萄酒經過一個冬天的儲存，到了隔年的春天溫度升高時（特別是 20℃至 25℃）會開始乳酸發酵，其原理如下：

蘋果酸＋乳酸菌＋乳酸＋二氧化碳

由於乳酸的酸味比蘋果酸低很多，同時穩定性高，所以乳酸發酵可使葡萄酒酸度降低且更穩定不易變質。並非所有葡萄酒都會進行乳酸發酵，特別是適合年輕時飲用的白酒，常特意保留高酸度的蘋果酸。

■ 橡木桶中的培養與成熟

（四）澄清

■ 換桶

每隔幾個月儲存於桶中的葡萄酒必須抽換到另一個乾淨的桶中，以去除沉澱於桶底的沉積物，這個程序同時還可讓酒稍微接觸空氣，以避免難聞的還原氣味。這個方法是最不會影響葡萄酒的澄清法。

■ 黏合過濾法

基本原理是利用陰陽電子產生的結合作用產生過濾沉澱的效果。通常在酒中添加含陽電子的物質，如蛋白、明膠等，與葡萄酒中含陰電子的懸浮雜質黏合，然後沉澱達到澄清的效果。此種方法會輕微地減少紅酒中的丹寧。

■ 過濾

　　經過過濾的葡萄酒會變得穩定清澈，但過濾的過程多少會減少葡萄酒的濃度和特殊風味。

■ 酒石酸的穩定

　　酒中的酒石酸遇冷（-1℃）會形成結晶狀的酒石酸化鹽，雖無關酒的品質，但有些酒廠爲了美觀因素還是會在裝瓶前用-4℃的低溫處理去除。[3]

儲酒區。

四、世界主要典型葡萄品種

(一) 慕司卡 (Muscat)

　　慕司卡白酒的香與味頗具特色，容易辨認，其獨特之香味來自葡萄本身之果糖，如其糖分在發酵時全部轉換爲酒精，其香味也隨之消失，是故大部分慕司卡白酒都故意釀成甜酒以保留其芳香氣味。

　　由於慕司卡白酒酒精含量不高，芳香甜潤，故適合純飲或用餐前酒，宜選用淺酒齡之慕司卡以享用其清新香味。

　　全世界的產區都有種植慕司卡，值得一提的是法國隆河區 (Rhone) 之 Muscat de Beaumes-de-Venise 法定產區是允許添加葡萄烈酒以提高其酒精濃度，而又能保留其蜂蜜香甜、水梨果香，但同樣適合選用淺酒齡者飲用。

(二) 麗絲玲 (Riesling)

　　麗絲林是十大典型葡萄品種之一，原產自德國，也是德國酒之代名詞，在世界各較寒冷產區都有種植，但各產區甚至酒廠所釀製的風格都不一樣。我們一般所熟識之麗絲林白酒都是泛指帶甜味在餐前或餐後所喝之白酒，但因爲其與甜味常連在一起，所以未能受所有飲家之偏愛。

　　我們在市面上常看到的約翰尼斯堡麗絲玲與南非聯邦之約翰尼斯堡全無關係，雖然南非也有釀造麗絲玲，但此爲德國村莊所生產釀製，清爽可口，適中的酸度，故甜而不膩，享有盛名，在世界各地都有生產釀造。

然而在德國部分酒廠及法國阿爾薩斯所釀造之麗絲琳白酒則是以甘性，果香細緻聞名。

（三）蘇維翁・白朗（Sauvignon Blanc）

又名福美，源產自法國 Loire，是 Sancere 和 Pouilly-Fume 產區的唯一法定白葡萄品種；Fume 的意思就是煙燻（smoky）味，毫無疑問的，一瓶上佳的蘇維翁・白朗白酒會帶來煙燻的香味，這種香味令人聯想到剛烤熟的吐司和咖啡豆香，不過離開了 Loire，煙燻味也離開了。

蘇維翁・白朗另給人一種非常鮮明的是青草和果仁香味，然而並不是每個人都喜歡其香草味，所以形成兩極化，喜歡的人很喜歡，不喜歡的人可能以後會放棄它，不過這是英皇亨利四世和法皇路易十六的最愛。

蘇維翁・白朗的酸度較高，故其果香味特出，為享受其新鮮果香味，建議飲用淺酒齡（二至三年內）的蘇維翁・白朗白酒，蘇維翁・白朗會因產地、釀製方法不同而口味各異，純蘇維翁・白朗品種的酒會因橡木桶貯藏或陳年而得益很多，通常都會混配瑟美戎（Semillon）以增加其口感，加州蒙岱維酒廠（Robert Mondavi Winery）則在裝瓶前以全新的橡木桶釀藏處理而呈現較柔順，其多了一些橡木桶的香草味也減低其青草味，其改變有異於加州傳統略甜的蘇維翁・白朗白酒，並命名為福美白酒（Fume Blanc），現正風行全美國，其他酒廠也先後跟進。

（四）夏多內（Chardonnay）

如果卡本內・蘇維翁是葡萄酒之皇，那夏多內一定是葡萄酒之后。全世界的葡萄酒產區很少沒有釀造夏多內白酒的（管制生

產國家例外），因其對各類土壤天氣適應力都很強而又容易釀造。對它不存在而感到高興的，大概只有波爾多（Bordeaux）的酒廠吧！

有數個原因令夏多內這樣受全世界各業者和消費者歡迎：首先是在行銷上，只要有Chardonnay的字在標籤上，就是銷售的保證。不同氣候的產區和不同酒齡的夏多內，都有不同風格，加上橡木桶的醞藏搭配，讓Chardonnay如魚得水般倍添風味，它可以在濃淡不同類型中表現其優點。

最後它可以單獨釀製也能與其他品種互相搭配，如在Loire用來柔和Chenin Blanc以增其韻味。在澳洲的Semillon都會加夏多內，另一個更具體表現則來自香檳，香檳產區所生產的夏多內，味道較澀，口感單薄，但以香檳製造法的汽泡酒型態出現，則神奇的變成優雅和複雜口感。

夏多內是少數可貯藏的白葡萄品種，酒勁有力，淺酒齡時顏色淺黃中帶綠，果香濃郁而爽口，隨著酒齡層增加，顏色轉變為黃色或金黃色，新鮮的水果味漸漸消失而變為多彩多姿的複雜口味，後韻更明顯的增強。

夏多內是勃根地區唯一種植的白葡萄品酒，以Chablis的清新口感、蜂蜜香味最普及消費市場。

(五) 甘美（Gamay）

甘美品種釀造的酒，丹寧含量低，果味尤以草莓的果香特別濃郁，口感非常柔順，顏色紫紅並在酒杯中呈現紫蘿蘭的豔麗顏色。

甘美品種葡萄酒是屬於簡單型的紅酒，沒有多層次複雜的口感，故無貯藏陳年價值，而且為求其新鮮果味，應選用年份淺

者，釀酒裝瓶後兩年內的甘美紅酒最佳。

甘美紅酒於 15℃左右飲用最能表現其清新果味，故可在飲用前稍加冷凍，可當餐酒或純飲之用。

法國薄酒來（Beaujolais）產區全部種植甘美品種，是法國最暢銷的紅酒之一。由於法國人很留意每年在薄酒來區甘美品種的品質，故每年秋收後便以獨特的釀製方法，生產薄酒來新酒（Beaujolais Nouveau）於每年十一月的第三個星期四，推出這種 Nouveau 新酒，讓大家先品嚐當年的薄酒來，現已成為流行風氣，全世界都以先飲為快。

（六）碧諾瓦（Pinot Noir）

碧諾瓦是法國勃根地紅酒所採用的唯一紅葡萄品種，尤以金山麓區特級葡萄園所釀造之紅酒，遠自中世紀開始便名聞各地。一瓶出色的碧諾瓦，會讓其他產區或葡萄品種酒黯然失色，是所有酒農的希望和挑戰。

碧諾瓦發芽和收成較早，適合於微冷的天氣，其果實生長非常不規則，並容易超越產量所需，故要定時修剪以避免產量過多及葡萄過密而破損；其葡萄果皮特別細薄而容易受天氣影響，是故在整個生長過程中都要倍加謹慎照顧。其次，在釀造時亦同樣困難，在發酵時需高溫運行以求動人的香味，但稍微溫度過高則酒香帶有悶焦味，溫度保守而不夠時則香味平庸，而缺乏其魅力。

碧諾瓦因其果皮細薄故丹寧量不高，甚至乎可說果酸比其丹寧尚高。所有碧諾瓦紅酒都是單一葡萄品種釀造，顏色豔麗迷人，口感柔滑而同樣呈多層次香與味。

碧諾瓦也是釀造香檳酒之主要葡萄品種之一，因而在更寒冷

之香檳產區所生產之碧諾瓦顏色較淡，但可讓香檳酒結構上更加完美；博多區以外所生產的碧諾瓦也大部分用於釀造氣泡酒。

　　碧諾瓦可說是勃根地區的代名詞，在世界各地都略有種植，但以加州那帕山谷最為成功。紐西蘭的氣候也非常適合種植，但這些新興國家有如美國奧勒岡州一樣，在種植了差不多二十年之後，才開始發現出現難題，是故一瓶高品質之碧諾瓦紅酒，價錢雖然昂貴，仍然是非常值得的。

（七）梅洛（Merlot）

　　梅洛以前常活在卡本內‧蘇維翁之陰影下，其主要功能用作調配卡本內‧蘇維翁，以柔和卡本內‧蘇維翁之高丹寧，其酒勁也增強卡本內‧蘇維翁之整體結構美。但自從 Chateau Petrus（採用差不多全部梅洛釀造）名聞四海後，梅洛開始備受注目，加州酒廠從七○年代開始也生產單一品種之梅洛葡萄酒，而且相信這酒最少可在瓶中存活超過五十年。

　　梅洛葡萄果粒比卡本內‧蘇維翁粗大而皮薄，故其品種酒丹寧量不高，但酒精感豐富而甜潤，顏色轉變速度快速，是法國博多 St-Emilion 和 Pomerol 主要品種之一。

（八）卡本內‧蘇維翁（Cabernet Sauvignon）

　　卡本內‧蘇維翁可能是目前世界上最有名、評價最高的葡萄品種酒，其原產地為法國波爾多區之菩勒（Pauillac）。因其對各種天氣和土壤都能適應良好，故各地產區都普遍種植和釀造卡本內‧蘇維翁葡萄酒（英、德、盧森堡和葡萄牙例外），其中以法國波爾多區的卡本內‧蘇維翁葡萄酒更是各地酒廠爭相摹傚之對象。

卡本內‧蘇維翁最理想的生長條件為排水良好的土壤（以碎石土層為最佳），溫度適中，海洋的影響也頗重要，涼爽的夜晚和充足的陽光讓葡萄均衡生長和完全成熟。

卡本內‧蘇維翁的葡萄果粒細小而皮厚，故釀造出來的酒，顏色深紫和丹寧含量特高（口感粗糙）而需較長的陳年期讓其丹寧柔和，而卡本內‧蘇維翁本身亦具備豐富多變的特質，透過橡木桶的孕育，更能增加其深度和內涵。

大部分的卡本內‧蘇維翁酒都是以卡本內‧蘇維翁品種為主體，再混合其他品種如弗朗（Cabernet Franc）和梅洛以增加其芳香和柔順感。不同比例的調配會造成不同的風格和口味；卡本內‧蘇維翁以其初期的黑加侖子果香最為明顯。而隨後因釀造方法及陳年時間不同而逐漸演變，黑加侖子的果香也慢慢消失而形成更多的香與味，如青椒、莓類、咖啡、鄉土、香草等等不同的芳香，其發展出來的多層次口感，是其他品種所不能比擬的。

卡本內‧蘇維翁酒雖然味道強勁，但大體上來說並不算是酒精感很高的酒，最少博多區的卡本內‧蘇維翁是這樣。

卡本內‧蘇維翁的魅力，來自時間的培養，選自上好產區和年份的卡本內‧蘇維翁，最佳飲用期為產後十年左右，故應在年輕時選購，小心儲藏，以待其增值及挑選適合時機享用。

（九）希哈

法國隆河谷地產區北部是其原產地，也是最佳產地（傳說自伊朗傳入）。希哈適合溫和的氣候，於火成岩斜坡表現最佳。酒色深紅近黑，酒香濃郁，豐富多變，年輕時以紫羅蘭花香和黑色漿果為主，隨著陳年慢慢發展成胡椒、焦油及皮革等成熟香。口感結構緊密豐厚，丹寧含量驚人，抗氧化性強，非常適合久存陳

年，飲用時須經長期橡木桶及瓶中培養。

法國以外以澳洲所產最為重要，在其原產地以羅第丘及文水達吉最為著名，是全球最優產地，可媲美最高級的波爾多紅酒。希哈在此是唯一的黑色品種，法國環地中海各產區種植普遍，經常混合其他品種如格那希和佳麗濃等。

（十）蘇維翁（Sauvignon）

原產自法國波爾多區，適合溫和的氣候，土質以石灰土最佳，主要用來製造適合年輕時飲用的干白酒，或混和瑟美戎以製造貴腐白酒。

蘇維翁所產葡萄酒酸味強，辛辣口味重，酒香濃郁、風味獨具，非常容易辨認。青蘋果及醋栗果香混合植物性青草香和黑茶麓子樹芽香最常見，在石灰土質則常有火石味和白色水果香，過熟時常會出現貓尿味。但比起其他優良品種，則顯得簡單，不夠豐富多變。

（十一）瑟美戎（Semillon）

原產自法國波爾多區，但以智利種植面積最廣，法國居次，主要種植於波爾多區。雖非流行品種，但在世界各地都有生產。適合溫和型氣候，產量大，所產葡萄粒小，糖分高，容易氧化。

比起其他重要品種，瑟美戎所產干白酒品種特性不明顯，酒香淡，口感厚實，酸度經常不足。所以經常混合蘇維翁以補其不足，適合年輕時飲用。部分產區經橡木桶發酵培養可豐富其酒香較耐久存，如貝沙克—雷奧良等。

瑟美戎以生產貴腐白酒著名，葡萄皮適合霉菌的生長，此霉菌不僅吸取葡萄中水分，增高瑟美戎糖分含量，且因其於葡萄皮

上所產生的化學變化，提高酒石酸度，並產生如蜂蜜及糖漬水果等特殊豐富的香味。其酒可經數十年的陳年，口感厚實香醇，甜而不膩，以索甸和巴薩克所產最佳。

（十二）卡本內—弗朗（Cabernet Franc）

原產自法國波爾多區，比卡本內—蘇維翁還早熟，適合較冷的氣候，丹寧和酸度含量較低。年輕時經常有覆盆子或紫羅蘭的香味，有時也帶有鉛筆心的味道。肉質豐厚是它口感上主要的特色。在波爾多主要用來和卡本內—蘇維翁和美露混合，其中以聖文美濃所產最佳。羅亞爾河谷也有大量種植，以希濃最為著名。義大利東北部是法國以外最大產區。

（十三）金芬黛

十九世紀由義大利傳入加州，目前為當地種植面積最大的品種，主要用來生產一般餐酒和半甜型白酒或甚至氣泡酒。具有豐富的花果香，陳年後常有各類的香料味。乾溪谷、亞歷山大谷為最佳產區。

（十四）白梢楠

原產自法國羅亞爾河谷的安茹，適合溫和的海洋性氣候及石灰和矽石土質，所產葡萄酒常有蜂蜜香，口味濃，酸度強。其干白酒和氣泡酒品質不錯，大多適合於年輕時飲用，較優者也可陳年。另外白梢楠也適合釀製貴腐甜白酒。在法國安茹和都蘭是主要產區。南非開普敦和加州也相當普遍，但常用來製造較無特性的一般餐酒。

（十五）米勒―圖高（Muller Thurgau）

全球最著名且種植最廣的人工配種葡萄，一八八二年由米勒博士在瑞士圖高用麗絲玲和希爾瓦那配成。不僅成熟快，產量高，且耐多種病蟲害。可惜其酸度、品質及耐久存都遠不及麗絲玲。直至二次大戰後才開始受到重視，是目前德國種植最廣的品種，此外在奧地利、匈牙利、紐西蘭及義大利北部也很常見。由於香味不足且不夠細緻，酸度又常太低，一般僅用來釀製普通的日常餐酒。

五、欣賞葡萄酒

酒的顏色和葡萄的品種、釀造法、年份有關，而且還會隨著酒的年齡改變。僅是透過葡萄酒的顏色，我們就已經可以掌握許多葡萄酒的特性。品酒的時候，無需急著試酒味，也不用急著聞酒香，得先把酒的「面貌」仔細地看個清楚。

除了顏色之外，透過視覺，我們還可以觀察出許多葡萄酒的特質。

（一）澄清

年輕的葡萄酒都很澄清，但這不見得和品質有關，陳年的紅酒就經常會在瓶中留下酒渣。這些沉積物是酒中的丹寧和紅色素聚合沉澱所造成，不會影響酒的品質。但是要特別注意，酒如果變得混濁或出現長條狀及霧狀的痕跡峙，表示酒可能已經變質了。葡萄酒在儲存的過程遇到零下的低溫時，酒中的酒石酸會形成結晶狀的酒石酸鹽，沉在瓶底或依附在瓶壁上。這種沉澱不會

改變酒的味道，酒廠在裝瓶前經過一段時間的冷卻處理就可以避免。要分辨酒的澄清度，只要將酒杯置於眼睛和光源之間即可清楚地觀察。

（二）氣泡

氣泡酒的氣泡和酒的品質有關，高品質的氣泡酒氣泡通常比較細小。香檳等在瓶中二次發酵的高級氣泡酒，氣泡通常比在酒槽中二次發酵的氣泡酒還要細緻。此外，氣泡的產生還必須講究是否夠快，夠持久。酒杯的形式和乾淨程度會影響氣泡的形成，最好選用乾淨的長型鬱金香酒杯。除了氣泡酒之外，有一部分清淡且果香重的干白酒，為了讓酒的口感更清新，會特意在酒中留微量的二氧化碳，品酒時可以在杯壁上看見細微的小氣泡。

（三）濃稠度

搖晃酒杯之後，杯中的酒會在杯壁上留下一條條的酒痕，品酒者把它叫作「酒的眼淚」。這種現象常被用來評估酒的濃稠性，酒愈濃稠酒痕留得愈久。這種說法雖然詩意而且流通廣泛，但是事實上只是和酒精濃度有關，乃表面張力和毛吸管原理造成，和酒的品質並不一定有關。

（四）顏色

觀察葡萄酒可以從顏色的濃度和色調的差別兩方面著眼。依據顏色來分，葡萄酒可以分成紅、白、玫瑰紅三大類。

■ 白葡萄酒

白酒的顏色可以從無色、黃綠色、金黃色一直變化到琥珀色，甚至棕色。干白酒的顏色通常比較淺，年輕時常帶綠色反

光，呈淡黃色，而且隨著酒齡逐漸加深。橡木桶培養的白酒因爲經過適度氧化的緣故，顏色比較深，多爲金黃色。甜白酒也常呈金黃色或麥桿色，陳年後可能變爲晦金色和琥珀色。至於酒精強化葡萄酒的顏色，則視橡木桶培養的時間長短而定。以蜜思嘉甜白酒的淡金黃色最淡，西班牙雪莉酒中的陳年顏色則可以深如棕色。

■ 紅葡萄酒

　　紅酒之間顏色的差別更大，從黑紫色到各種紅色都有，甚至有些紅酒顏色還會褪成琥珀色。一般而言，當紅酒年輕時，顏色愈深濃，酒的味道愈濃郁，丹寧的含量通常也愈高。因爲紅酒的顏色和丹寧主要來自發酵時浸皮的過程，所以通常葡萄皮的顏色愈深，浸皮的時間愈長，酒的顏色也就愈深。卡本內一蘇維翁、希哈、內比歐露等品種以顏色深黑著名，它們酒中丹寧的含量通常也非常高。葡萄成熟度愈高，往往葡萄的顏色愈深。不好的年份葡萄的成熟便不足時，酒顏色會跟著變淡。

■ 玫瑰紅酒

　　顏色介於紅酒和白酒的玫瑰紅酒在口味上與白酒比較接近。粉紅、鮭魚紅、橘紅、淡芍藥紅等都是常見的顏色。其中用紅葡萄直接榨汁的玫瑰紅酒顏色比較淡，味道和白酒很接近。而採用短暫浸皮的方式製成的玫瑰紅酒，顏色比較深，口味也比較重一點。一般玫瑰紅酒都只適合年輕時即飲用，很少久存。當太過年老時，酒色常會變成如洋蔥皮的土黃色。

第三節　葡萄酒正式服務方式

　　葡萄酒由於有許多不同的種類和風味，所以能夠配合各種不同狀況的需要，搭配日常餐點，增加食物的美味，款待貴賓，慶祝節目或紀念日上增添宴會的氣氛，甚至刺激食慾，除此之外葡萄酒也是宗教儀式中不可缺少的重要角色。

一、驗酒

　　當客人要葡萄酒時，服務生或酒吧侍者，將葡萄酒拿著給客人過目，標籤要向著客人，主人便有機會看一看服務生所拿的酒，是不是他所點的酒。給客人驗酒（過目）是飲酒服務中一個非常重要的禮節，絕不能忽視及馬虎，這種驗酒的動作是一種對客人的尊敬，不管客人對酒是否認識，應確實做到，如此會增加用餐的高尚氣氛。

二、酒杯

　　餐廳裡需要三種型態的酒杯，以因應佐餐酒、泡沫酒和飯後酒之用。

　　對佐餐酒用的酒杯而言，大小比形狀更為重要，一般來說，容量約為九盎司或稍大，因此在注入六盎司的酒之後，還留有一些空間供酒香凝聚其上。太小的酒杯不適用於佐餐酒，容量太小的杯子對用餐者來說是很掃興的，因為它無法提供顧客綜合視

覺、嗅覺和味覺的滿足感，因而無法增進用餐的情趣。

三、酒杯佈置

在餐桌上擺酒杯最簡單的原則如下：所有的酒杯都放在開水杯的右方。如果有兩個以上的酒杯，則依使用的順序自右至左排列。這樣的排列方式可方便侍者將酒倒進最近的酒杯，也便於當顧客用完配酒的菜時將酒杯收走。

實際的擺放情形如下：（自右至左）

1. 泡沫酒杯、佐餐酒杯、飯後酒杯、開水杯。
2. 泡沫酒杯、白葡萄酒杯、紅葡萄酒杯、開水杯。
3. 白葡萄酒杯、紅葡萄酒杯、飯後酒杯、開水杯。

四、品酒的方法

將酒杯端起，對準燈光，查看顏色是否正常。紅酒應該清澈亮麗寶石，呈紅或暗紅，白酒應該呈琥珀白，玫瑰紅應該呈現淡玫瑰紅，然後輕搖杯中酒，一面聞其味道是否正常，一面觀察其體質（body）。喝入口中，在口中輕啜，不得一口嚥下，應用舌尖分辨甜度。（圖9-1）

五、接受點酒

葡萄酒服務員之職位，在現在的餐廳中真的是很少見。但它仍是烹調藝術中不可輕忽的一部分。無論在哪裡，人們變得更加

圖9-1 品酒的方式

注意到葡萄酒及其對食物及娛樂的烘托效果。巧妙的供酒服務不僅帶來再度光臨的生意，還可以啓發客人的知識及增加慶祝的氣氛。

不論由葡萄酒服務員或服務生來實行，酒單以優雅及謙恭的方式被接受。當趨近餐桌時，酒單應放置在右手上，不是在手臂之下。除非之前已確認某人是這一餐的主人，否則應將酒單陳示給整桌客人。

握持白酒酒杯，每一個杯子被握在前一個杯子之下。鬆開杯子時則以相反的順序。

步驟1. 在食指及中指間握第一個杯子的底部。

步驟2. 將第二個杯子滑入第一個杯子之下，以小指及無名指握住。

步驟3. 將第三個杯子滑入前一個杯子之下，以中指及無名指握住。

步驟4. 第四個杯子握在大拇指及食指之間。

步驟5. 第五個杯子握在食指及中指之間。

步驟6. 第六個杯子握在第一個杯子之前，小指及無名指之間。

六、供應葡萄酒

　　點完酒之後，還必須決定何時開酒、供酒。如果主人不曾給予指示，則依照以下準則：除非有要求與主菜一起，否則白酒和玫瑰紅酒應在第一道菜上桌時開酒及供酒；紅酒在陳示給主人後，立即在餐桌旁打開並保持在室溫下。紅酒應儘可能保持在開著的狀態，理想上最好能在供應前一小時即打開。這個氧化的過程可以使葡萄酒呼吸。氧化之後，就在主菜送上餐桌之前供應紅酒。

　　如果不同的菜要供應不同的酒，並且每一次供應須配置不同的杯子，則可用手握住杯腳，或用托盤，或用葡萄酒的手推車來搬運杯子至餐桌上。由客人的右方以右手將新的杯子放在前一次杯子的左方餐桌上，然後移走前一次的杯子。如果舊杯中還有酒，而客人還想留著再喝，就不要動它。當這前一次的酒一喝完，就應該立刻移走杯子，除非客人有其他的指示。在某些情況下，比如說當一道菜結束或者點了另一種酒時，不論是否還有酒，移走舊的杯子是正當的。

　　在供應前要確定葡萄酒是在適當的溫度下：

1. 白酒：45°F 至 55°F（7.2°C 至 12.8°C）；理想溫度是 48°F（8.9°C）。

2. 紅酒：60°F 至 75°F（15.6°C 至 23.9°C）；理想溫度是 68°F（20°C）。

3. 香檳酒：38°F 至 42°F（3.3°C 至 5.5°C）；理想溫度是 40°F（4.4°C）。

這些溫度的建議可以進一步細加區分：就紅酒而言，愈新的紅酒，供應溫度應愈低；愈陳的酒，供應溫度應愈高。白酒及醇厚的甜酒應該要比精緻而淡的酒更冰一點來供應。有時薄酒來紅酒要低溫供應。當然，沒有葡萄酒是應該加熱後供應的。

七、供應紅酒

供應紅酒時請依照這些步驟：

1. 自主人的右方向主人陳示瓶子以求認可。如果被認可了，則繼續進行下一步；如果不被認可，則作適當的修正。
2. 在餐桌上或餐桌旁的手推車上開酒。
3. 如果需要，則將酒傾斜。
4. 倒出足夠的葡萄酒（1oz）在主人的杯中以供鑑賞。當傾倒時，將標籤朝外，以使客人易於看到標籤。快倒完時，旋轉瓶子以使標籤朝向主人。旋轉的動作亦可以防止葡萄酒從瓶子的邊緣滴下。
5. 將葡萄酒放在桌子中央使之氧化。
6. 沿著桌子，順時鐘方向供應葡萄酒給客人。傳統上，先供應給女士，然後才是男士。如果流行較不拘禮的態度或風格，則依其座位的順序順時鐘方向即可。倒入杯中約三分之一滿或二至三盎司。在倒酒時應握住瓶子，如此每一位客人都可以看到標籤。最後才供應給主人。
7. 把酒平均分給所有的客人。時時補充杯中的酒，只要瓶中還有酒，就不該有杯子空著。
8. 將酒瓶留置在餐桌上，直到客人離開或供應新的酒。

9. 不要完全倒空一個瓶子，以免倒出沉澱物。

10. 建議再開第二瓶。

八、白酒及玫瑰紅酒

白酒及玫瑰紅酒在供應前應被冷藏過。如前述，供應這些酒的溫度區間是自45°F至55°F（7.2°C至12.8°C）。過冷將會減少葡萄酒的芳香。

（一）開葡萄酒前

將葡萄酒的冰桶填入四分之三滿的冰塊及水。在冷卻器（cooler）中，十五分鐘時間將能充分地冷卻白酒或玫瑰紅酒。供應白酒或玫瑰紅酒時，依照這些步驟：

1. 將葡萄酒冰桶放置在主人的右方。

2. 自主人的右方陳示葡萄酒以請求認可。

3. 將葡萄酒放回冰桶中。

4. 打開葡萄酒。

5. 倒出足夠的葡萄酒於主人的杯中讓其品嚐。

開葡萄酒前，先將葡萄酒放入冷卻器中冷卻。

6. 除了白酒及玫瑰紅酒是保存在冷卻器中以代替放置在桌上外，其餘的分配及供應方式皆與紅酒相同。

供應冷卻過的葡萄酒時，在每一次倒酒時要把冰過的瓶子外的水擦掉。握冰過的瓶子時，手和瓶子間要隔著一條餐巾，這樣可以避免你的手使冰過的葡萄酒溫度升高。

（二）打開葡萄酒

下列打開葡萄酒的方法，需要使用到服務生的開酒器。欲打開葡萄酒需：

1. 在瓶子的端緣之下切開箔片。
2. 取走箔片。
3. 擦拭瓶口。
4. 用手指稍微把軟木塞向下推，以弄破軟木塞與瓶子之間的封蠟。
5. 以小角度插入開酒器，並以一個有力的旋轉將之弄正。
6. 旋轉開酒器直到螺旋物之刻痕只剩二個被留在軟木塞之外。
7. 將開酒器的槓桿放置在瓶子的端緣上。
8. 以左手握住開酒器的適當位置，垂直的拉起開酒器弄鬆軟木塞。
9. 解開槓桿，旋轉開酒器。
10. 慢慢的拉出軟木塞。
11. 聞聞軟木塞是否有任何醋味（如果有粗劣的味道則立刻拿另一瓶來）。
12. 將軟木塞自開酒器上取下，並放置在主人的杯子之右

方。

13. 擦拭酒瓶的端緣及開口。

九、香檳酒的服務方法

氣泡的香檳酒，無論在任何場合都是葡萄酒的王牌。香檳酒無論在哪一餐（早、午或晚餐）都可以飲用，香檳酒必須加以冷卻，酒所含有的二氧化碳發生作用，使其呈現一種前導的氣味及冒氣泡。

（一）開香檳酒前

把冷卻過的香檳酒端進餐廳，並放進小冰桶後，置於客人右邊的小圓桌上面或冰桶，其處理方法與白葡萄酒完全相同，其次，把未開過的香檳酒，給客人過目，然後再度放進小冰桶裡冷卻，把冷卻過的香檳酒杯擺在桌上，使客人們期待飲酒之樂趣。

（二）開香檳酒時

因為瓶內有氣壓，故軟木塞的外面有鐵絲帽，預防軟木塞被彈出去，這個保護軟木塞的鐵絲及錫箔紙必須剝除，先把瓶頸外面的小鐵絲圈扭彎，一直到鐵絲帽裂開為止，然後把鐵絲及錫箔剝掉，當你在剝除鐵絲帽時，以四十五度的角度拿著酒瓶，並用大拇指壓著軟木塞。

用餐巾包著酒瓶，並保持四十五度的傾斜角度，用左手緊握軟木塞，將酒瓶扭轉，使瓶內的氣壓，很優雅地將軟木塞拔出來，繼續數秒，保持四十五度的角度拿酒瓶，防止酒從酒瓶中衝出來，開酒時扭轉瓶子而非軟木塞的原因，是防止扭斷軟木塞，

扭斷了軟木塞，就很難拔掉，開酒時，如手不控制，而讓軟木塞彈出去，會令客人討厭又容易發生危險，要注意瓶塞的彈出，並且絕對不可把酒瓶口向著客人。

（三）開香檳酒的步驟

■ 開瓶的步驟

1. 割破錫箔（在瓶口、用刀往下割）。
2. 把瓶口擦拭乾淨。
3. 拔軟木塞。
4. 再度把瓶口擦拭乾淨。

■ 開香檳酒的步驟

1. 把瓶口的鐵絲及錫箔剝掉。
2. 以四十五度的角度拿著酒瓶，拇指壓緊軟木塞並將酒瓶扭轉一下，使軟木塞鬆開。
3. 一俟瓶內的氣壓彈出軟木塞後，繼續壓緊軟木塞並繼續以四十五度的角度拿酒瓶。
4. 倒酒要分二次，先倒三分之一，俟氣泡消失後，再倒滿三分之二。[4]

（四）倒酒

先把餐巾拿掉，這條餐巾是當你在開酒瓶的時候，預防酒濺到你的身上，並使你手握容易，然後倒給主人少許請其嚐嚐，經主人認可後，開始倒酒，動作分為兩次，先倒大約酒杯容量的三分之一，俟氣泡消失後，再倒滿三分之二至四分之三，其餘的服

侍工作與白葡萄酒一樣。

第四節　啤酒

一、啤酒的歷史

在所有與啤酒有關的記錄中，就數倫敦大英博物館內那塊被稱為「藍色紀念碑」的板碑最古老。這塊板碑乃是紀元前三〇〇〇年前後，住在美索不達米亞地方的幼發拉底人留下來的文字板，從板中的內容，我們可以推斷啤酒已經走進他們的日常生活之中，並且極受歡迎。另外，在紀元前一七〇〇年左右制定的漢摩拉比（Hammurabi）法典中，也可找到和啤酒有關的條項，由此可知，在當時的巴比倫，啤酒已經佔有很重要的地位了。往後，也就是紀元六〇〇年前後，新巴比倫王國已有啤酒釀造業的同業組織，並且開始在酒中添加啤酒花。

二、啤酒的製法

先將大麥麥芽磨成粉末，然後與副材料玉蜀黍、澱粉等一起進行糖化作用。之後，將糖化完成的碎麥芽過濾成麥汁，再添些啤酒花進去煮沸，如此不但可以減少啤酒的混濁現象，更能讓它產生一種獨特的苦味及芳香。接著，先讓它冷卻，然後將除去渣滓的清澄麥汁移到發酵大槽內，添加啤酒酵母後，放在低溫下發酵十日左右，如此一來就可以製出酒精分約在 4.5％上下的新鮮

啤酒。將新鮮啤酒送到貯酒室的大槽內，用0℃的低溫讓它緩慢地醞釀，則其味道及香味不但會加深，而且二氧化碳也會溶於液體之中。充分醞釀後的啤酒必須在低溫下再過濾一次，然後裝瓶，放在60℃下加熱殺菌並出貨。不過，山多利出產的生啤酒卻不經過加熱手續，而是用顯微濾過器（micro filter）去除酵母，在這種技術下，消費者就可以喝到具有生啤酒風味的瓶裝啤酒了。

三、啤酒的種類

啤酒可依產地、原料酵母的種類、發酵法、麥汁濃度、色澤上的差別等分成許多種類。

■ 生啤酒（draught beer）

啤酒發酵後，經過濾並加碳酸氣。但未經過加溫殺菌程序者為生啤酒。生啤酒味道鮮美、可口，但至多只能保存一個星期。

■ 熟啤酒、貯藏啤酒（lager beer）

1. 底部發酵：
   (1) Pilsener此酒是源起於捷克皮爾森的淡色啤酒，台灣啤酒即屬此類型，貯存時間為二至三個月。
   (2) Dortmund也是淡色啤酒，啤酒花用量比Pilsener少貯存時間略長，約三至四個月。
   (3) Munich為深棕色帶麥芽香的啤酒，略帶苦味，苦味較弱，貯酒時間三至五個月。
   (4) Vienna琥珀色，酒精濃度略高的啤酒，無麥芽味或甜味，啤酒花的苦味也較淡。

(5) Bock 深褐色，酒性較烈的啤酒。

(6) Dry 乾啤酒，低卡路里，高酒精含量，濃烈的啤酒。

2. 上面發酵：

麥酒（ale）：為傳統英國式啤酒與 lager 型的差別在於採用上面酵母發酵，貯酒期較短，一般顏色較深，麥芽香味較濃。[5]

■ 黑啤酒、烈酒（stout）

一種顏色最深的麥酒（ale）型啤酒，帶甜味、焦味和強烈麥芽香味，啤酒花用量較高，泡沫持久性良好。

四、啤酒飲用方法

■ 溫度

1. 夏天 6℃至 8℃。

2. 冬天 10℃至 12℃。

啤酒愈鮮愈香醇，不宜久藏，冰過飲用最為爽口，不冰則苦澀。

溫度過低無法產生氣泡，嚐不出其特有的滋味，飲用前四至五小時冷藏最為現想。

■ 汽泡的作用

1. 汽泡在防止酒中的二氧化碳失散，能使啤酒保持新鮮美味，一旦泡沫消失，香氣減少，則苦味必加重，有礙口感。

2. 斟酒時應先慢倒，接著猛衝，最後輕輕抬起瓶口，其泡沫

自然高湧而一口氣或大口一飲而盡，則是炎夏暢飲啤酒的
一大享受。

五、啤酒酒杯

飲用啤酒與洋酒一樣，什麼類型的啤酒須用何種的杯子盛
裝，雖沒硬性規定，但習慣與禮節配合使用，會使您更爲瀟灑更
爲體面。

1. 淡啤酒杯。
2. 生啤酒杯。
3. 一般啤酒杯。

第五節　白蘭地和威士忌

一、白蘭地

人類未使用文字前就已經有葡萄酒了，所以白蘭地也應該算
是比較後期的一種酒。雖然我們不曉得第一個蒸餾葡萄酒的人是
誰，但種種跡象顯示，似乎在十二至十三世紀左右就有葡萄酒
了。在法國國內，和蒸餾白蘭地有關最古老文獻是出現在庇里牛
斯山不遠的阿羅曼尼也克（Armagnac）。由此看來，我們可以推
測鍊金師們的技術大概是沿著庇里牛斯山的路線而傳到法國。

白蘭地的種類

　　現在，白蘭地這個名稱不僅限於葡萄，凡是一切由水果發酵、蒸餾而成的酒都稱為白蘭地。白蘭地若以原料來分類，則可分成兩大類，一是由葡萄製成的葡萄白蘭地（grape brandy），一是由其他水果製成的水果白蘭地（fruit brandy）。

■ 葡萄白蘭地

　　在一般情形下，所謂的白蘭地即是指葡萄白蘭地而言。其實，用蒸餾後留下的葡萄渣所製成的「劣等白蘭地」也是葡萄白蘭地的一種。因為白蘭地是由蒸餾過的葡萄酒製成的，所以一些葡萄酒的主要生產國，多多少少都會生產白蘭地。現在，生產白蘭地的國家除了法國之外，還有西班牙、義大利、希臘、德國、葡萄牙、美國、南非、蘇俄、保加利亞……，而法國康尼也克地方（Cognac）與阿羅曼尼也克地方生產的白蘭地尤其著名，一九○九年法國國內對於康尼也克及阿羅曼尼也克的名稱定有嚴格的限制，除了法律所規定的種類外，其他法國生產的葡萄白蘭地都統稱為 Eau de vie 或法國白蘭地（French brandy）。

　　康尼也克：康尼也克地方出產的白蘭地其正式名稱為 Cognac。除了以法國西部康尼也克市為中心的夏蘭德（Charente）及夏蘭德‧馬利泰姆（Charente Maritimes）這兩個法定的縣市所製的白蘭之外，其他的一概不許以康尼也克稱之。製造康尼也克時，大都採用法定地區出產的聖‧米里恩（在本地稱之為 Ugni blanc）葡萄為原料，等製出酸味高的葡萄酒後再加以蒸餾。蒸餾時必須放入夏蘭德型單式蒸餾器中蒸餾兩次，而貯藏所用的橡木桶材料必須是里摩森（Limousin）或特倫歇（Troncais）森林所出產的橡木，經過長時間緩慢地醞釀後再加以混合、裝瓶，這就

是著名的康尼也克製造過程。

　　阿羅曼尼也克：阿羅曼尼也克地方出產的白蘭地其正式名稱為 Eau de vie de vin d'Armagnac。和康尼也克一樣，除了法國西南部的阿羅曼尼也克、傑魯縣（Gers）全縣，以及蘭多縣（Landes）、羅耶加倫（Lotet Garonne）等法定生產地域外，一概不許冠以阿羅曼尼也克的名稱。製造這種酒時，大都採用佛爾·白蘭西或聖·米里恩品種的葡萄為原料，放在獨特的半連續式蒸餾機蒸餾一次（一九七二年以後，使用康尼也克式單式蒸餾器也在合法之列）。貯藏所用的橡木桶以卡斯可尼出產的黑橡木最佳。和康尼也克相比，它的香氣較強、味道也較新鮮有勁。

■ 水果白蘭地

　　通常，人們稱呼葡萄白蘭地時僅以白蘭地稱之，所以由葡萄以外的任何水果製成的白蘭地則統稱為水果白蘭地。

　　蘋果白蘭地（apple brandy）：使蘋果發酵後製出蘋果汁（cidre，英文拼為 cider），再加以蒸餾而成的一種酒。它的主要產地在法國北部及英國、美國。在法國，這種酒稱為 Eau de vie de cidre，其主要產地是諾曼地，尤其是卡巴多斯（calvados）的蘋果白蘭地──Eau de vie de cidre de Calvados，在世界上非常著名。英法兩國的製法相同，都是利用單式蒸餾器蒸餾，再放入桶中貯藏，而美國則是使用連續式蒸餾機蒸餾，醞釀的時間也比較短，只有三年左右。美國生產的蘋果白蘭地稱為蘋果傑克（Apple Jack），而英國的蘋果傑克是用蘋果滓製成的劣等白蘭地，兩者容易混淆要多注意。

　　櫻桃酒（Kirschwasser）：用櫻桃製成的白蘭地稱為櫻桃酒。在德語中，kirsch 這個字乃是櫻桃的意思，而 wasser 則表示水之意。在法國，它的正式名稱為 Eau de vie de cerise，而一般

都以櫻桃酒（Kirsch）稱之。它的主要產地在法國的亞爾沙斯（Alsace）、德國的士瓦茲沃特（Schwarzwald）、瑞士、東歐等地。1921 年法國政府下令保護「櫻桃酒」這個名稱。

李子白蘭地（plum brandy）：由黃色西洋李發酵、蒸餾而成的 Mirabelle，以及由紫色的紫羅蘭李子製成的 Quetsch 都稱為李子白蘭地。在東歐，Mirabelle 又稱為 Slivovitz、Tuica、Rakia 等。在日本，為了不致和利口酒類的梅子白蘭地混淆，通常都以 Mirabelle、Quetsch 稱之。

二、威士忌

（一）威士忌的語源

威士忌的語源是源自蓋爾語的 Uisge-beatha，Uisge-beatha 這個字演變成 Usgebaugh，然後簡化成 Usky，再轉為 whisky，最後演變成 whiskey。原來的 Uisge-beatha 等於拉丁語的 Aqua Vitae，它的意思是生命之水。

（二）威士忌的種類

威士忌通常都是依據產地來分類，一般說來共有蘇格蘭威士忌（Scotch whisky）、愛爾蘭威士忌（Irish whisky）、美國威士忌（American whisky）、加拿大威士忌（Canadian whisky）、日本威士忌等五種。這些威士忌不但產地不同，在原料、製法、風味等方面也都有所差異。關於世界五大威士忌的原料、混合法及蒸餾法，請參閱表 9-1。其實，威士忌的定義極為困難，大抵上而言，凡是用大麥麥芽來糖化穀類使它發酵，等糖變為酒精之後再

蒸餾，然後放進橡木製的桶子裡釀成的酒都稱為威士忌。

whisky 與 whiskey：現在一般人所使用的威士忌拼音有 whisky 與 whiskey 兩種。大體上而言，蘇格蘭威士忌是使用 ky，而愛爾蘭威士忌則使用 key，日本及其他國家用 ky。美國習慣上是 ky 與 key 併用，但法律用語則為 ky。

■ 麥芽威士忌（malt whisky）

僅用大麥麥芽（malt）製造的威士忌稱為麥芽威士忌。這種威士忌的製造過程是，用泥炭（peat）的燻煙來烤乾麥芽，使它具有特殊的燻煙香味，然後將 peated malt 糖化、發酵，放在單式蒸餾器內蒸餾。比起玉米威士忌，這種酒蒸餾後所得到的酒精濃度較低，而且含有數百種其他成分，必須放在白橡木的桶子裡，經過長期緩慢醞釀而成。貯存中的麥芽威士忌由於種種的原因，

表9-1　威士忌的種類

	原　料	混合法	蒸餾法	主要的商標
蘇格蘭	大麥麥芽、玉米	麥芽威士忌＋玉米威士忌	單式蒸餾器連續式蒸餾機	丹布魯、海格等
愛爾蘭	大麥麥芽（不用泥炭）、大麥、玉米、其他	純威士忌＋玉米威士忌	單式蒸餾器（大型）連續式蒸餾機	塔拉馬留
美國（波本）	玉米、裸麥、大麥、麥芽、其他	玉米威士忌則不混合（指純波本威士忌而言）	連續式蒸餾機	晨光牌、老傑特、I‧W‧哈伯、恩吉安德艾治等
加拿大	玉米、裸麥、大麥麥芽、其他	基酒威士忌＋以裸麥為主的加味威士忌	連續式蒸餾機	加拿大俱樂部等
日本（老牌）	大麥、玉米	玉米威士忌＋麥芽威士忌	單式蒸餾器連續式蒸餾機	老牌、帝沙普等

每一桶都有其微妙的獨特性格,這種強烈、新鮮的性格,乃是構成混合威士忌的主幹。

■ 美國威士忌(American whisky)

所有美國出產的威士忌都稱為美國威士忌。通常我們所飲用的美國威士忌共有純波本威士忌(straight bourbon whisky)、純裸麥威士忌(straight rye whisky)、美國混合威士忌(American blended whisky)三種,不過美國國內法對於威士忌酒的定義與製造法定有詳細的規定,**表9-2** 即是主要的威士忌酒一覽表。

純裸麥威士忌:美國國內有關威士忌的最古老記錄是在一七七○年,該記錄寫著「在匹茲堡製造由穀物蒸餾而成的酒」。根據該項的記錄,我們似乎可以斷定新大陸最古老的威士忌是裸麥威士忌。據說美國第一位總統喬治・華盛頓年輕時,亦曾在維吉尼亞州自己的農場上製造裸麥威士忌出售。

表9-2 美國威士忌的種類

大 分 類	中 分 類	細 分 類
威士忌 　裸麥威士忌 　波本威士忌 　玉米威士忌 　小麥威士忌 　麥芽威士忌 　裸麥麥芽威士忌	純威士忌	純威士忌混合種(A blend of straight whisky)
	純裸麥威士忌、純波本威士忌、純玉米威士忌、純小麥威士忌、純裸麥麥芽威士忌	純裸麥威士忌混合種、純波本威士忌混合種、純玉米威士忌混合種、純小麥威士忌混合種、純麥芽威士忌混合種、純裸麥麥芽威士忌混合種
	混合威士忌	混合裸麥威士忌(以下則依上述為準則如波本、玉米……等)
	美國混合威士忌	
	陳年威士忌	
	烈威士忌	
	淡威士忌	

製造這種酒時，裸麥佔原料的41％以上，至於其他方面則與波本威士忌相同。蒸餾時，它的酒精濃度必須保持在40％及80％之間，然後放入內側燒焦的白橡木新桶內貯藏兩年以上。

純波本威士忌：波本的歷史與美國獨立歷史共同起步。當一七八九年華盛頓就任美國第一任總統時，肯塔基州波本郡的一位浸禮牧師以利亞·克雷克（Elijah Craig）以附近的玉米為原料製出威士忌酒，這種酒即是波本威士忌的先祖。由於該酒產自波本鎮，所以用這個名字命名。而波本鎮地名的由來據說是：該地方有很多法國來的移民，為了懷念法國的波本（Bourbon）王朝，故而以此命名。

波本威士忌是用51％以上的玉米加上裸麥、大麥麥芽等為原料，然後放進連續式蒸餾器中蒸餾至酒精濃度在40％到80％之間，再裝入內側燒焦的新白橡木桶貯藏兩年以上。這種威士忌會因為玉米量的多寡、發酵法、蒸餾的酒精度數，以及醞釀的期間等各種因素，而製出風格不同的酒來。由於商標上的差異，這種酒在口味上富有很多變化，有的香味濃郁酒性輕淡，有的香味濃厚酒性強烈。

田納西威士忌（Tennessee whisky）：有的威士忌在法律用語上稱為純波本威士忌，但私底下卻有另一個名字，那就是田納西威士忌，而「傑克·丹尼爾」（Jack Daniel）即是此酒中的翹楚。一八六六年，住在田納西州林治巴克村的傑克·丹尼爾發現一處會湧出清水的石灰岩洞穴，於是便在該泉的附近建造蒸餾廠，這也是第一座正式被美國政府承認的蒸餾廠。該廠在製造的過程中加入了炭層柔化法過濾蒸餾完成的波本威士忌。經過這種獨特的製造程序，生產出來的威士忌便具有其他純波本威士忌所沒有的清香，而味道也不苦澀。

美國混合威士忌：最受一般美國人歡迎的威士忌就是波本與美國混合威士忌。後者的製造過程是，將20％以上的100 proof（50度）純威士忌和其他威士忌或中性烈威士忌（neutral spirits whisky）混合，使其酒精度維持在80 proof（40度）以上後裝瓶。這種酒輕淡不苦澀，從禁酒令以後便廣受一般人喜愛。代表性的商標是「雪雷‧帝沙普」，它是35％的純波本威士忌混合65％的淡威士忌製成的高級品。

　　陳年威士忌（bonded whisky）：指在保稅倉庫中儲藏並裝瓶的威士忌或政府發行的威士忌（bottled in bond whisky）而言。依據一八九七年的Bottled in Bond Act，在該處貯藏的威士忌必須桶存四年以上，同時在裝瓶時須有政府官員在場監督。這項法律不但能使政府確實地課稅，而生產者付稅的期限也可延長。截至一九五八年為止的二十年間，保稅貯藏尚進行得不錯，可是現在幾乎已形同廢文了。這種瓶裝的威士忌在標籤上都印有Bottled in Bond的字樣。

　　烈威士忌（spirits whisky）：在美國威士忌的分類上，凡是用5％至20％濃度的純威士忌為原酒，其餘用威士忌或中性烈威士忌來補足的酒，都可稱為烈威士忌。

　　淡威士忌（light whisky）：在美國威士忌的分類上，凡是用穀類為原料，在連續式蒸餾機內蒸餾至酒精度為80％至95％後，放入桶內貯藏的威士忌都稱為淡威士忌。貯存用的桶子必須是內側不經燒烤的新白橡木桶，或是裝過波本威士忌的舊桶。這種酒通常用來和其他的酒混合，製成美國混合威士忌。

第六節　琴酒和蘭姆酒

一、琴酒

（一）琴酒的語源

　　琴酒的創始者西爾培斯教授替自己製成的藥酒取了一個具有杜松漿果之意的法國名字——喬尼威（Genievre），並在來登市內公開販賣，後來傳入英國遂改名為琴酒。

（二）琴酒的種類

　　杜松子是屬於松柏類的常綠樹，為了使琴酒散發出獨特的香味，它的果實（杜松漿果）乃是不可或缺的原料，同時琴酒（gin）的語源也是源自杜松漿果（juniper berry）這個字而來的。

　　琴酒可分為荷蘭式琴酒（杜松子酒）及英國式琴酒兩大類。辛辣琴酒最具有英國式琴酒的風味，另外，帶有甜味的老湯姆琴酒、香味馥郁的普里茅斯琴酒，以及散發水果清香的加味琴酒等，也都屬於英式琴酒之列。在德國，也有一種稱之為史坦因海卡的琴酒。

■ 辛辣琴酒（dry gin）

　　一般所說的琴酒乃是指辛辣琴酒而言。它是以裸麥、玉米等為材料，經過糖化、發酵過程後，放入連續式蒸餾機中蒸餾出純度高的玉米酒精，然後再加入杜松漿果等香味原料，重新放入單

式蒸餾器中蒸餾。其實，我們可以說，辛辣琴酒的風格是由玉米酒精決定的，而香味則能添加它的特性。

■ 杜松子酒（Geneva）

　　荷蘭式的琴酒被冠以杜松子酒、Jenever、Dutch Geneva、Hollands、Schiedam 等稱呼。它是採用大麥麥芽、玉米、裸麥等為原料，將之糖化、發酵後，放入單式蒸餾器中蒸餾，然後再將杜松漿果與其他香草類加入該蒸餾液中，重新用單式蒸餾器蒸餾而成的酒。這種方法製出來的酒除了具有濃郁的香氣外，還帶有麥芽香味。杜松子酒較適合純飲，而不適合做為雞尾酒的基酒。

■ 老湯姆琴酒（Old Tom gin）

　　在辛辣琴酒內加入1％至2％的糖分則可製出老湯姆琴酒來。十八世紀時，倫敦的琴酒販賣店往往在自己的店門口放置一架雄貓形狀的販賣機，只要將硬幣投入雄貓的口中，帶有甜味的琴酒便會出現在雄貓的腳部，這種販賣方式很受大眾的歡迎。

■ 普里茅斯琴酒（Plymouth gin）

　　十八世紀後，在英格蘭西南部的普里茅斯軍港所出產的香味濃郁的辛辣琴酒，被稱為普里茅斯琴酒。

■ 史坦因海卡（Steinhager）

　　在德國製造的荷蘭琴酒系列之琴酒稱為史坦因海卡。在數世紀之前，該酒創始於德國威西法里亞州的史坦因海卡村，故而以此命名。它的製造過程是，將發酵完成的杜松漿果放入單式蒸餾器中蒸餾後，再加入玉米酒精，重新蒸餾一次。

■ 加味琴酒（flavored gin）

　　這是一種以水果，而不是以杜松漿果來增加香氣的甜味琴酒。在日本及美國，它被視為利口酒的一種，可是歐洲諸國大都將它歸屬於琴酒。

二、蘭姆酒

（一）蘭姆的語源

十八世紀時，壞血病猖獗於英國的水兵間，某位海軍大將用蘭姆酒給他們喝，因而治癒了這種疾病，於是這位大將博得了「老蘭米」（Old Rummy）的稱呼，而該飲料也改稱為蘭姆（rum）。在當時的俗語，rum 具有 very good 的意思。由於土著們是生平頭一次飲用蒸餾酒，所以大都喝得醉醺醺的，非常興奮（rumbullion），故而一般人使用 rumbullion 的開頭幾個字 rum 做為該酒的酒名，而現在蘭姆的法語拼音 rhum，西班牙拼音 ron 皆是由英語轉變而來的。

（二）蘭姆的種類

一般而言，蘭姆都是依據風味與色澤來分類，並皆可分成三類。就風味上而言，它分成了清淡蘭姆（light rum）、中性蘭姆（medium rum）及濃蘭姆（heavy rum）、等三種；就色澤上而言，它分成無色蘭姆（white rum）、金色蘭姆（gold rum）及黑色蘭姆（dark rum）。

■ 清淡蘭姆

這種酒味道精美、風味清淡，很受世界人士的歡迎。拿它來和蘇打水、湯尼汽水（tonic）、可樂等清淡飲料或種種利口酒混合也不失其獨特的風味與香氣，同時它也是調配雞尾酒時不可欠缺的基酒。

■ 中性蘭姆

它是介於濃蘭姆與清淡蘭姆之間的一種酒。這種酒不但保有蘭姆原有的風味與香味，而且不像濃蘭姆一樣帶有雜味，很適合做雞尾酒的基酒。它的製造過程是，加水在糖蜜上使其發酵，然後僅取出浮在上面的清澄汁液加以蒸餾、桶存；在蒸餾法方面，舊英屬殖民地通常採用單式蒸餾器，而舊西班牙殖民地採用連續式蒸餾機。

■ 濃蘭姆

在所有的蘭姆中，這種酒的風味不但十足，色澤亦呈褐色。它的製造過程是，將採自甘蔗的糖蜜放置二至三日使其發酵，然後再加入前次蒸餾時所留下的殘滓或甘蔗的蔗渣使其發酵，如此就能使濃蘭姆發出獨特的香氣。

第七節　伏特加和龍舌蘭

一、伏特加

（一）伏特加的語源

威士忌、伏特加、白蘭地這三種酒的語源都具有「生命之水」的意思。阿拉伯等古老傳統的鍊金師們，流浪於歐洲各國，這些將漢密士視為守護神的鍊金師們，將各地土產的酒放入自製的蒸餾裝置中，製出蒸餾酒來，然後提供當地的居民飲用。於是，在南歐則產生了葡萄酒的蒸餾酒，在愛爾蘭則出現大麥酒製成的蒸

餾酒，而俄國及北歐則產出了伏特加的前身酒。當時，這些鍊金師們都是屬於知識份子，於是便用拉丁語將這種蒸餾酒稱爲 Aqua Vitae，也就是生命之水的意思。這句話被翻譯成各國語言，法語是 Eau de vie；愛爾蘭及蘇格蘭原先稱 Uisge-beatha，之後再轉爲「白蘭地」（brandy）；而俄國則是從「瑞茲泹尼亞‧沃特」轉變成「伏特加」（vodka）；在北歐它則稱爲 Aqua Vitae。

（二）伏特加的製法

將麥芽放入裸麥、大麥、小麥、玉米等穀物或馬鈴薯中，使其糖化後，再放入連續式蒸餾機中蒸餾，製出酒精度在 75％以上的蒸餾酒來，之後，再讓蒸餾酒緩慢地通過白樺木炭層，如此一來，製出的成品不但幾乎達到無味、無臭的境界，其顏色也會呈無色透明狀，這種酒是所有酒類中最無雜味的酒。不但如此，在製造的過程中，只要原料、蒸餾裝置的構造、運轉條件、炭層的品質及炭層的層數，甚至通過炭層時的速度等有些微的差池，就會影響到品質的好壞。

（三）伏特加的種類

■ 淡味伏特加（mild vodka）

指一九七八年山多利所出售的伏特加（樹冰）而言。以往，世界人士所飲用的上等伏特加，其酒精度通常在 40 至 50 度之間，而「樹冰」的酒精度則比它更低些。這些酒因爲具有輕淡的風味，很適合女性飲用，所以日本的伏特加市場一下子便熱絡起來。它不但適合當做雞尾酒的基酒，也可以純飲或加冰塊飲用。一九八三年，酒精度 20 度的「山多利淡味伏特加樹冰」開始公

開出售。

■ 加味伏特加（flavored vodka）

　　蘇俄及波羅的海沿岸所製造的伏特加往往添加許多香料，故而稱之爲加味伏特加。

二、龍舌蘭酒

（一）龍舌蘭的語源

　　位於馬德雷山脈（Sierra Madre）北側的哈里斯克州之Tequila村乃是龍舌蘭語源的發祥地。Tequila村原來的名字叫米奇拉（Miquila），後來才改名爲Tequila。米奇拉乃是阿斯提卡族的一支，當西班牙人可提斯（Cortes）帶兵入侵時，他們逃到這兒建立村落，於是該村落就稱爲米奇拉村。

（二）龍舌蘭的製法

　　它的原料是Agave Tequilana，爲龍舌蘭的一種，成長期間約八至十年。將直徑70公分至80公分，重量在30公斤至40公斤之間的球莖用斧頭敲開，放入大的蒸氣鍋中蒸餾（以前是放入石室中用蒸氣蒸），如此一來莖中所含的菊糖成分就會分解成發酵性的糖分。自鍋中取出的Agave Tequilana之莖，由於糖化的關係呈褐色色澤，若將它放進滾轉機內壓碎、絞榨，再澆上溫水，則能充分地絞出殘留的糖分。

（三）龍舌蘭的種類

　　蒸餾後的龍舌蘭依貯藏、有無醞釀及醞釀時間的長短而分成

三大類。

■ 無色龍舌蘭（white tequila）

又稱為銀色龍舌蘭（silver tequila）、龍舌蘭布蘭克（tequila blanco），是一種無色透明的酒，具有強烈的香味，它乃是最像龍舌蘭的一種龍舌蘭。本來，龍舌蘭完全不必醞釀，不過有很多的龍舌蘭製法是，原酒經過三個禮拜左右的桶存後，再通過活性炭層，使其成為無色、清淡的精製品。一般而言，後者通常都當做雞尾酒的基酒來使用。

■ 金色龍舌蘭（gold tequila）

又稱為雷波得龍舌蘭（Tequila Reposado）。由於蒸餾後放在桶中貯藏、醞釀，所以呈黃色，且含淡淡木材香味，須貯藏二月以上。

■ 龍舌蘭阿尼荷（Tequila Anejo）

依規定要桶存一年以上，它是一種口味清淡的酒。

第八節　利口酒

一、利口酒的製法

利口酒是一種將果實、花、草根、樹皮等香味放入烈酒中使其具有甜味、色澤的酒。由於製法上的差異，它可分成蒸餾法、浸泡法、香精法（essence）三大類。

（一）蒸餾法

又可分為兩種方法，一是將原料浸泡在烈酒中，然後一起蒸餾；一是取出原料，僅用蒸餾浸泡過的汁液。不管哪一種方法，蒸餾後都須添加甜味與色澤。這種方法主要是用在香草類、柑橘類的乾皮等原料上，由於必須加熱，故又稱為加熱法。

（二）浸泡法

將原料浸泡在烈酒或加糖的烈酒後，抽出其香精的一種方法。這種方法主要是用在蒸餾後有可能變質的果實上，由於不必加熱，故又稱為冷卻法。

（三）香精法

將天然或合成的香料精油加入烈酒中，以增加其甜味與色澤的一種方法。因為利口酒是由貴族、諸侯、修道院的僧人等製造，並傳下來的，所以它的製法都不公開。現在的利口酒製法往往是從三種基本製法演變而來的，所以不同公司所製出的產品都會有些差異。

二、利口酒的語源與稱法

利口酒（liqueur）這個稱呼似乎是由拉丁語 Liquefacere（溶化）或 Liquor（液體）轉變而來的。法國稱它為 Liqueur，德國稱它為 Likor，英國及美國稱它為 cordial，cordial 這個字含有提起精神、使心情愉快的意思。不過，在英國國內，不加酒精的果子露（syrup）往往也稱為 cordial，這點要小心些。

另外，有很多種利口酒都冠以Creme de的稱法。Creme是英語cream的法語拼音。本來，法國公司生產的高級利口酒都冠以這個稱呼，現在這個字則指糖度高、風味強烈的利口酒而言。另外，法國將酒精度在15％以上、香精分在20％以上的酒稱為利口酒，而香精分在40％以上的則冠以Creme的稱呼。Creme de的一部分是原料名稱用的。所以說，冠以Creme這個名稱並不表示該酒中含有奶油，或該酒呈奶油狀。

三、利口酒的種類

要將利口酒分類實在是一件很困難的事。以原酒這點而言，利口酒使用的原酒包含很廣，有白蘭地、櫻桃酒、蘭姆、威士忌、伏特加、琴酒、中性烈酒等；在香味與口味上，它使用的材料種類可說是千奇百怪，包羅萬象，如香草、果實、草根、樹皮、種子、花、堅果類、咖啡、蜂蜜、砂糖等。現在，我們暫且將它分成香草·藥草系列、果實·種子系列、苦藥系列、其他系列（蛋、奶油、人參）等。

（一）香草·藥草系列的利口酒

■ 苦艾酒（absinthe）

法國將它唸成阿布桑德，英國唸成阿布琴斯，日本則唸成阿布山。它是一種利用烈酒抽出苦艾（wormwood）成分的利口酒。absinthe這個名字即是由苦艾的學名Artemisia Absinthium而來的。

進入二十世紀後，苦艾被視為有礙健康的一種植物，因此全世界的利口酒都改用大茴香（aniseed）為主要原料。

■ 白薄荷酒（white peppermint）、綠薄荷酒（green peppermint）

以薄荷葉爲主要香料的清爽利口酒。它的法國名稱爲 Creme de Menthe。將薄荷葉內所含的薄荷香精放入水蒸氣中一起蒸餾，等取到薄荷油精後，再加入烈酒及甜味，這就是白薄荷酒的製造過程；在白薄荷酒中添加綠薄荷的色澤，就成爲綠薄荷酒了。由於薄荷香精能提神、幫助消化，所以很多人在大魚大肉後都喜歡用它做爲餐後酒。漢密士綠薄荷酒、漢密士白薄荷酒都是屬於這類酒。

■ 紫羅蘭酒（violet）

利用紫羅蘭花的色澤與香氣所製成的利口酒帶有美麗的紫色色彩。它的製造過程是，將紫羅蘭的花卉浸泡在烈酒中，抽出其色澤與香氣，再加上甜味。由於它的香味與色澤，有的人也稱之爲「可飲用的香水」。

■ 加里安諾（Galliano）

該酒以一八九〇年衣索匹亞戰爭中的英雄古塞普·加里安諾（Guiseppe Galliano）的名字命名的。它產自義大利，二十世紀初葉才開始問市。在製造過程方面，先將大部分的藥草、香草浸泡於烈酒中，而小部分則用蒸餾的方式處理，最後將浸泡過的烈酒與蒸餾完成的蒸餾液混合，並添加大茴香、香草、藥草等香料，如此一來黃色並帶甜味的利口酒就完成了。

（二）果實·種子系列的利口酒

■ 無色柑香酒（white curaçao）、藍色柑香酒（blue curaçao）、
橙色柑香酒（orange curaçao）

柑香酒是一種以柑橘的果皮來增添風味的利口酒。據說，在十七世紀的時候，荷蘭人從荷屬的古拉索島帶回苦橙子（bitter

orange）的果皮，將它放入烈酒中蒸餾，並添加甜味，完成後則借用古拉索島的島名替它取了個curaçao的名字，於是柑香酒就正式問世了。

■ 茴香酒（anisette）

　　它是一種以大茴香來增添風味的甜利口酒。由於這種酒通常都呈無色透明狀，所以別名稱為無色苦艾酒（white absinthe）。有的茴香酒加水後會和苦艾酒一樣呈白濁狀，故而也有人稱它為Anis Anise。

■ 桃子白蘭地（peach brandy）

　　又稱為桃子利口酒（peach liqueur）。它的製法是，將桃子浸泡在烈酒中，使其產生桃子的香氣與味道，然後再加入白蘭地等混合而成。

■ 櫻桃白蘭地（cherry brandy）

　　它是以櫻桃製成的利口酒，又稱為櫻桃利口酒（cherry liqueur）。製法是，將櫻桃浸泡於烈酒中，如此一來類似杏仁味道的香味便會從種子內溶出，使酒中帶有新鮮的芳香味，將這種液體取出，經過長期間的貯藏後，再加進白蘭地與甜分，則風味絕佳的櫻桃白蘭地就誕生了。在這種酒中，漢密士櫻桃白蘭地、彼得·西潤（Peter Heering）等都相當有名氣。

■ 草莓利口酒（strawberry liqueur）

　　草莓利口酒是一種將草莓浸泡在烈酒中，然後抽出其色澤與香味的粉紅色利口酒，這種酒又稱為草莓白蘭地（strawberry brandy）、佛雷茲利口酒（Liqueur de Fraise）、Creme be Frasise。Fraise乃是法語，它專指草莓而言。漢密士草莓酒即是草莓利口酒的一種。

■ 可可酒（cacao）

　　日本人稱cacao為可可，稱砂糖加可可奶油（cacao butter）調製的點心為巧克力，而法國則稱這種酒為可可利口酒（Cre be cacao）。它的製造過程是，將可可豆浸泡在烈酒中，等抽出其風味與成分後再添加白蘭地及甜分，使它成為色香俱全的利口酒。漢密士可可酒即是屬於這種酒。

第九節　服務酒類飲料

一、為餐桌服務調製飲料

1. 酒保們必須自服務生那裡收到訂單便箋及自預計帳機收到收據才開始製作飲料。收據是確認訂單已編入客人帳單。訂單便箋的小紙片及來自預計帳機之收據皆被分類在一起，且除了酒保之外，其他人皆被禁止與之接觸。

2. 所有取自酒吧的飲料，必須放在酒吧托盤（bar tray）上來搬運。

3. 不要以另一個廠牌來代替。如果客人點了一種特別的牌子，本餐館沒有販賣或是無存貨時，應將之提出讓客人知道，並且詢問其是否想要另選一種。

4. 要在桌邊客人面前混合飲料（mix drinks），像蘇格蘭威士忌及蘇打水（Scotch and soda）。服務生選擇裝了冰塊的正確杯子、拌棒（stirrer），把已開罐的適當調配料及所要求品牌的酒倒入計量杯（jigger glass）或二盎司的酒杯。在

桌邊，服務生詢問客人是否想要把飲料混合。如果是，則服務生將酒倒入杯中，然後倒入調配料直到混合的液體裝至杯子一半。這杯飲料與剩餘的蘇打水一起放在客人的右邊。如果點的飲料與水調配，也是同樣的程序。

二、在酒吧客人面前調製飲料

在客人面前調製飲料時，依照這些步驟：

1. 親切地問候客人，始終帶著微笑並提供你的服務。
2. 自客人那裡取得訂單。
3. 把訂單記在帳上。在帳單角落上記下酒吧座位的號碼（bar stool number）並圈出來。
4. 把帳單放在客人附近，面朝上。

在酒吧客人面前調製飲料。

5. 準備飲料，不要隱蔽瓶子的標籤，並就在客人面前倒出。就算客人坐在吧台前也一樣。

6. 以雞尾酒餐巾放在杯子之下來供應飲料。

7. 拿起帳單。

8. 在帳單上記下價錢。

9. 將帳單還給客人。

第十節　咖啡和茶

一、咖啡

　　咖啡是熱帶的常綠灌木，可生產一種像草莓似的豆子，一年成熟三至四次。它的名字是由阿拉伯文中Gahwah或Kaffa衍生而來。依索比亞西南部據說是首先把咖啡當成飲料的地方。

　　阿拉伯人的傳說是，卡爾迪（Kaldi），一名阿比西尼亞（Abyssinian）牧羊者，看到他的羊在吃這種草莓樣的東西，且注意到隨後山羊不尋常的輕率舉動。後來Kaldi也種了這種似草莓的豆子，並經驗到一種使自己愉快的感覺。結果，由於消息傳播各地，僧侶們將豆子浸泡在熱水中，而咖啡就這樣約在西元八五〇年時被發現了。[6]

（一）咖啡的貯存方法

　　貯存及保有咖啡時應注意的要點有：

1. 將咖啡貯存在通風良好貯藏室中。

2. 研磨好的咖啡，使用密閉或真空包裝，以確保咖啡油（coffee oil）不會消散，導致風味及強度的喪失。如果咖啡不是很快就要用到，可以保存在冰箱中。

3. 循環使用庫存物，並核對袋子上之研磨日期。

4. 貯存咖啡不要靠近有強烈味道的食物。

　　盡可能只在需要時，才將咖啡豆研磨成咖啡粉。咖啡與胡椒子一樣，在研磨後很快即喪失其芳香。同時使用剛磨好的咖啡，永遠都是最好的。

（二）咖啡的種類

　　因產地的不同，以及長期的育種改良，咖啡的品種繁多，有的香醇，有的濃苦，各有特色。其名稱多半以產地和品種區分，一般餐飲業常見的有下列幾種：

1. 藍山：為咖啡聖品，清香甘柔滑口，產於西印度群島中牙買加的高山上。

2. 牙買加：味清優雅，香甘酸醇，次於藍山，卻別具一味。

3. 哥倫比亞：香醇厚實，酸甘滑口，勁道足，有一種奇特的地瓜皮風味，為咖啡中之佳品，常被用來增加其他咖啡的香味。

4. 摩卡：具有獨特的香味及甘酸風味，是調配綜合咖啡的理想品種。

5. 曼特寧：濃香苦烈，醇度特強，單品飲用為無上享受。

6. 瓜地馬拉：甘香芳醇，為中性豆，風味極似哥倫比亞咖啡。

7. 巴西聖多斯：輕香略甘，焙炒時火候必須控制得宜，才能
   將其特色發揮出來。[7]

為了帶出咖啡豆之風味及品質，咖啡豆必須加以適當的烘
焙。烘焙太輕微會產生一種味淡及無特色的產品；焙煎得較黑則
有較強及較不苦的風味。美國的烘焙是最輕微的，義大利的埃斯
普雷索（espresso）是最黑的，在二者之間有許多不同的種類，
例如：維也納（Vienna）、法國（French）及紐奧爾良（New
Orleans）。

早在一九〇〇年間，路德維芝‧羅利阿斯‧阿傑曼（Ludwiz
Roelius Agerman）博士發展了一種以化學的溶劑石油精（benzine）
來蒸未烘焙過咖啡豆的製程。在焙煎時，可自咖啡豆中抽出咖啡
因的這種方法，他以法文稱之為 sans caffine，即「沒有咖啡因」
之意。

去咖啡因咖啡（decaffeinated coffee）可以咖啡豆、顆粒狀或
即深粉末（powdered instant）的形式來發售。理想上應以剛沖泡
的（fresh brewed）形式來供應。如果熱飲是在備餐室（pantry）
中製備，這種方式是易於採行的。如果使用即溶包（instant
packet），應該倒在一個預熱過的咖啡壺中，並在廚房中加入熱
水。這個壺子與一個加熱過的杯子放在一個墊布上來供應。有些
餐館在用餐室中供應這種即溶包與水，以便向客人保證是去咖啡
因的產品。但是這個方法不被推薦，因為大部分的客人喜歡以較
好的方式被服務。

小心遵循下面步驟，將可以確保有最好的咖啡調製：

1. 使用剛烘焙及研磨好的高品質咖啡豆。
2. 選購適合咖啡機用的研磨顆粒。

3. 確定所有的設備及壺子都是乾淨的。

4. 採用受推薦的咖啡與水之比例。

（三）咖啡沖調法

咖啡專賣店或是其他餐飲店常使用的沖調法可分為過濾式、蒸餾式、電咖啡壺及咖啡機四種，分述如下：

■ 過濾式沖調法

無論是用濾紙或濾袋，其方法一致的。在濾紙內放入咖啡粉後，將剛煮沸的水由過濾器的中心緩緩注入，當咖啡粉末完全被浸時，表面完全膨脹起來，隨後便開始一滴滴地過濾出汁。

濾紙的沖水過程一般分為三個階段。第一段使用的水量最少，約只有20％，作用只在把粉末弄溼；咖啡吃水後表面全脹起來，待表面平復下去時，再進行的第二次沖水，分量約30％，沖法一樣要均勻而慢；最後一階段沖水，水量約是50％。

■ 蒸餾式沖調法

蒸餾式沖調的器具，重點在玻璃製的蒸氣咖啡壺和其虹吸作用，透明玻璃可以很清楚地看見沖泡咖啡的全部過程。這種在國內蜜蜂咖啡店內最為流行的咖啡壺，原始發明人是英國的拿比

咖啡機。

亞，他在西元一八四〇年因實驗的試管觸發靈感，創造金屬材質製作的真空式咖啡壺，成為今日蒸餾式咖啡壺的前身。烹煮時咖啡粉裝在上壺，下壺則裝水，將下壺壺身充分拭乾後，再以酒精燈或瓦斯加熱，等水滾開時便直接插入裝好咖啡粉的上壺。等下壺的水全部升到上壺後，將火轉小，並輕輕攪拌咖啡粉兩至三圈，力量不要太大，然後移開火源。這時上壺的咖啡開始流入下壺，即可倒入杯中飲用。此種用虹吸原理煮出的咖啡較香濃，但一次只能煮少數幾杯，較不適合消耗量大的餐廳。

■ 電咖啡壺沖調法

這是最簡單又方便的過濾沖調法，廣受餐飲業之喜愛。使用時，先將咖啡豆置於碾碎機內攪磨，然後加冷水於水箱，蓋上蓋子，通上電流，即會自動沖泡過濾，滴入底部的壺內。此種沖調法可以大量供應，缺點是咖啡擺放時間若太長會變質、變酸。

■ 咖啡機沖調法

八〇年代在國內大為風行的義大利咖啡，最與眾不同的地方是煮咖啡的機器。利用「在密閉容器內，以高溫的水，高壓通過咖啡粉，瞬間萃取咖啡」的基本原理烹煮咖啡。著名的 espresso 義式小杯咖啡是典型產品，坊間現在也有兼打泡沫牛奶的機器，帶動 cappuccino 之流行風潮。[8]

二、茶

茶樹多生長在溫暖、潮濕的亞熱帶氣候地區，或是熱帶的高緯度地區，主要分佈在印度、中國、日本、印尼、斯里蘭卡、土耳其、阿根廷以及肯亞等國家，其中則以中國人飲用茶的記錄最早。

比利時皇家咖啡壺。

　　茶園中的茶樹通常被栽植成樹叢的形狀以利採收，但野生茶樹可長至三十呎高，傳說中國人會訓練猴子去採茶。當茶樹的初葉及芽苞形成時，就可將新葉摘取加工製作；雖說一年四季都有新葉長成，可供採收，但是專家們認為最理想的採取季節應該是四月及五月的時候。

（一）茶的種類

　　根據《現代育樂百科全書》中記載，茶葉依據發酵程度的差異可分為不發酵茶、半發酵茶和全發酵茶三種，不論製作方式、外觀、口感都各具特色。（**表9-3**）

■ 不發酵茶

　　不發酵茶就是我們稱的綠茶。此類茶葉的製造，以保持大自

表9-3　主要茶葉識別表

類別		發酵程度	茶名	外型	湯色	香氣	滋味	特性	沖泡溫度
不發酵	綠茶	0	龍井	劍片狀（綠色帶白毫）	黃綠色	茶香	具活性、甘味、鮮味。	主要品嚐茶的新鮮口感,維他命C含量豐富。	70℃
半發酵（烏龍茶）（或清茶）		15%	清茶	自然彎曲（深綠色）	金黃色	花香	活潑刺激,清新爽口。	入口清香飄逸,偏重於口鼻之感受。	85℃
		20%	茉莉花茶	細（碎）條狀（黃綠色）	蜜黃色	茉莉花香	花香撲鼻,茶味不損。	以花香烘托茶味,易為一般人接受。	80℃
		30%	凍頂茶	半球狀捲曲（綠色）	金黃至褐色	花香	口感甘醇,香氣、喉韻兼具。	由偏於口、鼻之感受,轉為香味、喉韻並重。	95℃
		40%	鐵觀音	球狀捲曲（綠中帶褐）	褐色	果實香	甘滑厚重,略帶果酸味。	口味濃郁持重,有厚重老成的氣質。	95℃
		70%	白毫烏龍	自然彎曲（白、紅、黃三色相間）	琥珀色	熟果香	口感甘潤,具收斂性。	外形、湯色皆美,飲之溫潤優雅,有「東方美人」之稱。	85℃
全發酵	紅茶	100%	紅茶	細（碎）條狀（黑褐色）	朱紅色	麥芽糖香	加工後新生口味極多。	品味隨和,冷飲、熱飲、調味、純飲皆可。	90℃

然綠茶的鮮味為原則,自然、清香、鮮醇而不帶苦澀味是它的特色。不發酵茶的製造法比較單純,品質也較易控制,基本製造過程大概有下列三個步驟:

1. 殺菁:將剛採下的新鮮茶葉,也就是茶菁,放進殺菁機內高溫炒熱,以高溫破壞茶裡的酵素活動,中止茶葉發酵。

2. 揉捻：殺菁後送入揉捻機加壓搓揉，目的在使茶葉成形，破壞茶葉細胞組織，使泡茶時容易出味。

3. 乾燥：製作不發酵茶的最後步驟，是以迴旋方式用熱風吹拂反覆翻轉，使水分逐漸減少，直至茶葉完全乾燥成為茶乾。

■ 半發酵茶

半發酵茶是中國製茶的特色，是全世界製造手法最繁複也最細膩的一種茶葉，當然，所製造出來的也是最高級的茶葉。

半發酵茶依其原料及發酵程度不同，而有許多的變化，基本上來說，不發酵茶是茶菁採收下來後即殺菁，中止其發酵，而半發酵茶則是在殺菁之前，加入萎凋過程，使其進行發酵作用，待發酵至一定程度後再行殺菁，而後再經乾燥、焙火等過程。中國著名的烏龍茶為半發酵茶的代表。

■ 全發酵茶

全發酵茶的代表性茶種為紅茶，製造時將茶菁直接放在溫室槽架上進行氧化，不經過殺菁過程，直接揉捻、發酵、乾燥。

經過這樣的製作，茶葉中有苦澀味的兒茶素已被氧化了90％左右，所以紅茶的滋味柔潤而適口，極易配成加味茶，廣受歐美人士歡迎。

（二）泡茶的用具

喝茶的習慣源自於中國，中國人喝茶，由「解渴」而「品茗」再到「茶藝」，經過一段漫長的歷史演變後，對於茶具的講究，已臻於極致。因此在談茶具的使用，便不能不談中國茶的泡茶品茗用具。一般泡茶所需的茶具除了茶壺外，包括茶杯、茶船、茶

盤和茶匙等，其不同的功能如下：

1. 茶杯：茶杯有二種，一是聞香杯，二是飲用杯。聞香杯較
   瘦高，是用來品聞茶湯香氣用的，等聞香完畢，再倒入飲
   用杯。飲用杯宜淺不宜深，讓飲茶者不需仰頭即可將茶飲
   盡。
   茶杯內部以素瓷為宜，淺色的杯底可以讓飲用者清楚地判
   斷茶湯色澤。
   有時為了端茶方便，杯子也附有杯托，看起來高尚，取用
   時也不會手直接接觸杯口。
2. 茶船：茶船為一裝盛茶杯和茶壺的器皿，其主要功能是用
   來燙杯、燙壺，使其保持適當的溫度。此外，它也可防止
   沖水時將水濺到桌上，燙傷桌面。
3. 茶盤：奉茶時用茶盤端出，讓客人有被重視的感覺。

凡賽斯茶杯。

4. 茶匙：裝茶葉或掏空壺中茶渣的用具。

完備的茶具，不僅能讓茶葉的滋味恰如其分地發揮，也可讓飲茶者充分體驗茶藝精緻優雅的內涵。

十七世紀，當飲茶之風傳到西方時，附帶的姿器（china）也成為西洋飲茶的必備用具。然而經幾世紀的演變，現今歐美飲茶的習慣已由附有把柄的茶杯和乾淨方便的茶袋取代。此外，茶托、牛奶壺、小茶匙、糖碗、銀製茶壺和三隻腳的小茶几成為西方飲茶最常見的設備了。

(三) 茶的製備

所謂「品茗」，是指「觀茶形、察湯色、聞香味、嚐滋味」四個階段，所以在泡茶的過程中，第一步是要選擇好的茶葉。所謂好的茶葉應具備乾燥情形良好、葉片完整、茶葉條索緊結、香氣清純、色澤宜人等條件。

水質的好壞也影響茶味的甘香，蒸餾水雖不能添加茶的甘香，但也不會破壞其風味，是理想的泡茶用水，自來水中含有消毒藥水的氣味，若能加以過濾或沉澱，也一樣保有茶之甘香。

至於泡茶時的水溫，並非都要用100℃之沸水，而是根據茶的種類來決定溫度。

綠茶類泡茶的水溫就不能太高，70℃左右最適宜，這類茶的咖啡因含量較高，高溫之下會因釋放速度加快而使茶湯變苦。再則高溫會破壞茶中豐富的維他命C，溫度低一點比較能保持。

烏龍茶系中的白毫烏龍，是採取細嫩芽尖所製成的，所以非常嬌嫩，水溫以85℃較適宜。

此外，茶葉粗細也是決定水溫的重要因素，茶形條索緊結的

茶，溫度要高些，茶葉細碎者如袋茶等，就不需以高溫沖泡。

　　在泡茶的過程中也須注意茶葉的用量和沖泡時間。茶葉用量是指在壺中放置適當分量的茶葉，沖泡時間是指將茶湯泡到適當濃度時倒出。兩者之間的關係是相對的，茶葉放多了，沖泡時間要縮短；茶葉少時，沖泡時間要延長些。但茶葉的多少有一定的範圍，茶葉放得太多，茶湯的濃度變高，常常變得色澤深沉，滋味苦澀難以入口；茶葉太少又色清味淡，品不出滋味。

　　所以，除了經驗外，一般餐飲業的泡茶過程也會藉助科學的計量或是直接使用茶袋來簡化和統一茶的製備。

註　釋

1. 林裕森，《葡萄酒全書》，台北：宏觀文化，頁 2。

2. 同註 1，頁 5。

3. 同註 1，頁 12。

4. Sylvia Meyer, Edy Schmid, & Christel Spuhler, *Professional Table Service* (New York: VNR,.1990), p.26.

5. Jack D. Ninemeier, *Planning and Control for Food and Beverage Opertions*, 3rd Ed. 1990, p.178.

6. Carol A. Litrides & Bruce H. Axler, *Restaurant Service: Beyond the Basics* (U.S.A.: John Wiley & Sons, Inc., 1994), p.69.

7. 同註 4，p.95.

8. Dennis R. Lillicrap & John A.Cousins, *Food & Beverage Service*, 4th Ed. (London: Hodder & Stoughton, 1994), p.235.

第 **10** 章

宴會服務

宴會是在普通用餐基礎上以餐飲爲主的活動，先經訂席、一群人共聚一堂用餐。通常是儀式性的聚會，國內各國際觀光大飯店及餐廳在黃道吉日總是應接不暇。可是目前利用宴會場所的活動並不只限於餐會而已，其他例如舉辦會議、演講會、研討會、時裝表演、商品說明會、商品發表會，以及記者招待會等，都是宴會場所服務對象。[1]

　　Brillat將宴會定義爲：爲盛大及快樂的餐會建立了和諧的用餐氣氛。

1. 使餐廳光線更加充足，檯布乾淨得耀眼，溫度維持在60°F至68°F。
2. 男士機敏而不矯飾，女士迷人而不過於妖嬈。

宴會廳。　　　　　　　　　　　　　　　　　　　　（凱悅大飯店提供）

3. 菜餚有精緻的品質，但需限制其數量，一流的酒也是一樣，每一種均需與其等級一致。
4. 讓出菜的順序，由最豐富的至最清淡的，酒的等級由最簡單至最頂點的。
5. 用餐的速度要適當，因晚餐是一天中最終的一件事，客人應該像目的地相同的旅行者一樣。
6. 咖啡要保持滾熱，宴客酒也是主人特別精挑細選的。

　　光線、檯布、酒的選擇、菜單的組合、速度都是可以計畫好的項目，有適當的計畫，這些事情將可以完美地執行。計畫與執行是宴會工作人員的職責。

　　承辦宴席業務有三種基本型態：

1. 專賣承辦宴席的宴會部門。
2. 完善豪華的宴會廳及設備。
3. 供應宴會的專屬廚房。

第一節　宴會部門組織

一、宴會部協理

　　為了有效的推銷餐飲，對於餐飲方面的知識是必要的。大部分的旅館皆採用已印製好的菜單。其通常被餐飲業稱之為「宴會的菜單」（canned menus）這些菜單提供了許多選擇性及可能的組合。宴會部協理在需要時應該給予顧客建議，並且協助其做選

擇。很多時候，客人希望特別的、訂製的菜單以及適切的飲料。宴會部協理應該能夠提供趣味的菜單，並且留意廚房的容納量、特殊物品的季節適用性、顧客的期望、服務的限制、可用的設備，同時必須了解該收多少錢。宴會部協理還必須與餐飲部門中的所有部門主管，特別是行政主廚，保持密切的聯繫。

每一場宴會都是一個工作。不論其是商務宴會或者是社交宴會，服務都是一個關鍵要素。基於這個原因，當舉行宴會時，為了照顧到最後的請求，必須隨時最少有一名宴會行政主廚值班。宴會的服務需要許多不同部門的密切合作，即使是餐飲部門之外的員工也是一樣。

宴會部協理應對銷售量及人事費用負起責任，有時候部門中的食物成本亦是他的職責。一般來說，其應每週一次與宴會廳管理工作人員舉行會議，以討論營運的情形。

宴會部協理亦須負責嚴密的監視所有與部門營運有關的安全規則，特別應強調防火方面的規定。此外所有宴會場所的一般維修工作，以及在需要時預定修護工作時間表，也是宴會部協理的職責。

二、宴會廳業務經理

宴會廳業務經理的職責是協助宴會部協理，尤其特別著重在業務方面。在大型旅館中，每一位宴會廳業務經理負責處理若干個指定的業務。大型旅館中的宴會部業務許多都是屬於再度光臨的生意，同時顧客們都喜歡與明瞭他們的需要與請求之業務經理來交涉。在非常大型的旅館中，宴會廳業務經理皆傾向於專業化，有些人負責處理較為商業化的生意，例如會議、貿易展示及

討論會；而其他人則負責處理大型的社交晚宴。許多年輕的男女都喜歡擔任宴會廳業務經理的工作，但是他們發覺很難在其中獲得所需的經驗。因此若期望從事這份工作，最好能先具有在旅館中銷售餐飲方面的背景。促銷宴會廳是一件相當複雜的事，同時要想順利成功就必須先有非常豐富的經驗。

三、訂席中心工作人員

宴會部門中有許多文書工作須處理。信件的數量非常龐大，同時自菜單到場地佈置等，所有宴會廳的通知都是以文書方式公布。在大型宴會旅館中，菜單及通知可能有好幾頁長，而且爲了通知每一個相關的部門，可能需要複印高達五十份。基於這個原因，很多旅館都設置有資料處理中心（word processing center）。通常，這個中心亦負責處理業務部門及其他部門的資料。雖然資料處理中心負責處理大量的文書工作，秘書仍需要記下簡短的備忘錄及口信。業務工作大都藉電話來處理，但爲了稱心如意地處理業務，有效率的辦公組織仍是必須的。

四、宴會廳主任

負責督導所有宴會廳的服務員、會議廳管理員，以及宴會廳管理員。擔任這份工作需要有很好的預定工作時間表和管理的技能。在較大型的旅館中，配備有若干名助理及一名付予薪資的辦事員協助其工作。宴會廳的服務需要能夠恰當的拿捏時間，同時其包含有非常多的工作人員，宴會可以在一天中的很多不同時間舉行，參與者可能更改無數次，而且通常在最後一分鐘還會有很

多預定工作時間表的改變。因此爲了適應變更的需求，必須具有很大的耐心及彈性。宴會廳服務主任雖然不可能要求其外表看起來不慌不忙，但必須周到且細心。這個職位是被付予薪資的，同時可分配宴會廳小費。大型旅館中，宴會廳服務主任可能是一個非常賺錢的工作，但是其工作時間很長而且不固定。

五、宴會廳領班

宴會廳領班（banquet captain）的職務只有少許的差異。其職責包括了服務的管理。基本上來說，一名領班或副主任負責管理一個特定的宴會，同時在服務、拿捏時間，及其他請求各方面工作皆與客人密切相聯。大型或者是錯綜複雜的宴會除了現場領班（charge captain）以外，還需要有樓面領班（floor captain）的服務。通常領班與顧客的比率是一名領班負責六到十桌的客人。這些領班負責服務葡萄酒、督導樓面的服務員，並且處理特別的要求。在宴會廳服務中，適當的拿捏時間是非常重要的事，承辦的領班在與宴會廳主廚調整菜單上的菜時，都是依照樓面領班的資訊而處理。爲了使所準備的每一道菜都有正確的分量，樓面領班還須指揮一名非正式的領班在用餐之前清點一次。

六、宴會廳服務員

宴會廳服務員擁有一份相當艱苦的工作。他們總是隨叫隨到，負責個別的工作或者是宴會。這些工作中有些在很短時間之內即可完成，有些則需要花費很多時間去佈置、服務，以及收拾。

七、宴會廳管理員

宴會廳管理員在從前被稱之為房務員（housemen）。他們負責移動地毯及傢具以改變宴會廳的格局，例如，將會議廳改成舞廳，或者是將歡迎會的佈置改成講堂的裝置。這份工作是相當耗費體力的，同時必須隨時完成。

宴會部門的基本規定是不論這個宴會是在什麼時候結束，宴會廳必須在每一個宴會之後即被打掃乾淨，並且安置妥當。這意味著很多時候，管理員會在清晨兩點為第二天的宴會開始清掃，以及安置宴會廳。

八、音響設備技術員

視聽設備被期望能有採用價值以及運用時毫無瑕疵。同時有些時候若一個旅館可提供的視聽設備服務被認為不適當，則這椿買賣就被漏失掉了。許多旅館透過外界的承包商來提供這些服務，有些旅館則有固定的設備或者是擁有這項設備。在這種情形下，音響設備技術員即成為旅館的員工。

任何時候，音響設備技術員都必須與宴會部門密切的配合，在需要時提供快速的服務。大體而言，音響設備的服務是會議成功與否的決定性因素。

第二節　宴會的預約

在預約、計畫及執行一個宴會時，遵循某些程序是明智的。遵守這些程序，可以確保所有執行的步驟都維持最適宜的控制，同時可以提供各階段宴會組織的方法。

■ 調查（inquiry）

大多數的調查皆在電話上進行。要求可能消費的客人（potential customer）到餐館來討論這件事，如此可以提高預約宴會的機會，同時有助於推銷所有提供的產品及服務。

■ 預估（estimate）

所有的預估都包括有：宴會的日期；人數；服務的形式；每人的消費額；這些的價錢可以供應些什麼；任何可能的額外需要，例如服務員、酒保或花。如果此時做了暫時性的預約，立刻將之登記在總宴會簿（master banquet book）上，如此就不會與其他的預約重疊。總宴會簿是所有暫時及確定的宴會之記錄，記有每一個宴會之日期及地點。當預約登記後，必須著手做檔案夾（file folder），以組織所有與宴會相關之書信及資料。追蹤預估的人數與預約的人數。如果客人決定取消預約，溫文有禮地試著去找出其原因。如果客人同意其預估，應請其簽一份確認書。

■ 確認書（letter of confirmation）

這份文件必須由委託人（顧客）及代理人雙方簽名。這是合法的契約。通常確認書會附有訂金，其數額大小則依公司政策而改變，應給予收據。一旦宴會被確認了，則在總宴會簿上的暫時性的登記必須隨著更改過來。[2]

宴會訂席作業流程見**圖** 10-1。

■ 合約（contract）

　　在宴會舉行前一個月，應該簽一份正式的合約，同時附上另一份訂金，所有的宴會必須被仔細說明及得到同意。任何一方皆不可有誤解的情形。簽署合約可以防止雙方有任何誤解。這份合約必須由顧客及經理或其他被授權的人共同簽署。假若要取消的時候，公司的政策會指示訂金的處理方式，依據合約的約定歸回全部或部分。（**表** 10-1）

■ 宴會平面圖（floor plan）

　　此時要畫出宴會平面圖。副本應分發給所有相關的部門。

■ 宴會單（function sheet）

　　宴會單又稱為工作命令（work order），是沒有記載價錢的合約副本。宴會單可以當成訂購食物及規劃業務的依據。

■ 結束瑣事（finalizing the details）

　　至遲在宴會前一個禮拜，顧客及承辦者必須會面以完成宴會之所有事情。

■ 購買及租借（purchasing and renting）

　　所有必要的食物項目可以去購買，而宴會所需的設備可以用租借。

■ 工作預定時間表（work schedules）

　　依據宴會單設立工作時間表，同時分發給所有相關的部門，包括會計、廚房、前場（front of the house）、餐務部門（stewarding）及其他的人。

■ 宴會（party）

　　宴會之前，在階層會議中所有的人員必須被告知其職責。負責人有權去對客人作最後的清點，同時對任何沒有包含在契約內

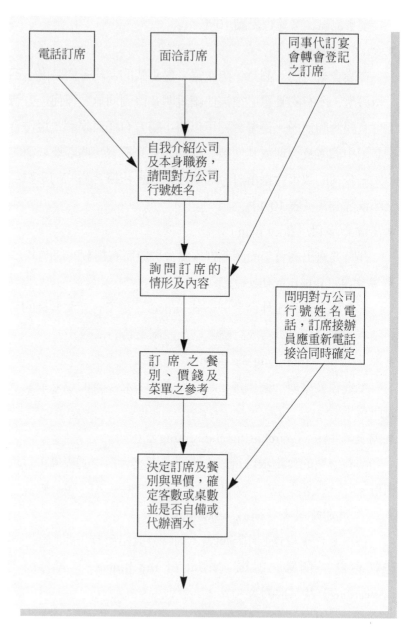

圖 10-1　宴會訂席流程

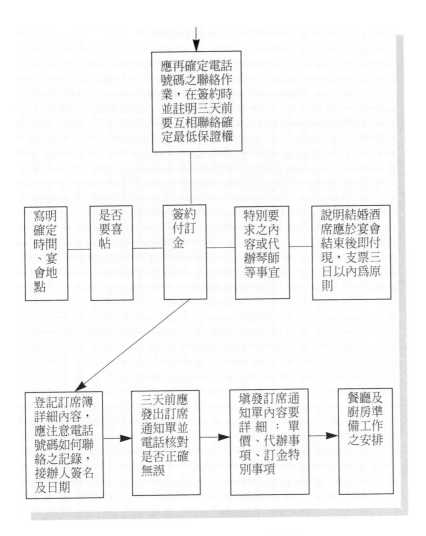

（續）圖10-1　宴會訂席流程

表 10-1　宴會合約樣本

日期：＿＿＿＿＿＿＿

暫定□　確定□

顧客姓名＿＿＿＿＿＿＿＿	付款人＿＿＿＿＿＿＿＿
地　　址＿＿＿＿＿＿＿＿	地　　址＿＿＿＿＿＿＿＿
集會內容＿＿＿＿電話號碼＿＿＿＿租用餐廳＿＿＿＿＿＿	
時間從　　到　　上菜時間＿＿＿保證人數＿＿每位客人收費＿＿	

請注意要在宴會之日前兩週進行最後安排

菜單	其他服務項目

預訂設施需付保證金＿＿＿＿＿，顧客若取消宴會請提前至少90天通知飯店，否則概不退款

估計總款數

＿＿＿＿＿＿
○○飯店

＿＿＿＿＿＿
請您簽名

（請在 30 天內批准契約，退回一份副本時請與保證金一起交來）

注意：本協議所包括的條款列於本契約背頁。

一、顧客雇用、飯店同意提供與本契約各項條文規定一致的各種服務。

二、飯店保留在本次宴請活動舉辦前任何時候索取外加費用和全部費用的權力。

三、顧客同意在宴會舉辦之日前至少 48 小時通知飯店確切的客人數。這個數字將作為保證的最低人數。飯店對超過最低人數 5％以上的來客概不負責膳宿招待。

但也要提供之服務或產品詳細列舉並製作成表。在理論上，這些額外之物沒有顧客之簽名是不被認可的。

■ 最後的帳單（final bill）

最後的帳單需在何時付費應在合約上註明。帳單與其他財務文件一樣要保留在檔案中七年。

■ 事後檢討（follow up）

應該要做一份口頭或書面的事後檢討。如此可以促進業者與客人之間的親善，同時提供工作績效評估的基準。負面回饋可指明哪裡需要改進；正面回饋將凸顯出優點。詳述所有承辦宴席業務的月報是另一種評估宴席部門效率的重要工具，其可將總收入細分成各種類別，以供分析與作未來預算之用。

■ 作成檔案（filing）

建立檔案系統可以確保能使用過去的業務，當成未來業務的來源。一個有效的檔案（active file）可能包含某些業務，例如年會，其可產生再度的交易。

第三節　中式宴會服務

中式宴會服務可分為餐盤服務、轉盤式服務以及桌邊服務等三種方式。其中，餐盤服務最簡單，菜餚均在廚房由師傅依既定分量分妥，再由服務人員依服務的尊卑順序，以右手從客人右側上菜即可，如同西餐的美式服務一般，即所謂的中餐西吃。

轉盤式服務困難度較高，此種方式是由服務人員將菜盤端至轉盤上，再由服務人員從轉盤挾菜到每位客人的骨盤上。採用轉盤式服務時，服務人員必須具備相當程度的服務技巧方能勝任，

是一種較高級且親切的服務，但此種貴賓服務唯一美中不足的是，宴會通常十二人擠於一桌，倘若尚需留出空間方便服務人員分菜，將使客人與服務人員皆感不便，有時甚至破壞原先服務顧客的美意。

鑑於服務受限於餐桌空間的問題，有人便構想出另置旁桌用以分菜的服務方式，於是桌邊服務應運而生。桌邊服務中，服務人員先將菜盤放在轉台上，隨之報出菜餚名稱，旋轉菜盤展示一圈後，便把菜退下並端到服務桌進行分菜，將菜餚平均分盛至骨盤上，而後再端送骨盤依序上桌給所有賓客。至於沒有觀賞價值的羹湯類，則可不經展示就直接端至服務桌，分到小湯碗後便上桌予客人品嚐。桌邊服務方式由於菜盤直接放在服務人員正前方，桌邊的服務空閒亦較寬敞，因而分菜工作比較容易且方便，同時服務人員的工作壓力相對減輕不少。

以上三種服務方式的主要差別在於「分菜方式」的不同，我們只需選擇轉盤式服務來介紹宴會貴賓式的服務，即可以涵蓋另

中式宴會擺設。
（凱悅大飯店提供）

二種服務的要領。茲將宴會貴賓式服務要領分述如下：

一、供應茶水及遞毛巾

　　當客人到達宴會場所時，服務員必須以圓托盤奉上熱茶，茶水倒七分滿即可。隨後，有些餐廳會奉上濕毛巾，甚至配合季節，於冬季使用熱毛巾，夏季使用涼毛巾。服務時，毛巾必須整齊置於毛巾籃裡，由服務人員左手提毛巾籃，右手以手中夾子取濕毛巾逐一服務客人。有些餐廳則於餐桌擺設中，預先擺放一個銀毛巾碟於餐盤左手邊，等全部客人就座後，再於上菜前服務毛巾。現在也有不少餐廳改採濕紙巾代替毛巾服務客人。然則最近衛生局對各大飯店及餐廳抽檢毛巾及濕紙巾，發現90％以上都含有大量螢光劑，造成顧客恐懼而不敢使用，許多餐廳因而不再供應濕毛巾和濕紙巾，改將小餐巾紙放在轉盤上，由客人需要時自行取用。

二、徵詢主人對菜單的要求及預定用餐時間

　　雖然宴會主人早在訂席之初就已決定菜單內容，但為求保險起見，宴會領班仍應在主人到達後，先拿菜單與主人再研究一番，諸如對菜餚口味的需求為何？用餐時間是否急迫？大約需要多久時間上完菜？此外，仍需詢問主人宴會所使用之酒水與預定用餐的時間，以便提早準備並確實控制出菜速度。

三、協助入座

服務員應遵守國際禮儀，協助賓客入座。事先必須先替主賓及女士拉椅子協助入座，待全部就座後，服務員並需協助攤開口布，輕放於客人膝蓋上。

四、上菜前必須先服務妥飲料

客人就座後，服務人員須趨前詢問欲飲用之飲料，務必在前菜尚未上桌前先倒好酒或飲料，以便在替客人分妥前菜後，賓客可以馬上舉杯敬酒。中餐的餐中酒大部分以紹興酒為主，並習慣裝盛以小酒杯飲用，但因直接由大酒瓶將酒倒入小酒杯並非易事，再加上逐一持大瓶酒輪流添酒也可能造成不便，所以服務人員必須在每一桌另外準備四個公杯，轉盤上每邊各置二個。如此一來，客人自行添酒便較為方便。紹興酒最佳的品嚐溫度在35℃到40℃間，是以紹興酒最好能溫熱過後再服務上桌，為此，大部分的餐廳和宴會廳皆有這種溫酒的設備。然而國人一向未如此講究品酒文化，為避免不必要的爭執，服務人員最好能於接受客人點用紹興酒時，便詢問是否有溫酒的需要。假使服務員不主動詢問，而待客人要求時才溫酒，其服務品質就顯得有所欠缺，同時更會延誤上菜時間。若客人點用紅酒，便需在客人點完酒後，馬上更換為紅酒杯。至於點用果汁時，如為盒裝果汁，為使其顯得較為高貴大方，則最好能先將果汁倒入果汁壺再進行服務。

五、上菜展示菜餚並介紹

菜餚由廚房端出後，由服務人員從宴會主人的右側上桌，輕放於轉盤邊緣，並報出菜名，若能就菜餚稍作簡單的解說則更佳。上桌的菜餚經主人過目後，便可輕輕地以順時鐘方向將菜餚轉到主賓前面；然後從主賓開始，依序進行服務。

六、使用服務叉及服務匙分菜

在從前的服務方式中，習慣在上菜時將服務叉及服務匙放於菜盤裡一起上菜，因此很容易使服務叉、服務匙不小心掉入菜盤中。現在，大部分的餐廳和宴會廳已不再將服務叉及服務匙放入菜盤，改而另行準備一個骨盤以放置服務叉匙。服務人員上菜時，如果菜盤以單手端持即可上桌，則以右手端菜盤、左手拿骨盤且上置服務叉匙的方式上桌；如果菜盤需雙手端送才行，則可將服務叉匙與骨盤先放於轉盤上，隨後再將菜餚端上桌。服務員左手所拿持之骨盤除了可以擺放服務叉匙之外，也可用來當作菜盤的延伸。比如當服務員以右手挾菜服務客人時，左手便可藉骨盤以協助接送菜餚到客人的餐盤上，以免菜餚或湯汁不小心滴落到桌面上。有些餐廳更規定服務員在進行服務時，左手腕必須掛有服務巾，以便能即時處理餐桌上的湯汁。

七、分菜的順序

一般中式宴會，通常將餐桌安排為十二個席次，為清楚介紹

服務人員分菜的順序，依時鐘時刻一至十二共十二個鐘點將餐桌位置標示出，茲述如下：

1. 以時鐘座位來講，服務人員站在十一點至十二點中間，先服務主賓，而後再服務十一點鐘座位的客人。一次最多只能服務所在位置左右兩側的賓客，不可跨越鄰座分菜。

2. 服務人員將服務叉匙置於左手骨盤上，再以右手輕轉轉盤，將菜盤以逆時間方向轉至九點鐘及十點鐘之間的座位，服務員站於其間，先後服務坐在十點及九點座位的賓客。

3. 以同樣方式將菜盤轉到位於七點鐘及八點鐘的賓客面前，服務員站在其間，先服務八點鐘位置的客人，再服務七點鐘位置的客人。服務完此兩位賓客後，恰好已服務完主賓右手邊的客人，按著便開始服務主賓左手邊的客人。

4. 以同樣的方式將菜盤依順時間方向轉至一點鐘、二點鐘的客人面前，服務員站立其間，先服務完一點鐘座位的賓客後，再服務二點鐘座位的賓客。再以同樣方式將菜盤轉到三點與四點鐘的客人面前，服務員站於其間，服務完三點鐘座位的客人後，再行服務四點鐘座位的客人。

5. 以同樣方式將菜盤轉到五點鐘位置及主人面前，服務人員站在其間，先服務完五點鐘座位的賓客後，最後再服務主人。分菜工作於焉完成。

八、分魚翅時不能將魚翅打散

宴會酒席中，魚翅堪稱為最尊貴的一道佳餚。通常，一盤魚

翅大概僅有上面一層為魚翅，下面一層則為墊菜類等食物。所以服務員在服務魚翅時，必須具備分菜技巧，不可將魚翅跟墊菜打散，否則魚翅將失去其價值感，並且會造成分菜時有些客人魚翅很多，有些客人則一點魚翅都沒有的情況。經驗不足的服務員可以兩個階段來進行分菜，首先將其墊底的配菜分於碗底，然後再分魚翅於其上。儘可能先少量地分配，如果尚有剩餘再平均分配。等到經驗老到後，即可一次完成配料與魚翅的分配。

九、分菜時需控制分量

分菜時必須先估計每位客人的分量，寧可少分一點，以免最後幾位不夠分配。替全部客人分完第一次以後，如果菜餚還有剩餘也不能馬上收掉，而應將餐盤稍加整理，而後將服務叉匙放在骨盤上，待客人用完菜時自行取用或是由服務人員再次服務。原則上，服務人員可主動替先食用完菜餚者再次進行服務，並不需詢問客人：「需不需要再來一些？」假使客人覺得不需要，他自然會拒絕，詢問反而會使其感到為難，因為客氣（想吃而又不好意思說）的人總是比較多。

十、未分完的菜餚可使用骨盤盛裝

若前一道菜餚尚未吃完而下道菜已經送達，或是轉盤上已排滿幾道大盤菜，沒有辦法再擺上另一道菜時，服務員可將桌上的剩菜以小盤盛裝，放置在轉盤上，直至客人決定不再食用該道菜，才可以把菜收掉。

十一、供應下一道菜前需更換骨盤或碗

　　一旦賓客食用完其骨盤上的菜餚，便可更換骨盤，尤其在貴賓式的宴會中，更講求每一道菜都必須更換骨盤和碗。服務員更換骨盤時，使用圓托盤以放置替換的新舊骨盤，且應將殘盤全部收拾完畢後，再換上乾淨的骨盤。此外，必須在替全桌賓客更換好骨盤後，才可繼續上下一道菜。如果下一道菜為湯品時，則須先將小湯碗整齊擺放於轉盤邊緣，然後才上湯，並進行舀湯、分湯的服務。

十二、正式宴會時需供應三次毛巾

　　從前的貴賓式服務，一餐當中供應三次毛巾，即就座、餐中與上點心前共三次，但近來因衛生單位的建議，各大飯店已儘量減少使用濕毛巾，因其常含有大量螢光劑。其實，每人座位上都已備有口布，濕毛巾並非絕對需要，只要在食用可能會以手碰觸的菜時，能隨菜供應洗手碗，即可替代濕毛巾的功能。

十三、供應洗手盅

　　遇到有以手輔助食用的菜餚時，例如，帶殼的蝦類或是螃蟹類等，必須隨菜供應洗手碗。貴賓式服務中，應為每位賓客各準備一只洗手碗。在西餐裡，洗手碗皆盛以溫水，再加上檸檬片或花瓣，而中餐裡則常用溫茶加檸檬片或花瓣。

十四、湯或多汁的菜餚需用小湯碗

除了湯品需要使用小湯碗盛裝之外，一些多汁的菜餚，也必須採用小湯碗服務，以方便客人食用。所以服務人員在宴會之前，便須依菜單中菜色需要，準備足夠的湯碗備用。

十五、在轉盤上分湯時需注意事項

服務湯類或多汁菜餚時，在菜未上桌前，服務員必須先從主人右側將小湯碗擺於轉盤邊緣，並預留菜餚或湯品的放置空間，待端上菜餚後，立即站在原位將菜餚或湯分於小湯碗中。分完後再輕輕旋轉轉盤，將小湯碗送至主賓前開始服務。分別服務賓客拿取小湯碗食用後，若發現玻璃轉盤上滴留有湯汁或食物，必須立即以預先準備的濕口布擦拭乾淨，以免客人看了胃口盡失。

十六、分菜餚到骨盤時，菜餚不可重疊

一道菜餚有兩種以上的食物時（例如大拼盤或雙拼盤），在分菜時便需將菜餚平均分至骨盤上。分菜的位置應平均，不可將菜餚重疊放置服務客人。此外，服務人員分菜時也應留意客人對該菜餚的反應，比如是否有人忌食或對該菜餚有異議，並應立即給予適當處理。

十七、桌上服務魚的技巧

　　服務全魚時需具備一些技巧。當整條魚上桌時，使魚頭朝左，魚腹朝桌緣，轉盤上並需準備二個骨盤，一個擺放餐刀及服務叉匙，一個備以放置魚骨頭。首先，以餐刀切斷魚頭及魚尾，接著沿著魚背與魚腹最外側，從頭至尾切開，然後再沿著魚身的中心線，從頭至尾深割至魚骨。切完後，以餐刀及服務叉將整片魚背肉從中心線往上翻攤開，同樣的再將整片腹肉往下翻攤開，至此即可很容易將餐刀從魚尾斷骨處下方插入，慢慢的往魚頭方向切入。在利用餐叉的協助下，將整條魚骨頭取出放在旁邊的骨盤上，然後在魚肉上淋以一些湯汁，再把背肉和腹肉翻回原位即成一條無骨的全魚。一切就緒後，將轉盤輕輕轉到主賓前面，開始使用服務叉匙分魚給客人。

十八、供應點心前需清理桌面

　　魚通常是最後一道主菜，所以必須在客人用完魚、上點心之前，先將客人面前的骨盤、筷架、筷子、小味碟等全部整理乾淨，轉盤上的配料及剩餘的菜餚也需一併收拾。將餐桌約略整理過後，替每位賓客換上新骨盤和點心叉，接著才可以上點心。

十九、奉上熱茶

　　上完點心水果之後，服務人員必須再替客人奉上一杯熱茶。比較講究的餐廳，宴會最後會在現場表演泡老人茶，當場端給客

人品嚐，這也不失爲一個很好的噱頭和賣點。

第四節　西式宴會服務

一般而言，在正式的西式宴會上，通常會於宴會開始之前，先安排大約半小時至一小時左右的簡單雞尾酒會，讓參加宴會之賓客有交流之機會，互相問候、認識。在酒會進行的同時，服務該宴會之員工必須分成兩組，一組負責在酒會現場進行服務，另一組則在晚宴場所做餐前的準備工作。餐前的準備工作包括：

1. 準備大小托盤及服務布巾。

西式宴會擺設。
（凱悦大飯店提供）

2. 準備麵包籃、夾子、冰水壺、咖啡壺等器具。

3. 準備晚宴所需使用之餐盤、底盤，以及咖啡杯保溫等。

4. 將冰桶準備妥當，放在各服務區，並將客人事先點好的白酒打開，置放於冰桶中。

5. 備置紅酒籃，並將紅酒提前半個鐘頭打開，斜放在紅酒籃，使其與空氣接觸，稱之為「呼吸」。

6. 於客人入座前五分鐘，事先倒好冰水。

7. 於客人入座前五分鐘，事先將奶油擺放在餐桌上。

8. 於客人入座三分鐘前，將桌上蠟燭點亮，並站在各自工作崗位上，協助客人入座。

待一切準備工作就緒，接著便可著手進行宴會之餐桌服務。整體而論，西式宴會的餐桌服務方式有其特定之服務流程與準則，但宴會時所採取的餐飲服務方式仍須視菜單而定，亦即服務人員應依照菜單內容，進行不同的服務與餐具擺設。以下將以一張四式套餐菜單為例，詳細說明大型西式宴會時的服務方式。

一、服務麵包

1. 將麵包放入裝有口布的麵包籃內，然後從客人的左手邊服務到客人的麵包盤上。

2. 正式宴會中，麵包皆採獻菜服務或分菜服務，客人食用完麵包後必須再次服務之，直到客人表示不需要為止。

3. 在宴會時，不管麵包盤上有無麵包，麵包盤皆須保留到收拾主菜盤後才能收掉；若該菜單上設有起司，則需等到服務完起司後，或於服務點心前，才能將盤子收走。

二、斟上白葡萄酒

1. 以口布托著酒瓶，並將酒的標籤朝上，從右手邊展示給主人觀看，以確認其點用的葡萄酒正確與否。
2. 先倒少量的白葡萄酒讓主人試飲，等主人允許後便可由女士開始進行服務，最後方以服務主人做結。
3. 倒酒時務必將酒瓶的標籤朝上，慢慢地將酒倒進顧客杯中約二分之一至三分之一杯即可。
4. 倒酒時應注意不可使酒瓶碰觸酒杯；每倒完一杯酒，需輕輕地轉動手腕以改變瓶口方向，避免酒液滴落。
5. 服務完所有賓客之後，服務人員必須將酒再度擺回冰桶中以繼續維持白葡萄酒的冰涼。

三、送上冷盤

1. 廚房通常先將鵝肝醬擺妥於餐盤上，而後再放到冷藏庫冷藏。
2. 服務人員應從賓客右手邊進行服務。上菜時，拿盤的方法應為手指朝盤外，切記不能將手指頭按在盤上。
3. 鵝肝醬一般附有每人二片烤成三角形的吐司餅。服務人員同樣必須用麵包籃，將餅由客人左手邊遞到麵包盤上，讓客人搭配鵝肝醬食用。
4. 正式宴會時服務員必須等該桌客人皆食用完畢，才可同時將使用過之餐具撤下。收拾餐盤及刀叉時，應從客人右手邊進行。

四、鮮蝦清湯

1. 從客人右手邊送上湯。
2. 待整桌同時用完湯後，將湯碗、底盤連同湯匙從客人右手邊收掉。
3. 此時，服務人員須注意客人是否有添加麵包或白酒之需要，應給予繼續的服務。並注意若湯碗有雙耳，擺放時應使雙耳朝左右，平行面向客人，而不可朝上下。

五、白酒茄汁蒸魚

1. 白酒茄汁蒸魚是一道熱開胃菜。為了保持熱菜的新鮮度，師傅在廚房將菜餚裝盤妥當後，便應立即由服務人員端盤上桌，而不像冷盤可先裝好再放入冰箱冷藏預備。
2. 為應付上述情況，宴會主管在大型宴會中必須有技巧地控制上菜的方法。因為在正式宴會裡，必須等整桌都上完菜後才能同時用餐，若仍讓每位服務人員同時服務自己所負責的桌，便常造成同一桌次之賓客有的已經上菜，有的仍須等菜，導致已上桌之熱菜在等待過程中冷掉。舉例來說，每位服務人員服務一桌（通常為八位賓客）時，冷盤類可事先做好放置於冷藏庫，服務人員拿取容易；湯類僅以托盤即可拿完；而熱食類則因廚房必須現場打菜，故服務人員需排隊取菜，每次只能端二到三盤，等到上好一桌八位賓客時，已然排隊數次，已上桌之熱菜冷掉乃意料中之事。

3. 基於上述理由，全體服務人員在該狀況下必須互相協助，不能只服務自己所負責的桌次。應由領班到現場指揮，讓全體服務人員按照順序一桌一桌上菜，避免造成每桌均有客人等菜的現象，並方便讓整桌先上完菜的客人先用餐。

4. 服務人員須等該桌客人全都用完白酒茄汁蒸魚後，從客人右手邊同時將餐盤及魚刀、魚叉收掉。

六、雪碧

1. 主菜之前如有一道雪碧，其目的是為清除之前菜餚的餘味並幫助消化，以便能充分享受下一道菜——主餐。

2. 雪碧一般皆使用高腳杯以盛裝。服務時可用麵包盤或點心盤加花邊紙，由客人右手邊上菜服務。

3. 須等同桌客人都用完時才一起收，但收時必須將墊底盤於主餐之前一起收掉。

七、紅葡萄酒

1. 除非客人要求繼續飲用白葡萄酒，否則在服務紅葡萄酒前，若客人已喝完白葡萄酒，便應先將白葡萄酒杯收掉。

2. 為使酒呼吸，紅葡萄酒在上菜前已先開瓶，所以服務人員可直接從主人點酒者右側，將酒瓶放在酒籃內，標籤朗上，先倒少量（約1oz左右）的酒給主人或點酒者品嚐。

3. 當主人或點酒者評定酒的品質後，服務人員便可將酒瓶從酒籃中移出或仍然置於籃中，並維持標籤朝上依序服務所有賓客。

4. 服務紅酒時，如遇客人不喝紅酒，服務人員必須將該客人的紅酒杯收掉，不可將其倒蓋於桌上。

5. 倒葡萄酒時速度不可求快，應該慢慢地倒並注意別讓酒瓶碰觸到酒杯；每當倒完一杯酒之後，服務人員可輕輕轉動手腕以改變瓶口方向，避免酒液滴落。

八、主菜

1. 採用與白酒茄汁蒸魚相同之服務方式，必須由領班在現場指揮，一桌一桌地上菜，不可各自上自己服務的桌。否則，一樣會造成同桌賓客有人已上菜，有人仍在等菜的情況。

2. 醬汁應由服務人員從客人左手邊遞給有需要者。

3. 服務人員必須等所有客人都已用完餐，才能從賓客右手邊收拾大餐刀、大餐叉及餐盤。麵包盤則必須等到起司用完後才能收掉，並非撤於食畢主餐之後。

4. 用完主餐後，應將餐桌上的胡椒鹽同時收掉。

5. 替客人添加紅酒時，最好不要將新、舊酒混合，必須等到客人喝完後，再進行倒酒服務。

6. 注意煙灰缸之更換，應以不超過二支煙頭為原則。

九、精選乳酪

1. 服務起司（cheese）之前，服務人員必須左手拿持托盤，右手將小餐刀、小餐叉擺設在客人位置上。

2. 將各種起司擺設在餐車上，由客人左手邊逐一詢問其喜

好，依序服務。若宴會人數眾多，便應先於廚房中備妥，再採用餐盤服務，從客人右手邊上菜。

3. 服務起司的同時，亦需繼續服務紅葡萄酒和麵包。

4. 同桌賓客皆食用完後，服務人員必須將餐盤、小餐刀及小餐叉從客人右手邊收掉，麵包盤可拿著托盤由客人左手邊收掉。

5. 準備一份掃麵包屑用之器具，將桌面清理乾淨。

十、甜點

1. 點心之前，桌上除了水杯、香檳杯、煙灰缸及點心餐具外，全部餐具與用品皆需清理乾淨。假使桌上尚有未用完之酒杯，則應徵得客人同意後方可收掉。

2. 上點心之前若備有香檳酒，須先倒好香檳才能上點心。

3. 餐桌上的點心叉、點心匙應分別移到左右邊來方便客人使用。

4. 點心應從客人右手邊上桌，餐盤、餐叉及餐匙之收拾也將從客人右手邊進行。

5. 在咖啡、茶未上桌之前應先將糖盅及鮮奶水盅放置在餐桌上。

十一、咖啡或紅茶

1. 點心上桌後，即可將咖啡杯事先擺上桌。

2. 上咖啡時，若客人面前尚有點心盤，則咖啡杯可放在點心盤右側。

3. 如果點心盤已收走，咖啡杯便可直接置於客人面前。

4. 倒咖啡時，服務人員左手應拿著服務巾，除方便隨時擦掉壺口滴液外，亦可用來護住熱壺，以免燙到客人。

5. 隨餐服務的咖啡或茶必須不斷地供應，但添加前應先詢問客人，以免造成浪費。

十二、服務飯後酒

服務完咖啡或茶後，即可提供飯後酒之點用，其方式跟飯前酒相同。通常宴會廳都備有裝滿各式飯後酒的推車，由服務人員推至客人面前推銷，以現品供客人選擇，較具說服力。

十三、服務小甜點

服務小甜點時不需要餐具，由服務人員直接服務或每桌放置一盤，由客人自行取用。

以上是藉西式宴會套餐菜單實例所做之服務方式說明，然則除如上所述之各項菜餚之服務方法外，在西式宴會中，服務人員尚有一些基本服務要領必須注意：

1. 同步上菜、同步收拾：在宴會中，同一種菜單項目需同時上桌。若遇有人其中一項不吃，仍需等大家皆用完該道菜並收拾完畢後，再和其他客人同時上下一道菜。

2. 確保餐盤及桌上物品的乾淨：上菜時須注意盤緣是否乾淨，若盤緣不乾淨，應以服務巾擦乾淨後，才能將菜上給

客人。餐桌上擺設的物品如胡椒罐、鹽罐或杯子，也須留意其乾淨與否。

3. 保持菜餚應有的溫度：服務時，應注意食物原有溫度之保持。有加蓋者，需於上桌後再打開盤蓋，以維持食物應有的品質；盛裝熱食的餐盤也需預先加熱，才能用以盛裝食物。因此，服務用的餐盤或咖啡杯，必須存放在具保溫功能之保溫箱中，而冷菜類菜餚，也絕對不能使用保溫箱內之熱盤子來盛裝，以確實維持菜餚應有的溫度。

4. 餐盤標誌及主菜餚的位置應放置在既定方位：擺設印有標誌的餐盤時，應將標誌正對著客人。而在盛裝食物上桌時，菜餚亦有一定的放置位子，凡是食物中有主菜之分者，其主要食物（例如牛排）必須靠近客人；點心蛋糕類有尖頭者，其尖頭應指向客人，以方便客人食用。

5. 調味醬應於菜餚上桌後才予服務：調味醬分為冷調味醬和熱調味醬。冷調味醬一般均由服務員準備好，放在服務桌上，待客人需要時再取之服務，例如番茄醬、芥末等；而熱調味醬則由廚房調製好後，再由服務人員以分菜方式服務之。最理想的服務方式應為一人服務菜餚，一人隨後服務調味醬，或者在端菜上桌之際，先向客人說明調味醬將隨後服務，以免客人不知另有調味醬而先動手食用。

6. 應等全部客人用餐完畢才可收拾殘盤：小型宴會時，需等到所有賓客皆吃完後，才可以收拾殘盤，但大型宴會則以桌為單位即可。在正式餐會中，若於有人尚未吃畢就開始收拾，似乎意在催促仍在用餐者，有失禮貌。

7. 客人用錯刀叉時，需補置新刀叉：收拾殘盤時要將桌上已不使用的餐具一併收走，若有客人用錯刀叉時，也需將誤

用之刀叉一起收掉，但務必在下道菜上桌前及時補置新刀
叉。

8. 服務有殼類或需用到手的食物時，應提供洗手碗：凡是需
用到手的菜餚如龍蝦、乳鴿等，均需供應洗手碗。洗手碗
內盛裝約二分之一左右的溫水，碗中並通常放有檸檬片或
花瓣。有些客人可能不清楚洗手碗的用途，所以上桌時最
好稍事說明。隨菜上桌的洗手碗視同為該道菜的餐具之
一，收盤時必須一起收走。

9. 拿餐具時，不可觸及入口之部位：基於衛生考量，服務人
員拿刀叉或杯子時，不可觸及刀刃或杯口等將與口接觸之
處，而應拿其柄或杯子的底部，當然手也不可與食物碰
觸。

10. 水應隨時添加，直到顧客離去為止：隨時幫客人倒水，
維持水杯適當水量約在二分之一到三分之二之間，一直
到客人離去為止。

第五節　宴會的促銷

許多餐會的銷售都是與集會及會議相關聯，但是大部分的旅
館仍然有場地銷售給當地的市場。宴會部主任不能依賴詢問的電
話，和輕易得到的生意來填滿其場地，所以行銷是必要的。

行銷要由行銷計畫開始。首先，旅館的需求應被確認，例
如，宴會廳什麼時候多半空著，以及什麼樣大小的場地可以被填
滿。根據這些資料，大概的市場就可以被確認，接著下一步即是
分析這個市場的需要。只有當這些基本資料皆得到後，才可以寫

下行銷計畫。

　　事實上，許多市場皆必須被考慮到，因為生意的階層有非常大的不同。獲得生意的方法有很多種，在這裡我們只能提供部分的建議：個人的交際；依據舊有檔案再度光臨的生意；與競爭的旅館同業們接觸；航空公司的業務；與慶賀國外國定假日的團體接觸；與宗教團體、教會、慈善事業、職業團體、政黨、結婚新人、商會，以及其他許多團體交涉；在報紙、雜誌，或者是電台上做廣告，此種做法在大城市中費用很高，但是很有效果。獲得生意最好的方法是憑藉口耳相傳，如：成名的精美食物、服務、環境氣氛，以及個人的用心，生意自然會送上門來，每當舉行宴會時，旅館被暴露於潛在的顧客之前。如果他們喜歡他們所看到的，他們就會推薦這個旅館。[3]

宴會部門應注意之事項

1. 隨時有人值班。
2. 儘可能延長宴會部辦公室開放的時間。
3. 隨時提供良好的電話以供使用。
4. 在需要時預定可用的視聽技術員之工作時間表。
5. 注意冷、暖器及燈光的程度。
6. 多注意音響系統。
7. 確定門不會猛然地關上及嘎嘎作響。
8. 提供活頁便箋、糖果、鉛筆，及冰水給集會使用。
9. 永遠準時。
10. 特別注意工作中途短暫的會議休息時段。
11. 留意會議規劃單位，並確定提供所需服務。

12. 準備易於看懂的數字牌。

13. 印製給客人的資料要提供備份。

14. 協助菜單設計，並且校對其錯誤。

15. 注意為參加宴會及會議的客人提供良好的傳話服務。

16. 在休息時間清理及服務會議室。

17. 確定宴會的訂單、菜單及指示。

18. 運用想像力，極力促銷。

19. 在宴會中促銷葡萄酒及酒類飲料。

20. 向所提供的特別服務收取費用。

21. 與行政主廚保持良好溝通。

22. 注意所有設備的清潔情形。

23. 在確認特定年份的葡萄酒前，先核對是否可實現。

24. 恰當的任用衣帽寄放處工作人員。

25. 留意廁所的清潔。

26. 隨時保持宴會廳呈現可接受的整齊狀態，使其可以被展
    示。

27. 避免自助餐排長龍，提供複合式餐檯。

28. 在歡迎會中不斷地穿梭服務。

29. 避免酒吧排長龍，注意其位置。

30. 在自助餐中提供充裕的服務器具及瓷器。

31. 確定自助餐桌被裝飾得引人注意。

32. 與顧客密切配合，將宴會看或是一件大事來處理。

33. 確定服務是親切且專業的。

34. 留意儘可能擴大場地。

附　錄　宴會服務標準作業程序

營業前的準備工作

1. 營業前的準備工作分爲下列七大部分：
   (1)服務檯的清潔準備工作。
   (2)餐廳清潔工作。
   (3)餐桌、餐具之佈置及擺設。
   (4)接待員之準備工作。
   (5)其他營業前的準備工作。
   (6)參加簡報。
   (7)營業前的檢查工作。
2. 前述(1)-(5)準備工作，由領班、服務員（生）依規定時間內共同完成，經理協助之。
3. 簡報由經理主持，本餐廳所有當班工作人員必須參加。
4. 營業前的準備工作，依時完成後，由經理依「每日工作檢查表」（見附表5-1）上所列項目一一詳細檢查，以確定依規定完成。

（一）服務檯的清潔準備工作

1. 服務檯：
   (1)服務檯擦拭乾淨。
   (2)換上乾淨的墊布桌布。

(3)查看保溫爐內的溫盤是否乾淨。

(4)補足餐盤。

(5)托盤墊上花邊紙。

2. 服務推車每一部所需之餐具：

(1)服務叉匙。

(2)茶匙。

(3)小分匙。

(4)剪刀。

(5)煙灰缸。

(6)牙籤筒。

(7)餐盤。

(8)保溫器。

(9)服務巾。

並且準備營時要用的醬油、醋、辣椒及小菜。

（二）餐廳清潔工作

1. 送檯布：

(1)帶著「檯布送洗單」（如附表 5-2），把髒檯布、口布送到洗衣房。

(2)領回「檯布送洗單」上記錄數量的乾淨檯布。

(3)依照尺寸歸類，墊布送至出菜區。

2. 吸地毯：

(1)把牙籤或不易吸進去的東西先撿起來。

(2)由裡往外吸，並且要把椅子移開。

(3)範圍：中餐廳、宴會廳。

3. 擦拭傢具：

(1)吧檯地區、接待檯。

(2)玻璃展示櫃、自助餐檯。

(3)宴會廳、走道、沙發茶几清潔。

4. 擦拭酒杯：

(1)先清出一部服務推車，鋪上車巾，置上所有酒杯。

(2)在有空的 VIP room 擦拭。

（三）餐桌、餐具之佈置及擺設

1. 所有餐具應事先擦拭乾淨。

2. 所有銀器用銀油以破損的乾布擦拭潔亮。

3. 依需要摺疊足夠的口布。

■ 一般點菜服務餐桌、餐具的佈置及擺設

1. 桌、椅：

(1)平行對齊，椅子可伸入桌內。

(2)桌面平穩。

2. 桌布：

(1)用消毒過的布巾，擦拭所有的桌、椅，確定桌面乾淨。

(2)在桌面鋪一層桌墊（用毛毯或泡棉橡皮做的）用來吸水
及減少餐具與桌面碰撞及磨擦的聲音。

(3)在桌墊上面鋪上乾淨、適當的白色桌布，桌布縫邊向
內。

(4)桌布邊緣從桌邊垂下至少25.4公分以上，以剛碰到椅子
的程度為宜，不得妨礙客人入席。

3. 骨盤：

(1)置放於整套餐具的中央部分，其盤緣距離桌邊1公分處

（約一指幅寬）。

　　(2)放置盤碟時，以四指端盤底，大拇指的掌部扣盤子邊，手指不可伸入盤內。

　　(3)如有餐廳標幟，應將商標朝上放。

4. 醬油碟：

　　(1)置於骨盤正上方，約離 2 公分。

　　(2)注意碟上的字應正對客人不可顛倒。

5. 匙筷架：置於 9 吋盤右方約離 3 公分處。

6. 筷子：筷袋上印有「餐廳名稱」字直放，架在筷架上。

7. 口布：摺疊形狀置於骨盤上並檢查口布有無破損、污點，是否已摺疊整齊。

8. 煙灰缸、花瓶、火柴置於餐桌中央，火柴放在煙灰缸緣，「餐廳名稱」標幟應朝向客人

■ 一般宴會圓桌、餐具的擺設

1. 鋪上紅色或白色（依宴會種類而定）乾淨、適當尺寸的桌布。

2. 轉檯置於桌面正中央，並套上轉檯套。

3. 轉檯上放置調味料、牙籤，中間放置盆花。

4. 擺置個人餐具：

　　(1)餐盤、醬油碟、小筷架、筷子、小分匙的擺設與一般點菜服務餐桌擺設同。

　　(2)紅酒杯：置於小筷架約 1 公分處。

　　(3)白酒杯：置於紅酒杯斜下方。

　　(4)紹興杯：置於白酒杯斜下方。

　　(5)口布：摺疊形狀置於餐盤正中央，並檢查口布是否有破

損、污點或摺疊好。

　　(6)若事先訂有紅、白酒則須擺置酒杯。酒杯置於水杯右下
　　　方1公分處。

5. 放置鹽、楜椒罐、煙灰缸、火柴、牙籤、糖包、檸檬片、
　　牛奶等。

6. 放置花飾置於長桌中央。

7. 若爲VIP時，加擺燭檯及拉花邊，燭檯置於煙灰缸旁。

■ 結婚喜宴餐桌、餐具的佈置及擺設

1. 鋪上紅色乾淨適當尺寸的桌布。

2. （參考前項），且新郎新娘擺設雙對。

3. 一般桌子以十二人爲主，餐桌轉盤擺設如下所示：

　　(1)瓷骨盤上置2.8吋瓷碟盛辣椒。

　　(2)瓷骨盤上置2.8吋瓷碟盛醬油。

　　(3)瓷骨盤上置2.8吋瓷碟盛醋。

　　(4)瓷碟盤上置足夠的牙籤。

　　(5)煙灰缸。

　　(6)公杯。

　　(7)喜糖（若宴會主人自帶）。

　　(8)煙（若宴會主人自帶）。

（四）接待員之準備工作

1. 早上上班後打電話給當天來用餐的客人，確定出席人數及
　　時間。

2. 查看「訂席簿」，將當日訂席客人的資料填入「用餐客人
　　記錄表」內（如附表5-3）。

3. 查閱客人檔案資料，有無特別習性，如有則記錄於「用餐客人資料表」（如附表5-4）內。

4. 安排訂席客人桌位，並填入「用餐人記錄表」內。

5. 向領班報告訂席情形，並交待有特殊習性的客人資料，以做好事先安排工作。

6. 檢查所有菜單、酒單、點心單有無破損或污舊，並將封面擦拭乾淨。所有破損或污舊應向主管報備處理，檢查清潔完畢按規定位置放置整齊。

7. 營業前應熟記訂席客人姓名及安排之桌位，以為領客方便。

8. 協助服務員作營業前的準備工作。

（五）其他營業前的準備工作

1. 營業前半小時應檢視空氣調節器，調至規定之溫度。

2. 營業前檢視所有燈光，是否均已調好。

3. 檢查、準備訂宴海報，並依規定位置放置大門入口處或海報公告欄內。

4. 當日如有宴會，應視情況由主管指示安排訂宴之擺設，如桌、椅、餐具、辣椒、醬油、花飾、喜幛……。

（六）參加簡報

1. 由經理或副理主持，全體當班人員必須參加。

2. 簡報每日舉行二次，早餐及晚餐營業前各舉行一次。

3. 簡報主要內容如下：

(1)服務儀容檢查。

(2)昨日營業情形（營業額、餐食、飲料平均消費額…

…）。

(3)客人之讚譽、抱怨，應如何保持及處理方法。

(4)今日所推出特別菜餚及應如何做促銷。

(5)今日訂席人數、桌位、姓名、習性……。

(6)公司規定新政策、新事項或其他特別注意事項。

註　釋

1. Carol A. Litrides & Bruce H. Axler, *Restaurant Service: Beyond the Basics*
   (U. S. A.: John Wiley & Sons Inc., 1994), p.178.

2. 劉蔚萍譯，《專業餐飲服務》（台北：五南圖書出版公司，民79年），頁
   68。

3. 同註2，頁88。

第 **11** 章

客房餐飲服務

客房餐飲服務是國際觀光旅館爲方便房客及增加收入，在客房內提供餐飲服務的一項服務，其工作人員必須熟練服務的專業知識，因服務人員單獨在客房工作，必須具有機警、善解人意，以及豐富的經驗的特質。一般而言在客房用餐的人通常較挑剔，因爲他們喜歡且負擔得起費用，或者是惡劣的天氣被迫使用，亦有因疲倦及情緒不佳等因素，因此客房服務員必須富有彈性與語言技巧，工作精確，適時達成任務。[1]

第一節　客房餐飲的行銷

　　客房餐飲服務的行銷，須由前廳櫃檯開始，當客人被安置在客房後，由行李員說明旅館的服務，當然客房餐飲服務也應被提

客房餐飲擺設。　　　　　　　　　　　　　　　　　　（西華大飯店提供）

及。

　　客房餐飲服務菜單在客房中置放的位置很重要。菜單應置於看得見的地方，應特別登載剛到達的客人可能會點的項目，例如飲料、點心，及小瓶裝的葡萄酒。客房餐飲菜單應被明顯的展示出來，如此才能激勵客人點訂第二天的早餐。

　　訂單接受員必須有禮貌、知識豐富、適用且誠實。不尋常的延遲應給予說明，用餐設備也應儘可能快速地移走。許多人在看到走廊上前一天的髒桌子之後，即改變心意不敢點訂客房餐飲服務。

　　業務及宴會部門可以協助推銷客房餐飲服務。當一個集會被預約登記之後，客房及套房中可用的服務應被提及。在較大型的旅館中，客房餐飲服務經理應與會議規劃者接觸。因為客房餐飲服務可以藉建議客人如何安排歡迎會、安置座位及菜單而趁機推銷。雖然很多生意可以在客人到旅館之前即先預約登記，但是明顯地客房餐飲服務還是依賴著旅館的生意。

　　在某些旅館中，特別的注意力必須被花在孩童的訂單上。通常父母較喜歡讓他們的孩子在客房中進餐，所以客房餐飲服務菜單應該列出適合孩童的食物，同時，有時候還應有特別的餐飲或折扣給臨時替人看小孩的人。餐廳常常會給孩童一些特別的東西，同樣的客房餐飲服務也應該迎合這個市場。[2]

第二節　客房餐飲的組織

一、客房餐飲服務經理

　　客房餐飲服務經理是部門的主管，是一個難以勝任的職位，因為需要有服務的實際經驗、管理的技巧以及豐富的學識。若是未曾從事過餐飲服務員的工作，沒有推過客房餐飲服務餐車，不曾擔任過電話接線總機工作的人將很難管理這個部門。大部分的旅館會要求管理部的新手先擔任客房餐飲服務的助理一段時間。

　　客房餐飲服務與餐廳服務之不同點在於其是被託付的，沒有直接監督。一旦服務員離開這個部門，他們就憑自己的想法去做了。所以客房餐飲服務經理必須訂定嚴格的紀律，及設立崇高的個人行為標準。客房餐飲服務經理與客人只有少許的接觸機會，因此強而有力的管理者較適合擔任此職務。由於需要連續輪班，為了調整薪資帳冊，良好的預定工作時間表之能力也是必須的。客房餐飲服務一週七天均營業，而且大部分都是一天二十四小時皆提供服務，所以必須有若干名熟練的助理協助此部門的營運。[3]

二、客房餐飲服務領班

　　擁有款待來客之套房的旅館，或者是那些應不同要求通常在他們自己套房中款待客人的豪華級旅館，皆需要有客房餐飲服務領班。這些人的職責包括在套房中推銷及服務宴會。當未舉行宴

會時,他們就擔任督導的工作,迅速處理訂單並且檢查餐桌。

三、客房餐飲服務員

在挑選餐廳服務員時採用的標準,同樣也適用於挑選客房餐飲服務員。服務員熟練且能獨立作業是很重要的。過去,客房餐飲服務的服務員都是男性,但是旅館同時也僱用女性服務員較為方便。客房餐飲服務員可能會遭遇到奇特及困窘的情形。他們正進入人們臨時的家中,而這些人中有些是知名人士,因此徹底的誠實及熟練的辨別力是被期望具有的。與其他的服務員一樣,客房餐飲服務員必須不辭辛勞、敏捷且快活,他們給予客人對旅館的持續的印象。

客房餐飲服務員。
(西華大飯店提供)

四、客房服務訂單接受員

　　訂單接受員（order taker）在此部門中具有重要的地位。他們擔任的工作與餐廳中的領班相同，唯獨沒有看到客人及獲得小費的好處。訂單接受員是客人與部門之間的第一個接觸。他是銷售人員，所以必須知道菜餚的成分、每日特餐的內容、混合飲料的名稱，以及葡萄酒單。這些並不容易做到，因為訂單接受員在被隔離的辦公室中工作，同時在食物被送出之前很少親眼目睹過。如果訂單接受員被允許自客房餐飲服務菜單上點菜，同時被給予機會去試吃他們非常熱心推銷的菜餚，將會對他們的工作有很大的幫助。

客房服務訂單接受員。

五、客房餐飲助理服務員

助理服務員協助服務員安置餐桌，處理附屬工作，以及遞送零星的訂單。

客房餐飲服務管理的基本哲學是，在此部門工作的服務人員沒有一個人會空手自客房中回來，除非電梯在某個時候可能過於繁忙，而無法讓服務員將設備攜回，在所有狀況下，服務員皆必須熄滅加熱器中的燃料，並且歸回至部門中。客房餐飲服務產生了相當多的設備，因此客房樓層必須在一天中巡視很多次，以便將設備歸還。這些是客房餐飲服務搬運員的主要工作。

六、客房餐飲服務出納員

大部分來說出納員係在會計部門工作，而非直屬於客房餐飲服務的一部分，但是明顯地他們扮演了一個重要的角色。較小型的旅館會僱有一名結合出納及接受訂單的工作人員（cashier order taker），這些員工必須在此兩方面的能力上接受完善的訓練。出納員必須能隨時被客房餐飲服務員見到，因為費用及帳單應該儘可能被快速的送達，有些旅館這些工作係以電腦處理，而有些旅館其帳單仍舊被攜帶至前場會計室過帳。在早餐期間，許多帳單仍在處理中，同時很多客人希望隨即結帳離開旅館，若是沒有妥善的設置出納員，忙碌的服務員為了不浪費時間，可能有留住帳單的情形發生，如此一來即增加帳單未被過帳的機會。當客人以現金、支票或信用卡付費時，客房餐飲服務員必須再跑一趟以完成這個交易。

第三節　客房餐飲的準備室

　　客房餐飲服務的營運需要一處氣氛舒適、非公開的封閉場所。若處於充滿噪音的走廊其便無法接受訂單。一個直接連絡的窗口（reach through window）可以將訂單接受員與快遞室（dispatching room）相接通。負責快遞室的人是經理或領班，其依序收下訂單後，將之交付給適當的服務員。

　　客房餐飲服務同樣也需要有一個儲藏場所，用來存放布巾類、加熱器、銀器，以及其他或許與餐廳之設備不同的設備。大部分來說，這個部門會採用較便宜的冰桶做為服務飲料之用，特別的盤子供應歐陸式早餐，其他還需要有冰箱以保存鮮花、奶油

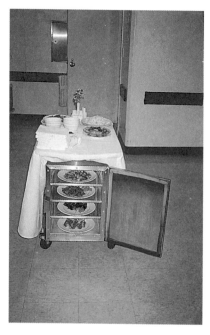

客房餐飲服務車。

及調味料。除此之外，還要有一個安全的地方用來保存免費招待之用的水果籃及其他禮物，直到其被分送出去為止。

客房餐飲服務還需要一個寬敞的裝配場所。在業務繁忙期間，當收到訂單時，客房餐飲服務的餐桌即必須被準備好，並隨時能推出使用。

客房餐飲服務使用的物品——餐桌、加熱器、瓷器、玻璃器皿、銀器、花瓶、托盤以及布巾類，必須齊備了才能供客人使用，其沒有機會像在餐廳中一樣，或許當飲料被服務時，有一、二件設備可以稍微慢一點再使用。客房餐飲服務的服務員，除非是訂單上所需的所有東西皆已齊備放在餐桌或托盤上，否則其無法離開廚房。

每一家旅館都會免費贈送水果籃、酒精性飲料，或者是其他的禮物給重要的顧客。有時候一些企業體會採購水果籃給特殊的客人，或遞送他們自己的禮物至旅館以便置放於客房中。客房餐飲服務部負責將這些禮物置放在客房中。[4]

第四節　客房餐飲服務流程

現代的客房餐飲服務的特色是人員與設備皆集中管理與應用，人員較精簡而有效率，服務速度也較快，控制也較簡單。中央配膳室皆設立在廚房的附近，甚至有的設立專用的廚房，並且還有一部以上的專用電梯可以使用。通常在配膳室中隔有小辦公室，由專人擔任點菜接聽員，並且兼做出納的工作。茲將這種服務的作業要領列舉如下：

一、準備工作

　　由於人員與設備皆集中在一起，所以更接近餐桌的作業方式，如果空間允許，則托盤與服務車亦可預先擺設備用，否則每服務一房在等待出菜時再擺設之亦無妨。

二、接受點菜

　　新式服務也採用早餐訂餐卡，收到訂餐卡後須再填寫點菜單，上記日期、房號、點菜內容，以及用餐時間，如果客人以電話點菜，接聽員就須聽清複誦無誤後開出點菜單，接聽員自留一副聯以準備帳單。所有點菜單由領班收集記入「服務控制表」中，除了點菜單中的資料（房號、用餐時間、點菜單號碼）外，尚須有接單服務員的簽字欄，如果客房餐飲服務須計價收費，那麼就應另備一欄來填寫帳單號碼。簽字除可知道那一客房是由誰服務以外，也可據以平均工作量，帳單號碼可用以追蹤未收回的帳單，尤其是忙碌的早餐，服務員常會把帳單塞在口袋中而忘掉

客房餐飲準備工作。

交給出納。服務控制表皆放置在出納窗口外的桌面上。

三、點菜

被指定接單的服務員拿到點菜單後立即交給廚房，然後開始準備托盤或服務車，所需要的餐具擺設皆同於餐廳服務。等所有的菜都到齊了以後，他就端托盤或推服務車經過出納領帳單，此時領班已將帳單號碼記入控制表中。在國外以往出納皆兼當食物核對員（food checker），服務員經過出納是要讓出納核對一下帳單上的細目是否和所要端出廚房的食物相同，這種作法現在比較少見了。

四、服務

服務員搭乘專用電梯來到客房前，如同傳統的客房餐飲服務方式一樣服務之。一切安排妥當後，請客人在帳單上簽字即可回到配膳室，交帳單給出納後再接受另一張點菜單。（圖11-1）

五、收拾

三十分鐘以後（比較精確地說，早餐約二十至二十五分鐘後，午晚餐約三十至四十五分鐘後），服務員須上樓收拾自己所服務過的托盤或服務車。當然也應設立記錄表來控制，也可在服務控制表中加一欄來控制之。有人在上樓前即在墊托盤的口布下或服務車的檯布下，塞入一張寫有房號的小紙條，收拾後小紙條須收集在一起。根據此紙條來控制，或是根據它來劃掉記錄，就

1. 先核對房號再敲門或按鈴。

2. 經客人允許後始可進入。

3. 必須使門保持開著。

4. 擺設或調整餐具。

5. 攤口布。

6. 服務用餐。

7. 請客人簽帳單。

圖 11-1　客房餐飲服務流程

比較不會忙中有錯，亦可不必刻意去記它，就比較能專注在服務的作業上。收拾回配膳室後，餐盤餐具送洗，其他備品擦拭後回歸原位。

第五節　客房餐飲菜單及品質管制

一、菜單

　　除了是做為客人指南（guest directory），由打掃房間的女清潔員置於房間中的大型客房餐飲服務菜單以外，客房餐飲服務還必須同時擁有一份小型的歡迎會菜單，如果旅館有招待用附起居間之套房時還需要有一份宴會菜單。這份菜單必須夠小巧，如此其才可以被郵寄出去，同時還需要有各式各樣受歡迎的宴席菜餚，詳細列出熱及冷的前菜，乳酪拼盤、沾食醬（dips）、乾果類，以及脆餅乾類（pretzels）。菜單同時還須列出可以獲得的飲料有幾種，調酒員的費用，以及其他旅館的政策等。（圖11-2）旅館政策包含了開瓶費在內。如果酒精性飲料係自外界購得再帶入旅館中，則旅館須強制徵收開瓶費。當客人攜入一瓶酒試圖強收一筆開瓶費是一件很困難且愚蠢的事。但當酒精性飲料由外界攜入供宴會之用時，旅館有權強迫收取一筆開瓶費及小費。由於旅館是以銷售食物及飲料為業，因此有權獲得補償，因為旅館中的設備及人力被其使用了。

　　當前廳服務工作人員看到有酒類被搬運進來時，其應通知客房餐飲服務部。若要求大量的玻璃杯、烈酒後喝的飲料（chasers）

圖11-2　各式客房餐飲菜餚

以及冰塊時，客房餐飲服務經理就應該委婉而堅定的解釋旅館的
開瓶費政策。

　　使用附起居室可款待客人之套房的顧客，通常會將開過的酒
一直保留下去，因此客房餐飲服務經理必須指派一名領班及一些
服務員看管套房，由其負責維護房間的清潔，並且再次補足玻璃
杯、冰塊、烈酒後喝的飲料，以及酒吧的供應品。定期光臨的團
體客人，通常會例行地請求相同的服務員來服務他們的宴會。這
個要求可能是個難題，由於大筆的小費被包含在內，再加上顧客
的請求應被應允，當一些服務員受客人歡迎後，這種狀況就很難
被矯正過來。

二、品質管制

　　以理想而言，每一份訂單在被攜至客房之前均應被經理或領班檢查過。好比在一個高級的餐廳中一樣，領班負責督導服務員，同時必須進行再次確認，每一份訂單都是完美無缺；沒有遺漏任何一樣東西。但是許多客房餐飲服務部之物理上的配置，使這種檢查工作不實用，甚或是無法實施。例如，廚房可能離調度員很遠、電梯在不同一個區域中，甚至餐桌的準備是在其他的某個地方。監督管理是很重要的，尤其是在客房餐飲服務中，因為一名服務員必須同時負責安置餐桌、準備食物及飲料，並且確認沒有任何東西被遺忘或者是弄錯了。

三、客房餐飲服務應注意的事項

1. 採用低口的花瓶。
2. 每一份訂單均附上鮮花。
3. 確定餐桌、輪子以及加熱器都是乾淨的。
4. 在遞送期間以塑膠布遮蓋住餐桌。
5. 置放一張附有服務員名字及現成資訊之問候卡於餐桌上。
6. 早餐時提供有選擇性的免費報紙。
7. 在到達客房時，應詢問客人希望坐在哪裡。
8. 打開桌子的活動板（table leaves），安排椅子。
9. 提供筆讓客人簽帳單。
10. 維持良好的電話禮貌，技巧的推銷。
11. 充分知悉旅館中的拿手菜。

12. 了解旅館中哪些項目是不適用的。

13. 樂於通融特別的請求。

14. 行動小心謹慎。

15. 咖啡壺及茶壺需備有額外的蓋子，因其時常會遺失。

16. 供應果汁及水時應準備卡紙板墊子。

17. 隨時攜帶額外的口布。

18. 使用個別包裝的果醬、果凍及蜂蜜。

19. 提供特別迅速的歐陸式早餐服務。

20. 以冰的附蓋玻璃瓶服務所有飲料，以小瓶裝服務蘇打水。

21. 熄滅加熱器中的火焰。

22. 指示出熱的器具。

23. 提供半瓶裝及玻璃水瓶裝的葡萄酒。

24. 不要承諾無法履行的遞送時間。

25. 小心檢查布巾類。

26. 準備特別大的茶壺，以及熱水壺裝咖啡。

27. 提供使用糖及甜味劑的選擇。[5]

附　錄　客房餐飲服務標準作業程序

一、值勤前的準備工作

1. 打卡。

2. 換制服，整理服裝儀容。

3. 至工作崗位報到。

4. 領班負責檢查服裝儀容，簡報特別注意事項。

5. 與上班人員交接事項。

6. 至洗衣房領取口布、檯布、墊布，並依規定位置放整齊。

7. 整理工作區域，補足工作檯上的備品、用品。

二、如何接受客人訂餐

1. 電話鈴響，立刻接聽電話，依指示房號叫出客人姓名，與客問好，報出單位名稱及自己姓名。

2. 問明並複誦客人所訂的餐飲名稱、數量、人數，希望用餐時間，或其他特殊要求，若所點的為下列菜餚，尚須詳問有關資料：

   (1)蛋：fried、poached、scrambled 或 boiled，以及附帶 ham 或 sausage bacon 或 bacon。

   　　A. 如果為 boiled 應問明須幾分鐘。

   　　B. 如果為 fried 應問明 over easy 或 sunny side up、well done 或 over medium。

   (2)牛排或漢堡：well done、medium、rare……。

3. 依客人所訂之餐飲記錄於「訂餐記錄本」內，填明：接話記錄、時間、房號、訂餐名稱、數量、人數或特別交待事項。

4. 開列一式三聯「點餐單」（餐、飲、酒類、點心分別開列）。

   (1)填明：數量、訂餐名稱、單價、日期、房號、服務生號數及特別交待事項，如有指定送餐時間，則在餐食

名稱下填上時間。

　(2)填列完畢，用打時機打上時間。

5. 視所訂的菜餚，若需要時間烹調，則事先通知廚房準備，俟取菜時再將「點餐單」送進廚房。

6. 第三聯「點餐單」交給領班或服務員，分別作為取菜及事先準備餐具之依據，晚上送成本控制室。

7. 依「點餐單」開列一式二聯之「餐飲發票」。

　(1)填明：日期、客人姓名、房號、訂餐名稱（餐、飲項目應分別填寫）、數量、單價。

　(2)若為 VIP 或當日遷出客人應在姓名旁註明，以提醒服務員。

8. 將第一、三聯「點餐單」或一式四聯代發票放入帳夾內，領班或服務人送餐時一併送入客房內，請客人簽帳。

9. 如需用二張以上的「點餐單」，如客人點中餐又點西餐的食品時需分開填單，則需將帳單以電腦先印出，讓客人簽。

三、服務訂餐客人前的餐具安排及準備工作

（一）早餐

1. 收回的訂餐卡（door knob menu）先按送餐時間順序排列。

2. 準備清潔的銀盤，上置墊布擺置次日早餐的餐具及附帶物品。

3. 根據訂餐卡，登記在「訂餐記錄本」內，填明送餐時間、

房號、訂餐名稱、數量、人數。

4. 開立一式三聯點餐單。

5. 「點餐單」第三聯送廚房準備（如需廚房準備），第一、二聯夾在訂餐卡置於銀盤上。

6. 銀盤按送餐時間先後排列，同時，相同樓層儘量放在一起，以便送餐方便。

7. 依客人指定送餐時間前十五分鐘備妥，立刻送出服務客人。

8. 若有使用銀碗，則登記於「銀碗控制登記本」內，填明數量、客人房號。

（二）午餐或晚餐

1. 接到「訂餐單」，立刻依客人所訂餐食安排餐具：

   (1)一律用餐車（trolley）服務客人，除非不須保溫食物或推車不夠使用時，可用托盤服務客人。

   (2)先在餐桌上鋪上乾淨的桌布，然後擺置所需餐具及所應附屬物品，如花及收據卡。

   (3)如果為二人以上用餐，先擺設二套餐具，其他餐具則推至客人房間後再將桌子拉開，當場擺置。

2. 將所安排的餐具登記在「餐具控制卡」：

   (1)填明：餐具名稱、數量（如有咖啡壺，在其旁填上號碼）、房號、日期。

   (2)領班或服務員簽名。

3. 若有使用銀碗，則登記於「銀碗控制登記本」內，填明數量、客人房號。

4. 餐具擺設完畢應再檢查，確定所有餐具及所應附屬之物品

均已準備妥當，且餐具清潔光亮。

5. 檢查「點餐單」是否已開妥，並將客人姓名填在「點餐單」上。

6. 至廚房領取所訂的餐食。

7. 將所訂的餐飲放置於擺設好餐具的托盤或餐車上，注意所有加熱食物均應加蓋，以保持其溫度，並視所點的餐食而放置於 heater box 內， heater box 需時時保持熱溫。

8. 若點叫香煙時，則將香煙置於6吋盤，盤上應置花邊紙並附帶一盒火柴。

9. 確定「點餐單」已開好，並核對是否與所訂的餐飲一致，且應附有的物品及餐具均已備齊。

10. 一切無誤，將所訂餐食及「餐具控制卡」一併遷入客房務。

11. 服務人員需帶服務巾以便從 heater box 中將熱盤取出。

12. 將餐食送到客人房間時需詢問客人餐車擺設的位置，以及是否要馬上用餐，熱食需要需馬上拿出，還是暫時放在保溫箱內保溫。

13. 在擺設時可以一面介紹客人所點的菜並詢問是否合意。

14. 親切有禮地請客人簽名後，可隨口推銷一些飯後酒或甜點，退出客房輕輕將門帶上。

四、服務客房客人餐飲

1. 送餐至客房先核對房號再按鈴或敲門（不可超過三下），並報以單位名稱，經過客人允許後始可開門送入，必須使門保持開著。

2. 見到客人應親切的與客人寒暄問好，並叫出客人的姓名。

3. 依規定安排服務客人用餐：

(1)若使用托盤，問客人希望將托盤放置何處，徵求客人同意後方可將托盤放在桌上。放在桌上時，應注意餐具面向客人，椅子安置妥當。

(2)若使用餐車服務：

A. 將餐車推至光線較好或較寬處，如房間很暗，幫客人拉窗簾或開小燈。

B. 視客人數將椅子擺好。

C. 擺設或調整餐具。

D. 先服務湯、沙拉、冷盤等，徵求客人之同意，把主菜保溫於heater內，點心則可置於冰箱。

(3)若客人立刻用餐，則將餐飲依規定方式擺在桌上，以方便客人用餐。

(4)若客人所點的飲料或酒為瓶裝，應替客人打開瓶蓋，並幫客人用餐。

4. 一切安置妥當，請客人用餐，並問明是否為客人所點的餐飲，及「是否須我們一道一道服務」。

5. 確定所訂的餐飲無誤，則請客人簽帳單，並詢問客人「是否有其他需要，如需要服務請撥客房餐飲號碼，我們很樂意的前來服務」，並告之「這是餐具卡，何時可來收拾餐具或如需要收拾餐具可撥客房餐飲號碼與我們聯絡」。

6. 離開前祝福客人或請客人享受用餐。

五、酒類服務

(一) 紅酒

1. 服務開酒之前須給主人驗酒：

   (1)從客人右側將酒瓶標籤向客人給主人過目，徵求其認可後始可開酒，驗酒時也要小心，不使瓶中沉澱物攪亂。

   (2)如果誤解客人的意思而拿錯了酒，經客人發現應立即更換。

2. 在餐車上開酒。

3. 試酒：

   (1)試酒之前，用乾淨的餐巾擦拭瓶口上面所遺留的軟木顆粒及其餘夾雜物。

   (2)將酒緩緩倒入主人或點酒客人的杯中約四分之一杯，請其試酒嚐一嚐，經過同意後，方可倒酒。

4. 倒酒：

   (1)成對的夫妻或男女，先給女士倒酒。

   (2)對於宴會團體，先給主人右邊的客人倒酒，然後依反時針方向逐次倒酒，最後才輪到主人。

   (3)倒酒時，右手持酒，而酒瓶的標籤對著客人，使客人容易看到。

   (4)倒酒時，直接倒進餐桌上的酒杯中，不要用另一手舉杯。

   (5)倒滿酒杯三分之一時，把酒瓶轉一下，使最後一滴留在瓶口邊緣，不使其滴下來而弄髒桌布。

(6)所有客人的酒杯都倒滿之後，把酒放置於主人右側的餐車上。

(7)倒酒時，酒瓶的酒不可完全倒完，以免倒出沉澱物。

5. 服務紅酒時，若有利用酒籃，則給主人驗酒、開酒及倒酒時，酒應仍然平放於酒籃內。

（二）白酒及玫瑰酒

1. 白酒及玫瑰酒須事先冷卻，溫度應保持於 7.2℃至 12.8℃。在服務之前可置於冰桶內，冰桶盛裝四分之三冰塊及水，事先冷卻十五分鐘。

2. 冰桶上面用乾淨疊好的餐巾蓋著。

3. 將冰桶置於點酒的客人（主人）右側餐桌上。

4. 開酒之前須給主人（點酒的客人）驗酒：

(1)領班從冰桶內取出酒，用冰桶上之餐巾包著（標籤須露出），拿給客人過目，標籤要向著客人。

(2)如果誤解客人的意思而拿錯了酒，經客人發現應立即更換。

5. 驗酒完畢，將酒放回冰桶內。

6. 擺放酒杯，酒杯事先冷卻，並依規定位置擺放（在水杯左下方點）。

7. 在餐車上開酒。

8. 試酒：

(1)試酒之前，用乾淨的餐巾擦拭瓶口上面所遺留的軟木顆粒及其餘夾雜物，而左手拿著餐巾擦拭酒瓶外面的水分。

(2)緩緩倒少許在主人或點酒的客人酒杯約四分之一杯，請

其試酒，經過主人同意後方可倒酒。

9. 倒酒：

(1)成對的夫妻或男女，先給女士倒酒。

(2)對於宴會團體，先給主人右邊的客人倒，然後依反時針方向逐次倒酒，最後才輪到主人。

(3)倒酒時，右手持酒，而酒瓶的標籤對著客人，使客人容易看到。

(4)倒酒時，直接倒進餐桌上的酒杯中，不要用另一手舉杯。

(5)倒滿酒杯的二分之一時把酒瓶轉一下，使其最後一滴留在瓶口的邊緣，不要使其滴下來而弄髒桌布。

(6)所有客人的酒杯都倒滿酒之後，把酒放置於主人右側的冰桶內冷卻。

（三）香檳酒

與服務白酒及玫瑰酒同，但倒酒時的動作是兩次，先倒大的酒杯容量三分之一，俟氣泡消失時，再倒滿三分之二至四分之三。

六、收拾餐具

1. 房客事先指定時間或打電話要求收餐具時，應立即前往收拾餐具。

2. 收拾餐具時，應與「餐具控制卡」上所列之餐具種類、數量核對是否一致，以確定完全無遺失。

3. 將使用過的餐具、餐車送回洗碗區洗滌。

4. 檢查餐盤，如有未使用過的食品，如奶油、果醬等，可留存再度使用。

5. 領班或服務員送餐完畢，並順便整理樓層餐具架，以保持樓面的清潔。各班次至少整理二次。

七、咖啡的供應

1. 凡送出去的咖啡壺均登記在「咖啡壺記錄控制本」內，填明：咖啡壺尺寸（大、中、小）、咖啡壺號碼、客人房號。

2. 咖啡壺取回後，在記錄本所屬咖啡壺號碼數打「√」或註明。

3. 經一段時間後，若發現有未收回咖啡壺時，則將使用客人的房號通知樓層服務員，上樓前去查看。

4. 交接班時，必須盤點咖啡壺的實際數量，並核對「咖啡壺控制記錄本」內記錄是否正確，並提醒接班人留意未收回的咖啡壺。

八、VIP贈物的準備及安排

（一）蛋糕或酒

1. 接到前檯接待送來的「贈物名稱」，若屬蛋糕或酒時，訂餐員則將資料登記在「VIP登記本」內，填明：房號、姓名、贈物種類。

2. 訂餐員統計數量，開立一式二聯「transfer單」：

(1)蛋糕開列同張。

(2)注意不同種蛋糕，須詳細分別填寫，如大、中、小蛋糕、結婚週年蛋糕、生日蛋糕。

(3)酒類則另開「transfer單」。

3. 服務員依指定的時間至點心房或酒吧領取物品，以客人遷入前送入爲宜：

(1)如須冷藏的蛋糕及酒類，應等到大廳副理通知客人已到達，方行送入客人房間。

(2)酒類送入時應附上開瓶器、紙巾，並依規定位置擺設。

(3)結婚、生日蛋糕送入時應附上二套口布、刀叉、點心盤，並依規定位置擺設。

4. 贈物送入後，在「VIP登記本」上「ˇ」。

（二）特殊安排

1. 接到前檯接待通知有特殊安排的房號後，立即通知主廚準備。

2. 主廚通知各單位準備物品。

3. 依規定酒名及數量開列「transfer單」。

4. 一切物品備妥後，至客人房內依規定安排擺設。

九、補充冰箱存貨

1. 每日清點冰箱鮮奶、奶油、土司片、orange。

2. 盤點存貨，如低於規定數量時，開列一式二聯之「領料單」補足存貨，填明：部門、數量、單位、名稱、主管及主廚簽名。

3. 持所開列的一式二聯「領料單」至食品倉庫領貨。

4. 點數驗收後在「驗收人」處簽名，第二聯「領料單」則由本單位留存。

5. 將所領的貨品依規定位置放置整齊。

6. 開 requisition 單至倉庫領白酒及其他飲料補充至冰箱。

十、餐具的存量控制

1. 平常一個月兩次由大夜班同仁自行盤點，月底配合餐務部同仁一起再盤點一次。

2. 每月月底盤點數量，正確記錄每月破損或遺失數量於「餐具器冊盤存表」。

3. 至餐務部領取，補足每月所破損、遺失的餐具至安全數量，以利作業，操作順暢。

4. 每月的破損率或遺失率應控制在所規定的標準內，並追蹤每月所破損的一些超乎合理的或太多的項目，找出原因，儘可能避免破損。

5. 年終並統計該年破損或遺失的數量，擬訂明年的採購計畫，供餐飲部參考，編列預算。

6. 貴重銀器每日由大夜班同仁負責清點。

十一、消耗品補貨程序

1. 每星期日清點所有的消耗品。

2. 參考次週住房率報表，以統計預做次週消耗品之用量。

3. 計算須請領數量（存量－現有量）。

4. 如果存量不足，則開具一式三聯「一般用品請領單」
（general requisition）：

　(1)填明：日期、部門、部門代號、請領人姓名、物品編
　　　號、名稱、單位、數量。

　(2)請單位主管簽核。

5. 星期一交餐飲部辦公室主管批核。

6. 星期二持一式三聯「一般用品請領單」至一般倉庫領取物
品，並取回第三聯「請領單」。

7. 物品取回後依規定位置放置整齊。

十二、食品補貨程序

1. 每星期日清點所有食品存貨，記錄於「食品存量控制週報
表」內。

2. 參考次週住房率報表，以統計預做次星期食品之用量。

3. 計算須請領數量（存量－現有量）。

4. 若存量不足，則開具一式三聯「領料單」（requisition
food）。

　(1)填明：日期、部門、部門代號、請領人姓名、物品編
　　　號、名稱、單位、數量。

　(2)請單位主管簽核。

5. 星期一交餐飲部辦公室批核。

6. 星期二持一式三聯「領料單」至食品倉庫領貨，並取回第
三聯「領料單」由本單位留存。

7.食品取回後依規定位置放置整齊。

註　釋

1. Jack D. Ninemeier, *Planning and Control for Food and Beverage Operations*, 3rd Ed. 1990, p.108.

2. Carol A. Litrides & Bruce H. Axler, *Restaurant Service: Beyond the Basics* (U. S. A.: John Wiley & Sons Inc., 1994), p.178.

3. Dennis R. Lillicrap & John A. Cousins, *Food & Beverage Service*, 4th Ed. (London: Hodder & Stoughton, 1994), p.128.

4. Bruce H. Axler, *Food and Beverage Service* (U. S. A.: John Wiley & Sons Inc., 1990), p.156.

5. 同註2，p.106.

第 **12** 章

航空餐飲服務

第一節　空中廚房

在數萬呎高空，正襟危坐享用一頓美味時，狹窄的進食空間、有限的餐食選擇，可能影響食慾、引起抱怨。為滿足以客為尊的需求，空中廚房正絞盡腦汁，突破層層限制，為推出美食而努力奮戰。空中廚房大致可分為熱廚、冷廚、糕點製作三大部門。一般製作熱廚時，先將菜餚炒至半熟，再按固定分量分裝，以錫箔紙密封之後，送入調理箱內急速冷凍。大約每季換菜一次，除了航空公司指定外，空中廚房的研發小組裡，主廚和營養師共同設計菜單。試菜小組依據航空公司要求設計好菜單，在試菜前一天將餐點做好送入冷凍庫，等待航空公司試菜人員前來品嚐，確認菜色後，即可進棚拍照存檔，做為新菜單依據。

機艙餐飲是一門學問，尤其機上消費人數龐大，在衛生上要求特別嚴格。空中廚房為應付隨時起飛的班機，空廚的作業須二十四小時待命，食物的品管得經過層層管制。所有上機的餐點均嚴格遵守上機六小時前才製作的原則，目的即在確保餐飲的新鮮。

空中廚房受限於飛機結構和進餐空間，呈現的餐點自然不能與一般餐飲相提並論。在幾呎見方的空中廚房裡，只能容納一兩名空姐，進行解凍、加溫、調理餐點的動作，雖然水電俱全，但配備的體積和種類均受限制。由於空中餐飲的設計，亦只有加溫的烤箱，以及利用電力打出冷風為蔬果保鮮冷藏的急速冷凍箱。

基本的加熱和冷凍設備，主要是針對簡單餐飲所設計，處理特殊餐飲時無法盡如人意。以烤箱加熱食物時會吸收水分，因此

中國傳統的蒸物，如包子、蒸餃早期便很難上飛機。此外，急速冷凍箱本身沒有調溫作用，鮮嫩的水果往往容易低溫凍傷，這也是有時候在飛機上看到水果外表稀爛的原因。

在飛機餐配菜上煞費苦心，尤其強調健康潮流的今天，既要滿足口腹之慾，又得顧及營養均衡，一些航空公司為提供乘客更多的選擇，近年來也突破了技術上的困難，推出海鮮麵、炒米粉、炸春捲、佛跳牆、綠豆酥等料理。

第二節　空中餐飲服務

二十一世紀，航空工業發展了快速的各型飛機，同時隨著航空工業技術不斷演進，目前波音777型及空中巴士340型，進入

空服員餐飲服務訓練。　　　　　　　　　　　　（長榮航空公司提供）

商業運轉，觀光事業和它的關係更是密不可分，它促使國際長程的旅遊得以實現，縮短了國家間的距離，加強了人與人之間相互關係，對飛機運載量之需求日益增高。

　　旅客到達機場後，搭乘頭等艙及商務艙之旅客，登機手續各航空公司都非常禮遇，配屬專人辦理及引導至機場貴賓室休憩，除了有寬敞舒適的沙發、各式各樣的冷熱飲料與書報雜誌以外，有的航空公司甚至還有浴室，在起站以地主國的貴賓室設備比較好。旅客登機以後，由空服員協助找到自己的座位，隨即要面對的是短或長的飛行時間。在一個小時至十幾個小時的飛行過程中，每一家航空公司都會竭盡所能運用設備為旅客提供最妥善的服務。尤其餐飲方面為爭取客源，準備各航線旅客所需，隨著季節而變換菜單。[1]

頭等艙辦理登機手續。　　　　　　　　　　　　　　　　（長榮航空公司提供）

第三節　空中餐飲服務流程

一、頭等艙餐飲服務

　　頭等艙精心提供各式佳餚餐點，作法精緻。餐飲服務方式各航空公司有所不同，大都採美式服務方式，隨心所欲的用餐時間，空勤人員按程序服務：

1. 空服人員協助旅客擺好或拉妥餐桌。
2. 鋪上桌巾及替旅客攤開口布。

機上各艙級菜單。　　　　　　　　　　　　　　　（長榮航空公司提供）

3. 香檳酒及小吃。

4. 美味冷盤。

5. 蔬菜沙拉。

6. 主菜（明蝦或牛肉）。

7. 佐餐酒。

8. 水果。

9. 甜點。

10. 咖啡或茶。

11. 餐後白蘭地或威士忌酒。

　　餐後服務人員為商務旅客添加飲料，並詳細詢問是否滿意或需其他服務。

頭等艙供應香檳酒。　　　　　　　　　　　　　　　（長榮航空公司提供）

頭等艙餐飲服務。　　　　　　　　　　　　　　　　（長榮航空公司提供）

二、商務艙的餐飲服務

（一）嶄新的機上體驗

　　除了優先上、下機外，商務艙的分別是票價，一張商務艙的票價是經濟艙的兩、三倍，甚至更多，因此在辦理登機手續時，商務艙旅客不需排長隊等候，而且享有比一般旅客多十公斤的行李限重。

　　一架客機上設有頭等艙、商務艙及經濟艙三個等級的選擇，但搭乘頭等艙的旅客愈來愈少，全世界的航空公司漸漸將頭等艙改為商務艙。辦完登機手續後商務艙旅客會拿到一張貴賓室招待卷。貴賓室設有電話、傳真，如同小型的商務中心，其主要設計是一間大型的休息室，免費提供飲料、點心、書報雜誌，使商務

旅客能在較為舒適的環境中候機。在座位安排上，相同空間中減少座位，加大座位得到更寬敞的空間，搭乘時更舒適。[2]

（二）商務艙餐飲服務

商務艙的餐飲材質較佳，作法精緻。餐飲服務方式各航空公司有所不同，大都採美式服務方式，空服人員按程序服務：

1. 空服人員協助旅客擺好或拉妥餐桌。
2. 鋪上桌巾及替旅客攤開口布。
3. 佐餐酒及小吃。
4. 美味冷盤。
5. 蔬菜沙拉。
6. 主菜（明蝦或牛肉）。
7. 水果。
8. 甜點。
9. 咖啡或茶。

餐後服務人員為商務旅客添加飲料，並詳細詢問是否滿意或需其他服務。

三、經濟艙的餐飲服務

國際線的班機，當飛機起飛至適當高度後，空服員依序遞上熱毛巾及供應果汁或蘇打汽水，接著由空服員推出餐車，每位旅客一份餐點，主菜二至三種，可以選擇。座位前的菜單，列出這一趟飛行的主餐、點心次數與內容種類，可事先閱覽，待餐車推至走道時向空服員點餐食的主菜。航空公司為配合旅客口味，紛

商務艙餐飲服務。 （長榮航空公司提供）

商務艙飲料服務。 （長榮航空公司提供）

經濟艙餐飲。 （長榮航空公司提供）

紛推出熱騰騰的餐點。如果飛行時間較長，準備熱餐的時間充裕，旅客也有較長的時間享用餐點。反之飛行時間短，餐點供應匆促，服務品質較難控制。

當旅客用餐中，空服員將飲料車推至走道供應紅葡萄酒、白葡萄酒、啤酒或果汁等，視旅客需要供給，餐後供應咖啡、茶或白蘭地。

除了熱餐外航空公司對於不同國籍、宗教信仰旅客備有減肥餐、水果餐，以及素食者的亞洲式素食、印度式素食、蛋奶式素食、全素機餐、回教徒餐或猶太餐等，以應不同旅客需求，但必須在訂位時先告知航空公司人員事先準備，正餐之外航空公司準備三明治、泡麵等點心，尤其泡麵為旅客所喜好。[3]

註 釋

1. Sylvia Meyer, Edy Schmid, & Christel Spuhler, *Professional Table Service* (New York: VNR., 1990), p.173.

2. Dennis R. Lillicrap & John A. Cousins, *Food & Beverage Service*, 4th Ed. (London : Hodder & Stoughton, 1994), p.75.

3. Bruce H. Axler, *Food and Beverage Service* (U. S. A.: John Wiley & Sons Inc., 1990), p.116.

第 13 章

桌邊烹調服務

法式餐廳烹飪表演是一種能夠增加氣氛、引人注目、促進銷售的服務方式，在現代餐館業中很有其發展前途。無論是在中餐還是西餐，都有許多菜餚、甜品和飲料可以用來在餐廳切割、烹飪或火焰加以誇張渲染，以求給顧客留下美好的印象。

　　餐廳內的烹飪表演往往是在座的客人的熱門話題，但使用這種客前烹飪的方法往往需要一筆事先投資，當然也可以期望得到充分的報償。現場烹飪還需要有受過良好訓練的服務員，另一方面它又使某些服務工作更加方便。

　　對於餐飲部門的經理來說，必須根據其本身的經營情況、員工和市場情況，來決定適合採用什麼樣的餐廳烹飪表演和選用哪些菜餚進行餐廳烹飪。應該仔細研究菜單，選擇一些項目和希望增加以推銷的菜餚。例如：某種湯用大銅鍋煮食，將烤鴨在桌邊切割表演能使顧客獲得一種獨特的就餐經歷。因此，決定是否需要採用現場烹飪的兩個主要因素是：第一，能否起到增加氣氛的作用；第二，採用現場烹飪的菜餚是否是你所要加以推銷的種類。當然還要考慮客觀條件是否允許在餐廳內烹飪。[1]

　　傑出的餐廳烹飪表演需要有技術熟練和自信心強的服務人員。儘管服務員或領班不可能具有專業廚師的水準，但不管他烹飪什麼菜餚都要達到專業的標準，同樣重要的是，他的動作、行為也要符合客人心目中的專業標準。如：資質、效率、敏捷的動作和有目的性的行為。他不能不知所措或心不在焉地攪弄食品，也不能笨拙地擺弄各種服務和烹飪器皿。

一、餐廳烹飪表演的種類

1.現場烹飪主菜、開胃菜、沙拉、甜品，完全由生的原料製

成。

2. 在現場火焰主菜、甜品和飲料。

3. 現場切割：桌旁切割、服務櫃檯切割和流動服務車切割
   等。

4. 特別方式：引人注目的沙拉吧、開胃小菜車、顧客掌廚、
   特別飲料服務等。

二、烹飪表演原則

為了使餐廳烹飪成功地和有效地施行，餐飲部門的經理人員
必須遵循下列原則來計畫和實施其餐廳烹飪項目，這些原則可以
幫助經理人員進行決策。

(一) 顧客評估

首先要了解該餐廳的顧客的購買能力，一般來說，使用餐廳
烹飪表演服務方法的餐廳其價格水準也較一般餐廳為高。因而在
一般大眾化的餐廳中是不宜採用的。其次是平均就餐時間，採用
餐廳烹飪表演比較費時，服務的節奏亦較慢，因而在諸如咖啡廳
一類的餐廳裡是不適用的，對趕時間的客人來說，也不受歡迎。
最後要考慮的是：餐廳烹飪必須保證客人不受干擾，不能使客人
有不適的感覺，所以要謹慎地選擇餐廳烹飪的菜餚品種，尊重廚
師意見，烹調過程中聲音太響、刺鼻味重、烹飪時間太長的菜餚
是不宜在餐廳烹飪的。

(二) 服務人員評估

要了解服務人員的技術水準，所選擇的餐廳烹飪菜餚項目應

該是服務人員力所能及的。餐廳要做好充分準備，製定適當的烹飪表演應達到的水準，建立餐廳烹飪的概念，使服務人員明確，同時要結合現存的服務程序和服務概念，勿脫離實際。

（三）購買必須的設備

購買適當的設備對獲取效果是至關重要的，它就像一幅畫的邊框，起著支撐和相得益彰的作用。所以不要臨時湊數，那樣會毀掉整體效果。例如展示精美的、令人注目的甜點，首先需要一個鋪好檯布的甜品手推車，這是無法省去的。

（四）突出重點，精而勿濫

在研究菜單後，應仔細地選擇適合餐廳烹飪表演的菜餚。餐飲管理者應該明白：

1. 不是所有的主菜都得在餐廳烹飪。
2. 有選擇地進行烹飪表演才是正確的。
3. 渲染過分則會失去效果。

如前所述，只有那些客觀條件充許、既可以增加氣氛又是你所要推銷的菜餚，才可用來進行餐廳烹飪表演。

（五）不可忽視菜餚和服務的品質

餐廳烹飪表演的服務方法並不能替代好的食物和優良的服務。人們不會為了來觀賞在銅鍋裡烹飪菜餚而願意吃老牛排；也不會原諒一個服務員因忙於削橘皮而忘記給客人上沙拉。所以，不能顧此失彼或本末倒置。在設計餐廳烹飪表演項目時，應有相應的菜餚和服務品質的保證措施。

（六）在餐廳生產率基礎上確定烹飪表演的效果

在採用餐廳烹飪表演的服務方法後，會出現兩種情況，一個是：服務速度變慢，需花費更長的服務時間，接待量會下降，這時就應考慮到餐廳是否願意接受座位周轉率低的事實，同時客人是否願意等候。另外一種情況是：陳列表演使服務工作量減少，例如，用開胃菜陳列車代替開胃品菜單等，而這時則應考慮這樣做的結果是否更能節省人力，減少員工。比較的結果是要能夠提高餐廳的生產率。

（七）制定合理的價格

採用餐廳烹飪表演的服務方式，可以出於各種各樣的考慮，增加收入只是其中之一，而要透過烹飪表演增加收入又有三個途徑：

1. 誘人的陳列展覽可以增加銷售量，例如甜品便是如此，推到客人桌旁的甜品車往往比甜品單更具吸引力，銷量也高得多。

2. 用餐廳烹飪表演的方法促銷，可以誘導客人點用利潤高的菜餚，來增加收入。所以餐廳烹飪表演可以用來作為推銷的手段和消費指導。

3. 當客人認為他們得到了特別的款待，取得了賞心悅目的享受和獲得一個難忘的經歷時，他們會樂於接受較貴的菜餚價格，因此我們應該認識顧客的消費動機，透過服務來滿足其多樣化的需求。對於這一點，我們如將原來利潤較低的菜餚改在餐廳烹飪表演而加價20％至30％，是不會降

低銷量的。同樣，如果僱用了特別的服務人員如咖啡服務員、切割服務員，會使銷售量大增，而其費用則會攤到眾多的客人數上，單位成本降低。[2]

（八）富有探索性

儘管受到公認的一部分菜餚常被用來進行現場烹飪，但作爲一個獨立經營的餐館和餐廳，不應受這些既成做法的束縛，應當根據市場和自己的實際情況大膽開發新的品種，經過仔細研究，便會發現菜單上的許多項目都是可以用來在餐廳烹飪的。中餐經營中，許多菜色的最後完成和切割等也是值得嘗試的。只有這樣，在經營過程中不斷改進、不斷創新，才能使餐館始終以獨立的形象吸引顧客。

（九）培訓員工

在採用餐廳烹飪表演的餐廳裡，對員工的要求是比較高的，他們可以在很多方面直接影響到表演的效果，對銷售也起著至關重要的作用，因此對服務人員的培訓也就特別重要。例如，處理食物的衛生要求；保持完整和足夠的菜餚陳列；更重要的是烹飪表演的技能和技術細節指導；要使他們雙倍地意識到個人儀容的重要性，要有置身於舞台的感覺。培訓員工這個環節是貫穿始終的重要管理內容，不容忽視。

（十）牢記顧客第一

不同的顧客有不同的需求，並不是每個客人都想要受到這引人注目的隆重接待。一對年輕的情侶或五、六個洽談生意的客人並不歡迎服務員的誇張表演，而想避開眾人的注意力，這時餐廳

烹飪表演的效力應當存在，而戲劇性的表演則應由熟練的操作、無誤的技能所取代。而另一方面，一群休閒者或退休的客人則要盡可能地享受餐館的烹飪表演和免費的娛樂活動，所以應當區別對待。

第一節　切割技巧

一、餐廳切割

人們之所以要採用餐廳烹飪表演的服務方法和餐廳切割的形式，完全是從餐廳的需求產生出來的，不是管理者的憑空臆造。因爲在長期的餐館經營中，管理者發現，顧客（包括老主顧）往往會被廚師掌刀的肉攤切割和男侍者的桌旁切割所吸引，並受到他們的歡迎。因爲，至少客人可以放心他（她）的那份食品是剛切割下的新鮮菜，而不是早就切好隨意丟在廚房裡的。此外，餐廳切割還爲展示菜餚的整體效果提供了良好的機會，評價菜餚除了色、香、味外，還要看其形，而許多菜餚只有整體上台時，才能顯得更誘人。

在餐廳切割，對經營也更爲有利，服務員可以熟練地使一小塊肉看上去遠勝其本身數量，服務員也可以將一塊少於兩單份的肉分配給兩位客人。

用肉攤切割或桌旁切割的方法比直接上菜要更加複雜，因爲服務員要掌握更多的知識，儘管無需像廚師那樣專業化，但對切割應駕輕就熟。

切割的基礎知識和技能對肉攤切割和桌旁切割來說是同樣適用的。不同的僅僅是操作的程序和一些細節。[3]

二、切割用具和準備

（一）切割用具

首先服務員需要一個操作場所，要有保溫、加熱設備。

折疊桌板可以用來作切割台；有些餐廳用服務櫃檯充當切割台，服務員向客人展示過菜餚後拿到幾步外的服務櫃檯上切割；大多數餐廳則用於手推車操作，用完後推放到適當的位置上去；也有些餐廳用更加複雜和較高的服務車，上有貨架，可擱湯汁。

切割服務員要用闊口長刀（30公分）來切割燒、烤肉，如：牛柳、牛排等等。而家禽類如羊排、火腿等則要用18公分長的利刃，比較窄而且硬度高。同時，用二到三個齒的切割叉，叉柄需有一保護層。工具應當簡樸、適用，符合專業質量要求。（圖13-1）

刀具要鋒利，請專業磨刀匠定期地上門服務比較好，磨刀石可以保持刀口鋒利，當然不能在餐廳裡使用，餐前讓客人先聞霍霍磨刀之聲是不恰當的。

家禽等切割下來的碎料應留在廚房裡，在餐廳內切割是不雅觀的。

燜和烤的魚，應用銀質或不銹鋼的切片刀。

（二）廚房準備

成功的餐廳切割很大程度上取決於廚房和餐廳肉攤的事先準

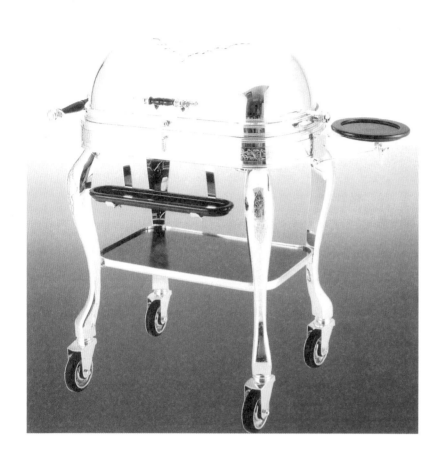

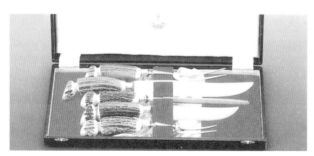

圖 13-1　牛排切割車與切割刀

備，所有的肉食在烹飪前或出爐後，都應當剔除骨頭，以方便服務員在餐廳裡切割，如肋條肉上的脊骨、火腿和羊腿上的股骨等。另外，綁肉的繩帶、燒肉籤子和多餘肥膘都應該在廚房裡割掉，這樣在餐廳裡的切割將順利得多了。除了牛排以外，所有的肉食烹飪好以後，需擱置二十分鐘左右，這樣切割時會容易進行。

除了做好肉食的廚房準備外，切割服務員還應當仔細備好切割用具，如刀、叉等，保證隨手可取，隨時能用。此外，各種配料、醬料和調味品應當一應俱全。

廚房準備應當認真仔細，切勿忽視器具設備的衛生。

三、切割服務人員

在傳統的餐廳切割中，只有領班和侍應長才有動手切割的權利和責任，一般的服務員是不參與的，因為，決定什麼人員負責切割，要根據經營的實際情形而定。必須考慮到切割食物的難易程度，較難的切割，由領班操作比較有利。而一經指點，便能掌握的切割技術，則每個服務員都可以學習。

在切割組織中，應當制定明確的切割職責書，統一切割標準，明確質量控制辦法，尤其是對衛生、切割規格、分量大小、服務程序等方面進行嚴格控制。在經過嚴格培訓考核後方可准予從事切割操作。

四、餐廳切割要求

餐廳切割並非特別困難，當一個切割服務員掌握了他所切割

的肉類知識，同時廚房為其肉食做好了適當的準備後，在餐廳切割會成為一件比較容易的事。

在許多餐廳裡，切肉者是一名真正的廚師，在其當班的三至四個小時內，他要負責準備和燒烤肉食，然後親自為客人切割。

假如由服務員負責切割，最好讓他在肉攤和廚房內接受幾天的培訓，應該學會在一塊烤肉上怎樣下刀，骨頭在何部位，一塊肉上不同部位的質量等等。

餐廳切割中最常見的問題是對服務工作的準備不足，來來回回找用具；或者是忽略了展示效果，裝盤也毫無吸引人之處。

下面是一些切割要求，有助於廚師、切割人員作出傑出表演：

1. 操作前和服務工作中，要始終保持切割台和切割器具的衛生、整潔，弄髒的檯布、器皿要即時更換，不用時加上保溫蓋。

2. 必須用高標準來嚴格要求切割服務員的個人儀表，頭髮整齊、服貼，鬍鬚剃刮乾淨，手指清潔，不留指甲。

3. 按照規定著裝，制服乾淨、筆挺，動作要俐落、清爽，舉止優雅大方。

4. 切割服務員要仔細約束自己的個人行為，避免各種小動作。

5. 客人從切割台走過時，應向客人問好。在為客人切割服務後，應道謝。

6. 禁止用手指接觸食物，無論是切割何種肉食或水果，都應借助於刀、叉、口布等服務工具，以免污染食品或引起客人心理上的不快。

7. 對於切割分派熟的肉食，其餐盤必須是溫熱的，以免影響品質。

五、一般切割程序

儘管針對某個特定菜餚品種的切割會有所差異，但除極少細節外，其操作服務步驟是一致的：

1. 接到客人的訂單後，迅速做好切割準備。清點切割用具、盤碟、推車和切割板等等，並將這些用具安放在適當的位置，以保證操作方便、順利。
2. 根據訂單，從廚房取出蔬菜和各種配菜等等。
3. 點燃手推烹飪車或服務櫃檯上保護的熱源。將取出的蔬菜和配菜放在保溫的地方，同時將客人的菜盤加熱。
4. 向客人介紹並展示菜餚，如果可能的話，應首先從左邊向主人展示。
5. 切割前徵求客人有關的要求。
6. 無論是切割還是分菜，都必須完全在服務淺盤中進行，不要移放到其他地方。
7. 如果條件允許，而且切割又比較費時時，則應將大淺盤加熱，以免影響菜餚的品質。
8. 切割分菜時，應先女士後男士，如果全是女士，則以主人右邊的一位開始。如果有四個以上的客人用餐，餐盤應成批分送。
9. 裝盤要吸引人。打個比方，假設餐盤像一只鐘一樣標上了數字一至十，那麼切割的肉所放的位置應該在四至七之

間，裝飾物或分開放的醬汁則放在三位置，土豆在一至
二，蔬菜在八、九、十、六，應該正對著客人面前。

10. 小心手指不要接觸食物，或觸摸到盤子裡，盤子的拿法
　　與要求和檯面服務時的要求一樣。

11. 骨頭、插籤、繩子等應在廚房裡取除。同時，肉類的肥
　　膘等也應剪除，整理清爽。

12. 用來展示、切割的食物裝盤要適當、吸引人。大餐盤裡
　　展示的肉食不要裝得太滿，否則會使服務員操作時難以
　　下手。

13. 切割前有必要準備好完整的菜食配料，包括裝飾物、醬
　　汁等，這樣一切割完畢，服務員就可以立即給客人上
　　菜。換句話說，必須備有裝滿蔬菜、土豆和其他含澱粉
　　的菜餚、醬汁、歐芹等的容器。[4]

六、水果切割

　　雖然水果的切割已不很流行，但在餐廳裡時常會碰到客人提
出這樣的要求，尤其是常客。因此，了解不同的水果切割方法和
掌握切割的技能對餐廳服務員來說仍是十分必要的。

　　通常用來在餐廳切割的水果有：橙子、香蕉、蘋果、西瓜、
梨子、葡萄等等。

（一）水果切割要則

1. 水果刀必須鋒利，選用大小適中的水果刀，用前要進行消
　　毒。

2. 選擇成熟、新鮮的水果，品質須符合規定的標準，否則不

應上台切割。

3. 事先做好各種器具準備：甜品盤、口布、服務用具等等，保證用品齊全、衛生。

4. 任何時候不要用光手接觸削好的水果，而應借助於叉、口布等服務用品。

5. 切瓣時，注意不要將果仁和果核切進去，切出的果瓣應大小一致，形狀相近。

（二）切割實例

■ 橙子（蘋果、梨子）

在切割前首先應做好各項準備工作，檢查用品是否齊全，然後進行切割。其程序如下：

1. 從水果籃中挑出新鮮、符合品質要求的橙子。

2. 將橙子放在乾淨的甜品盤上。

3. 右手拿起水果刀，左手拿口布包著橙子抓緊。

4. 將橙子頭部切下一小塊，不要太厚，不應超過1公分。

5. 用叉反串著作為橙底，右手用刀從上向下削皮。

6. 去除橙皮以後，將橙子切瓣，切瓣有兩種方式，一是橫式切圓片，二是按豎瓣切片，滴下的汁水擠在切好的橙片上。

7. 將甜品盤裝飾好以後，上檯服務。

■ 香蕉

香蕉的切割服務程序如下：

1. 挑選符合品質標準的香蕉，並將其放在甜品盤中。

2. 左手拿叉，右手拿刀，小心地將香蕉剖開，去除香蕉皮。

3. 將香蕉切割分段，呈山藥片形。

4. 裝盤後在邊上加放奶油。

5. 也可以將香蕉從中剖開，一分為二，再加上奶油和裝飾。

6. 上檯服務，餐具用刀叉。

第二節　現場烹飪

現場烹飪所用的設備和工具與餐廳烹飪相似，餐廳烹飪當然也包括現場烹飪，但兩者是有區別的。

現場烹飪是讓食物在餐廳點燃火焰，主要目的是取悅客人，為他們提供樂趣。如果表演恰當，取得了應有的效果，就會使客人得到享受並樂於為其支付費用，而現場烹飪表演通常不會影響食物的品質。

和餐廳烹飪相比，餐廳現場烹飪至少有三個獨特的優點：

1. 食物是在廚房裡由廚師烹製的，當然他們比服務員要技高一籌。

2. 現場烹飪表演技能的掌握比較容易，會擦火柴的人就能燃焰。

3. 現場烹飪用於餐廳準備所花費的時間很短。

所以，即使是在比較繁忙的餐廳，採用現場烹飪的服務方法也是實際可行的，也並不需要多收客人很多的額外費用。

通常會出現偏差是，當餐館發現火焰這種神秘的藝術是如此容易時，其熱情高漲，會變得像個縱火狂，什麼都拿出來點火。

注意，現場烹飪和其他的餐廳烹飪表演一樣，只有在適度時，才會更神奇、更有效。[5]

一、設備

大部分現場烹飪需要三大設備：

1. 操作用的烹飪車。（圖 13-2）
2. 爐灶、熱源。
3. 適合於餐廳操作的平鍋和其他容器。

下面介紹這些設備的有關知識：

（一）烹飪車

現場烹飪和其他餐廳烹飪用的最常見的加工車是長方形的檯子（大約 45 公分×90 公分），底下裝上四個小輪子，它可以自由地在餐廳裡推著移動或安穩地靠在顧客的餐桌旁。

有些改良過的加工車有雙輪車，也有一些加高，帶有櫥架，更加複雜的則帶有丙烷火爐。

這種帶輪的車也可作其他用途，特別是當服務員需要更多的地方來操作時可用之。

甜品車和滾動式帶把手像嬰兒小搖車式的手推車，又是另一種形式的餐廳服務車。

（二）爐灶

現場烹飪車所用的火頭和熱源不需要像烹飪食物的爐子那樣強，因為食物已是煮熟的，火焰只是將其稍微加熱，所以如果餐

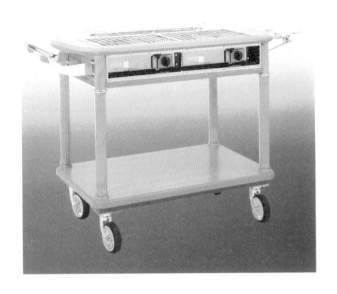

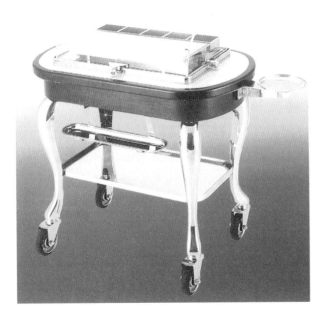

圖13-2　現場烹飪車

廳僅僅只限於現場烹飪，就可以購買較便宜的一般品質的加工車即可。但如果同時還用作餐廳烹飪，則應附加較強熱源的爐子。

通常用的熱源有：酒精火爐、瓶裝固體燃料，如石蠟、煤氣等。

(三) 平鍋

餐廳烹飪需用各種專門的平底鍋，用於做蘇珊特煎餅的神奇的防銹不沾鍋，只是其中之一種。

許多餐館發現在一種叫雙金屬的服務盤裡火焰更加方便。它可以是各種形狀的，如圓、橢圓和方形等等，大小也不一。也可使用不銹鋼器皿或者銀器。（圖13-3）

(四)白蘭地杯加熱器

這是一種較小的特別加熱爐，通常只用酒精作為燃料，它的兩端是個架子，可將酒杯擱在上面，轉動酒杯，慢慢加熱。

二、現場烹飪技巧

如果將現場烹飪降低到其最基本的「酒精點火」的程度，則任何服務員、任何餐廳和任何菜餚都可以進行，所以僅從是否可行方面考慮是不夠的，因為它在任何情況下都是可行的，餐館經營者必須從其他的因素來考慮。

餐館經營者應當把它作為一系列相關的技術要求來考慮其可行性：它們所需花費的時間、所需要的設備、適合的盤具，甚至所產生的表演效果等等。應當選擇適合具體情況的技巧，例如：在一個雞尾酒會上設一個現場烹飪站，進行連續不斷的現場烹飪

圖 13-3　現場烹飪設備

是非常具有吸引力的，但與在餐廳裡表演相比，會產生幾個方面的問題，例如：四、五百份訂單，即使是雞尾酒小吃，對火焰服務員來說也是一種挑戰，而且對雞尾酒會的價格來說，這樣做的成本實在是太高了。在這種情況下，就應選擇一種適合的技巧，如某種現成的雞尾酒小食湯汁肉丸等，裝在暖鍋裡，保持滾熱，服務員負責在小火爐上的蘇珊特平鍋上連續不斷地火焰。事實上他什麼也不烹飪，只簡單地倒進白蘭地，保持不斷的燃燒，愈高愈好，也可以在蘇珊特平鍋中做一些湯汁倒進暖鍋裡，如此而已，這樣可產生同樣的效果，但不必爲在一小時內用小平鍋去應付五百份肉丸訂單而發愁了。[6]

三、廚房準備

因爲火焰不是烹飪，所以餐廳裡現場烹飪的食物必須由廚房做好完全的準備。唯一的例外是在餐廳火焰的牛排，與廚房裝盤的牛排不同，它們將在餐廳進行進一步的烹飪，因此，在廚房裡進行烹飪時必須做得很嫩。

廚房還要保證拿出來的食物是熱的，否則食物本身將會使火焰鍋變冷。例如：油煎蘑菇片用來裝飾牛排，如果是熱的，則很容易和牛排一起火焰。如果剛從冰箱裡取出來，則應該預熱，否則在加熱火焰時化出的汁水會稀釋酒液，很難燃起火焰。

有時，還有必要在廚房裡對盛菜的盤子加熱，特別是展示和火焰的菜盤。將火焰的酒液加熱也很常見，例如用火焰長劍時，食物要熱，澆上去的酒液也必須是熱的，因爲它是用火柴點火，而不是從火爐的火苗上點火的。

四、餐廳準備

如果現場烹飪服務員在操作服務中，還到處去尋找設備，火焰的服務過程就會變得非常糟糕。因此餐館經營者要提供最基本的設施、設備，服務員應事先準備好各種用品。如：備有足夠的白蘭地、足夠的燃料，準備好烹飪車並停放在適當的位置。一旦廚房提供的食物已準備好，餐廳應已準備就緒接受食物，烹飪車推到客人的餐桌旁邊。這些應該在服務員到廚房去取食物前完成。

五、火焰方法

這裡介紹五種火焰方法，它們會給各個餐廳提供火焰表演技巧：

1. 雙鍋火焰：需要兩個爐頭，有點近似於烹飪。
2. 單鍋火焰：適合於在餐廳最後加工完成的菜餚，需要一個爐頭。
3. 無鍋火焰：適合於不帶汁水的菜餚，用既能展示、又能火焰、服務的容器盛放，不需爐頭。
4. 長劍火焰：這種方法既不需要鍋也不需要爐頭。
5. 無食火焰：僅僅為製造效果而進行的火焰。

（一）雙鍋火焰

液體的食物包括湯和飲料等需要雙鍋進行火焰表演，因為食

物本身燃不起火來。如果你將1oz白蘭地倒入兩碗量的湯裡，就別指望能點著它，因為酒精已被混合體稀釋了。所以採用雙鍋法，一邊讓湯、食物、咖啡或其他液體食品加熱保溫，而另一邊準備火焰的鍋，如炒菜、溶糖等，並可成功地點燃它，然後將液體食物倒入火焰中，或將火焰鍋倒入液體食物中。

（二）單鍋火焰

當食物含汁很少或不含汁時，就可很容易地用單鍋火焰，例如：橘汁嫩鴨，服務員首先將裝飾精美、非常誘人的盤子向客人展示，然後在蘇珊特平底鍋裡放上一到二塊黃油，燒化至發出滋滋聲響，再放進一些砂糖焦化，然後放進菠蘿和盤中其他食物攪拌（注意歐芹和其他綠色的蔬菜除外），其實此時的菜已做好，但僅是為了表演才加進一盎司白蘭地或烈酒，倒在平鍋的旁鍋，從爐頭上點上火，並向「觀眾」表演，用勺將已不含酒精的汁澆到鴨子上。當火苗熄滅後，再給客人的盤子分派食物。

在食物火焰前，可以加進適量的乾與濕的配料、香料一起完成，而火焰後只能加進液體的或濕的配料。如上面講的嫩鴨，火焰前服務員可以將橘皮、蜜餞或一、二滴紅椒醬加進去，而火焰後可加進橘汁、橘醬和其他醬料以及新鮮橙片。

（三）無鍋火焰

無鍋火焰需要一套鐵板燒設備，一塊很重的金屬烤板和一個隔熱的木質或塑料把手。

無鍋火焰比較簡單，廚師在廚房裡將鐵板在火上燒得火熱，如果食物怕燙可以用另一個盤子裝著拿出來展示；如果不怕火燙，可以直接裝在火熱的鐵板上拿進餐廳。服務員事先已準備好

一盎司烈性酒，展示完食物後，他劃著一根火柴（更優美的做法是點著細木棍或從蠟燭上點紙芯），迅速將酒液澆在鐵板上（不是食物上），可見到一股濃郁的熱氣，點著它產生火焰的效果。

（四）長劍火焰

長劍火焰表演通常用於燒、烤、扒的肉食，但其他可以串在劍上的固體食物，如大蝦、菠蘿、梅脯、海棗等也可拿來用長劍火焰。

如果食物是熱的，而酒液也經過預熱，不管是在桌旁還是服務員進入餐廳時點燃長劍都不困難。在長劍火焰過程中，還可以連續不斷地加熱和點燃酒液，並澆到燃燒的食物上。

（五）無食火焰

有些食物如果不是將其浸在酒液中是不能燃燒的，在這種情況下，可以點燃一些非食用的東西。例如：在燈光暗淡的餐廳裡讓烤乳豬的嘴裡噴出火焰是非常引人注目和神奇的，但除非將其豬頭浸濕，否則火焰難以持久。所以，變通的做法是將其嘴裡塞滿棉花浸上廉價的酒精並點燃之。同樣，沙拉不會燃燒，但其中的油煎麵包片卻可以。凡此種種，不一而足。

第三節 桌邊烹飪的食譜

一、黑胡椒牛排

材料：菲力牛排、橄欖油、奶油、鹽、黑胡椒醬、鮮奶、白蘭地酒。

設備：瓦斯爐、平底鍋、服務叉、匙、餐盤、餐巾。

做法

1. 將橄欖油放進鍋裡加熱。

2. 加入奶油。

3. 菲力牛排放進鍋內。

4. 加少許鹽。

5. 將牛排翻面煎熟。

6. 加白蘭地酒產生火焰。

7. 加入黑胡椒醬。

8. 加入鮮奶。

9. 加熱至沸騰。

10. 將汁淋在牛排上。

11. 完成盛在盤中。

二、凱撒沙拉

材料：蛋一個、橄欖油、紅酒醋、醃魚、檸檬、大蒜、芥末醬、起士粉、培根碎、麵包丁、黑胡椒、羅曼生菜。

設備：木製沙拉盆、乾淨口布、服務叉、匙。

做法

1. 木製沙拉盆放一個蛋黃。

2. 加入少許橄欖油攪拌。

3. 加入醋攪拌。

4. 擠半個檸檬汁攪拌。

5. 加入醍魚，一邊攪拌，一邊搗碎。

6. 加芥末醬及大蒜，繼續攪拌。

7. 將生菜倒在乾淨的口布上吸乾水分。

8. 將生菜倒入沙拉盆中攪拌。

9. 撒上起士粉攪拌。

10. 裝在瓷盤內。

11. 撒上培根碎、麵包丁、黑胡椒。

12. 完成。

三、火焰薄餅

材料：薄餅、砂糖、檸檬、柳橙汁、柳橙皮絲、奶油、白蘭地酒、Cointreau。

設備：瓦斯爐、平底鍋、服務叉、匙、餐盤、餐巾。

做法

1. 將白砂糖放入鍋內加熱。

2. 加入奶油。

3. 加入檸檬汁。

4. 加入柳橙汁。

5. 使其沸騰起泡幾分鐘。

6. 加入白蘭地酒。

7. 將薄餅用服務叉、匙挑起。

8. 放入鍋內。

9. 將薄餅對摺成一半。

10. 將薄餅對摺成四分之一。

11. 其他薄餅同樣處理。

12. 加入柳橙皮絲。

13. 移至爐旁倒入Cointreau。

14. 移回爐上引火產生火焰。

15. 完成盛在盤中。

四、火焰櫻桃

材料：砂糖、奶油、酒漬櫻桃、香草冰淇淋、白蘭地酒。

設備：瓦斯爐、平底鍋、服務叉、匙、餐盤、餐巾。

做法

1. 將白砂糖放入鍋內加熱。

2. 加入奶油。

3. 加入酒漬櫻桃。

4. 使其沸騰起泡幾分鐘。

5. 移至爐旁加入白蘭地酒，引火產生火焰。

6. 完成盛在盛有冰淇淋的盤中。

五、愛爾蘭咖啡

材料：一壺煮好的熱咖啡、紅砂糖、威士忌酒、鮮奶油。

設備：酒精燈、杯子、量杯、湯匙、攪拌棒。

做法

1. 將玻璃杯移至酒精燈上旋轉加熱。

2. 加入紅砂糖。

3. 用量杯倒入威士忌酒。

4. 加入熱咖啡。

5. 用攪拌棒攪拌使糖溶化。

6. 用湯匙緩緩倒入鮮奶油，完成。

註 釋

1. Sylvia Meyer, Edy Schmid, & Christel Spuhler, *Professional Table Service* (New York: VNR, 1990), p.226.

2. Sergio Andrioli & Peter Douglas, *Tableside Cookery* (New York:VAN Nostrand Reinhold, 1990),.p.126.

3. Carol A. Litrides & Bruce H. Axler, *Restaurant Service: Beyond the Basics* (U. S. A.: John Wiley & Sons Inc., 1994), p.78.

4. Ecole Technigue Hoteliere Tsuji, *Professional Restaurant Service* (U. S. A.: John Wiley & Sons Inc., 1991), p.32.

5. Dennis R. Lillicrap & John A. Cousins, *Food & Beverage Service,* 4th Ed. (London: Hodder & Stoughton, 1994), p.55,341,342.

6. Bruce H. Axler, *Food and Beverage Service* (U. S. A.: John Wiley and Sons Inc., 1990), p.176.

餐飲服務

著　　者／陳堯帝
出 版 者／揚智文化事業股份有限公司
發 行 人／葉忠賢
總 編 輯／閻富萍
執行編輯／范湘渝
登 記 證／局版北市業字第 1117 號
地　　址／台北縣深坑鄉北深路 3 段 260 號 8 樓
電　　話／(02)86626826
傳　　真／(02)26647633
印　　刷／鼎易印刷事業股份有限公司
E-mail ／ yangchih@ycrc.com.tw
網　　址／http://www.ycrc.com.tw
二版一刷／2003 年 8 月
二版四刷／2010 年 12 月
定　　價／新台幣 500 元
I S B N ／ 957-818-544-8

國家圖書館出版品預行編目資料

餐飲服務=Food and Beverage Service /
陳堯帝著. -- 二版. -- 臺北市：揚智文化，
2003[民 92]
　　面；　　公分 –(餐旅叢書；10)

ISBN　957-818-544-8（平裝附光碟片）

1.飲食業

483.8　　　　　　　　　　　92013259